U0225982

“十三五”国家重点出版物出版规划项目

海洋机器人科学与技术丛书

封锡盛　李　硕　主编

自主水下机器人

徐会希 等　著

科学出版社
龍門書局
北　京

内 容 简 介

本书结合“潜龙”系列深海自主水下机器人，深入浅出、图文并茂、系统全面地介绍了自主水下机器人的相关理论、技术、方法和应用，主要包括自主水下机器人的发展历史和现状、总体技术、结构、能源与推进、电气控制、导航、路径规划、运动控制、应急安全控制、布放回收、实际应用等方面的技术理论和工程实践。

本书可供研究、设计、建造和使用自主水下机器人的科研人员阅读，也可供船舶与海洋工程、自动控制、海洋科学等有关专业的工程技术人员和高校师生参考。

图书在版编目（CIP）数据

自主水下机器人 / 徐会希等著. —北京：龙门书局，2019.6（2020.7 重印）

（海洋机器人科学与技术丛书/封锡盛，李硕主编）

国家出版基金项目 “十三五”国家重点出版物出版规划项目

ISBN 978-7-5088-5545-5

Ⅰ. ①自… Ⅱ. ①徐… Ⅲ. ①水下作业机器人 Ⅳ. ①TP242.2

中国版本图书馆 CIP 数据核字（2019）第 057584 号

责任编辑：王喜军 纪四稳 张 震 / 责任校对：王萌萌

责任印制：师艳茹 / 封面设计：无极书装

科学出版社
龍門書局 出版

北京东黄城根北街 16 号

邮政编码：100717

http://www.sciencep.com

中国科学院印刷厂印刷

科学出版社发行 各地新华书店经销

*

2019 年 6 月第 一 版 开本：720 × 1000 1/16

2020 年 7 月第二次印刷 印张：18 1/4 插页：4

字数：368 000

定价：128.00 元

（如有印装质量问题，我社负责调换）

本书作者名单

徐会希　尹　远　赵宏宇

姜志斌　王轶群　徐春晖

邵　刚　许以军　石　凯

丛书前言一

浩瀚的海洋蕴藏着人类社会发展所需的各种资源，向海洋拓展是我们的必然选择。海洋作为地球上最大的生态系统不仅调节着全球气候变化，而且为人类提供蛋白质、水和能源等生产资料支撑全球的经济发展。我们曾经认为海洋在维持地球生态系统平衡方面具备无限的潜力，能够修复人类发展对环境造成的伤害。但是，近年来的研究表明，人类社会的生产和生活会造成海洋健康状况的退化。因此，我们需要更多地了解和认识海洋，评估海洋的健康状况，避免对海洋的再生能力造成破坏性影响。

我国既是幅员辽阔的陆地国家，也是广袤的海洋国家，大陆海岸线约 1.8 万千米，内海和边海水域面积约 470 万平方千米。深邃宽阔的海域内潜含着的丰富资源为中华民族的生存和发展提供了必要的物质基础。我国的洪涝、干旱、台风等灾害天气的发生与海洋密切相关，海洋与我国的生存和发展密不可分。党的十八大报告明确提出："要提高海洋资源开发能力，发展海洋经济，保护海洋生态环境，坚决维护国家海洋权益，建设海洋强国。"[①]党的十九大报告明确提出："坚持陆海统筹，加快建设海洋强国。"[②]认识海洋、开发海洋需要包括海洋机器人在内的各种高新技术和装备，海洋机器人一直为世界各海洋强国所关注。

关于机器人，蒋新松院士有一段精彩的诠释：机器人不是人，是机器，它能代替人完成很多需要人类完成的工作。机器人是拟人的机械电子装置，具有机器和拟人的双重属性。海洋机器人是机器人的分支，它还多了一重海洋属性，是人类进入海洋空间的替身。

海洋机器人可定义为在水面和水下移动，具有视觉等感知系统，通过遥控或自主操作方式，使用机械手或其他工具，代替或辅助人去完成某些水面和水下作业的装置。海洋机器人分为水面和水下两大类，在机器人学领域属于服务机器人中的特种机器人类别。根据作业载体上有无操作人员可分为载人和无人两大类，其中无人类又包含遥控、自主和混合三种作业模式，对应的水下机器人分别称为无人遥控水下机器人、无人自主水下机器人和无人混合水下机器人。

无人水下机器人也称无人潜水器，相应有无人遥控潜水器、无人自主潜水器

① 胡锦涛在中国共产党第十八次全国代表大会上的报告．人民网，http://cpc.people.com.cn/n/2012/1118/c64094-19612151.html

② 习近平在中国共产党第十九次全国代表大会上的报告．人民网，http://cpc.people.com.cn/n1/2017/1028/c64094-29613660.html

和无人混合潜水器。通常在不产生混淆的情况下省略“无人”二字，如无人遥控潜水器可以称为遥控水下机器人或遥控潜水器等。

世界海洋机器人发展的历史大约有70年，经历了从载人到无人，从直接操作、遥控、自主到混合的主要阶段。加拿大国际潜艇工程公司创始人麦克法兰，将水下机器人的发展历史总结为四次革命：第一次革命出现在20世纪60年代，以潜水员潜水和载人潜水器的应用为主要标志；第二次革命出现在70年代，以遥控水下机器人迅速发展成为一个产业为标志；第三次革命发生在90年代，以自主水下机器人走向成熟为标志；第四次革命发生在21世纪，进入了各种类型水下机器人混合的发展阶段。

我国海洋机器人发展的历程也大致如此，但是我国的科研人员走过上述历程只用了一半多一点的时间。20世纪70年代，中国船舶重工集团公司第七〇一研究所研制了用于打捞水下沉物的“鱼鹰”号载人潜水器，这是我国载人潜水器的开端。1986年，中国科学院沈阳自动化研究所和上海交通大学合作，研制成功我国第一台遥控水下机器人“海人一号”。90年代我国开始研制自主水下机器人，“探索者”、CR-01、CR-02、“智水”系列等先后完成研制任务。目前，上海交通大学研制的“海马”号遥控水下机器人工作水深已经达到4500米，中国科学院沈阳自动化研究所联合中国科学院海洋研究所共同研制的深海科考型ROV系统最大下潜深度达到5611米。近年来，我国海洋机器人更是经历了跨越式的发展。其中，“海翼”号深海滑翔机完成深海观测；有标志意义的“蛟龙”号载人潜水器将进入业务化运行；“海斗”号混合型水下机器人已经多次成功到达万米水深；“十三五”国家重点研发计划中全海深载人潜水器及全海深无人潜水器已陆续立项研制。海洋机器人的蓬勃发展正推动中国海洋研究进入“万米时代”。

水下机器人的作业模式各有长短。遥控模式需要操作者与水下载体之间存在脐带电缆，电缆可以源源不断地提供能源动力，但也限制了遥控水下机器人的活动范围；由计算机操作的自主水下机器人代替人工操作的遥控水下机器人虽然解决了作业范围受限的缺陷，但是计算机的自主感知和决策能力还无法与人相比。在这种情形下，综合了遥控和自主两种作业模式的混合型水下机器人应运而生。另外，水面机器人的引入还促成了水面与水下混合作业的新模式，水面机器人成为沟通水下机器人与空中、地面机器人的通信中继，操作者可以在更远的地方对水下机器人实施监控。

与水下机器人和潜水器对应的英文分别为 underwater robot 和 underwater vehicle，前者强调仿人行为，后者意在水下运载或潜水，分别视为“人”和“器”，海洋机器人是在海洋环境中运载功能与仿人功能的结合体。应用需求的多样性使得运载与仿人功能的体现程度不尽相同，由此产生了各种功能型的海洋机器人，如观察型、作业型、巡航型和海底型等。如今，在海洋机器人领域 robot 和 vehicle 两词的内涵逐渐趋同。

信息技术、人工智能技术特别是其分支机器智能技术的快速发展，正在推动海洋机器人以新技术革命的形式进入“智能海洋机器人”时代。严格地说，前述自主水下机器人的“自主”行为已具备某种智能的基本内涵。但是，其“自主”行为泛化能力非常低，属弱智能；新一代人工智能相关技术，如互联网、物联网、云计算、大数据、深度学习、迁移学习、边缘计算、自主计算和水下传感网等技术将大幅度提升海洋机器人的智能化水平。而且，新理念、新材料、新部件、新动力源、新工艺、新型仪器仪表和传感器还会使智能海洋机器人以各种形态呈现，如海陆空一体化、全海深、超长航程、超高速度、核动力、跨介质、集群作业等。

海洋机器人的理念正在使大型有人平台向大型无人平台转化，推动少人化和无人化的浪潮滚滚向前，无人商船、无人游艇、无人渔船、无人潜艇、无人战舰以及与此关联的无人码头、无人港口、无人商船队的出现已不是遥远的神话，有些已经成为现实。无人化的势头将冲破现有行业、领域和部门的界限，其影响深远。需要说明的是，这里“无人”的含义是人干预的程度、时机和方式与有人模式不同。无人系统绝非是无人监管、独立自由运行的系统，仍是有人监管或操控的系统。

研发海洋机器人装备属于工程科学范畴。由于技术体系的复杂性、海洋环境的不确定性和用户需求的多样性，目前海洋机器人装备尚未被打造成大规模的产业和产业链，也还没有形成规范的通用设计程序。科研人员在海洋机器人相关研究开发中主要采用先验模型法和试错法，通过多次试验和改进才能达到预期设计目标。因此，研究经验就显得尤为重要。总结经验、利于来者是本丛书作者的共同愿望，他们都是在海洋机器人领域拥有长时间研究工作经历的专家，他们奉献的知识和经验成为本丛书的一个特色。

海洋机器人涉及的学科领域很宽，内容十分丰富，我国学者和工程师已经撰写了大量的著作，但是仍不能覆盖全部领域。“海洋机器人科学与技术丛书”集合了我国海洋机器人领域的有关研究团队，阐述我国在海洋机器人基础理论、工程技术和应用技术方面取得的最新研究成果，是对现有著作的系统补充。

“海洋机器人科学与技术丛书”内容主要涵盖基础理论研究、工程设计、产品开发和应用等，囊括多种类型的海洋机器人，如水面、水下、浮游以及用于深水、极地等特殊环境的各类机器人，涉及机械、液压、控制、导航、电气、动力、能源、流体动力学、声学工程、材料和部件等多学科，对于正在发展的新技术以及有关海洋机器人的伦理道德社会属性等内容也有专门阐述。

海洋是生命的摇篮、资源的宝库、风雨的温床、贸易的通道以及国防的屏障，海洋机器人是摇篮中的新生命、资源开发者、新领域开拓者、奥秘探索者和国门守卫者。为它“著书立传”，让它为我们实现海洋强国梦的夙愿服务，意义重大。

本丛书全体作者奉献了他们的学识和经验，编委会成员为本丛书出版做了组织和审校工作，在此一并表示深深的谢意。

本丛书的作者承担着多项重大的科研任务和繁重的教学任务，精力和学识所限，书中难免会存在疏漏之处，敬请广大读者批评指正。

中国工程院院士 封锡盛

2018 年 6 月 28 日

丛书前言二

改革开放以来，我国海洋机器人事业发展迅速，在国家有关部门的支持下，一批标志性的平台诞生，取得了一系列具有世界级水平的科研成果，海洋机器人已经在海洋经济、海洋资源开发和利用、海洋科学研究和国家安全等方面发挥重要作用。众多科研机构和高等院校从不同层面及角度共同参与该领域，其研究成果推动了海洋机器人的健康、可持续发展。我们注意到一批相关企业正迅速成长，这意味着我国的海洋机器人产业正在形成，与此同时一批记载这些研究成果的中文著作诞生，呈现了一派繁荣景象。

在此背景下“海洋机器人科学与技术丛书”出版，共有数十分册，是目前本领域中规模最大的一套丛书。这套丛书是对现有海洋机器人著作的补充，基本覆盖海洋机器人科学、技术与应用工程的各个领域。

“海洋机器人科学与技术丛书”内容包括海洋机器人的科学原理、研究方法、系统技术、工程实践和应用技术，涵盖水面、水下、遥控、自主和混合等类型海洋机器人及由它们构成的复杂系统，反映了本领域的最新技术成果。中国科学院沈阳自动化研究所、哈尔滨工程大学、中国科学院声学研究所、中国科学院深海科学与工程研究所、浙江大学、华侨大学、东华理工大学等十余家科研机构和高等院校的教学与科研人员参加了丛书的撰写，他们理论水平高且科研经验丰富，还有一批有影响力的学者组成了编辑委员会负责书稿审校。相信丛书出版后将对本领域的教师、科研人员、工程师、管理人员、学生和爱好者有所裨益，为海洋机器人知识的传播和传承贡献一分力量。

本丛书得到2018年度国家出版基金的资助，丛书编辑委员会和全体作者对此表示衷心的感谢。

“海洋机器人科学与技术丛书”编辑委员会

2018年6月27日

前　　言

随着海洋事业的迅猛发展，自主水下机器人已经成为人们探索与认识海洋、保护海洋生态环境、开发利用海洋资源、捍卫海洋国土的一种不可替代的高科技装备，受到了许多国家的广泛重视。多年以来，自主水下机器人的关键技术逐步被突破并不断发展，引领着自主水下机器人装备不断向前发展。

目前，国内尚没有一本完整全面地阐述自主水下机器人技术的专业书籍。为促进我国水下机器人事业的发展，作者撰写了本书。这是我国自主水下机器人研究人员多年从事这一事业积累的经验结晶，具有较强的工程性和实用性。

本书系统、全面地介绍了自主水下机器人的发展历史和现状、总体技术、结构、能源与推进、电气控制、导航、路径规划、运动控制、应急安全控制、布放回收、实际应用等方面的技术理论和工程实践，力图让读者对自主水下机器人总体技术和涉及的各项关键技术有一个全面而深刻的理解，给从事自主水下机器人工作的科研人员和相关专业学生等提供参考。

本书共 11 章。

第 1 章全面介绍自主水下机器人的发展历史、现状及未来发展趋势。

第 2 章简要介绍自主水下机器人总体技术指标、技术体系及总体设计方法等。

第 3 章介绍自主水下机器人的结构，从一般的结构形式选择，分别介绍结构设计所涉及的材料、耐压、密封、防腐蚀设计的一般原则和具体方法，还介绍自主水下机器人在深海条件下自身衡重状态的变化规律及计算方法。

第 4 章介绍自主水下机器人的能源形式和推进技术。

第 5 章介绍自主水下机器人的电气控制系统，简要回顾常用的电气控制体系结构，重点对自主水下机器人的通信技术进行介绍。

第 6 章介绍自主水下机器人的导航技术，在传统导航技术的基础上，重点介绍基于长基线和超短基线的组合导航方法。

第 7 章介绍自主水下机器人的路径规划方法。

第 8 章介绍自主水下机器人各种航行运动控制方法。

第 9 章介绍自主水下机器人在出现故障后的应急安全控制方法。

第 10 章介绍自主水下机器人应用过程中的重要环节——布放和回收技术。

第 11 章主要介绍“潜龙”系列自主水下机器人的实际应用经历和科研成果。

徐会希参加了第 1～4 章和第 10 章的撰写，并全面负责本书。参与撰写的同志还有王轶群（第 1 章）、尹远（第 3、4、10 章）、许以军（第 4、5 章）、邵刚（第 6 章）、徐春晖（第 7 章）、姜志斌（第 8 章）、石凯（第 9 章）、赵宏宇（第 11 章）。

陈仲、赵红印等为本书的撰写提供了部分材料，刘健在百忙之中审阅了全书并提出了许多宝贵修改意见，在此对他们表示衷心的感谢。

本书在撰写过程中参考了国内外部分书籍和网站上的相关资料，已在参考文献中一一列出，在此向资料的作者表示诚挚的谢意。

由于作者的学识水平有限，难免在叙述中有不妥之处，请广大读者提出宝贵意见。

作　者

2018 年 7 月

目　录

1 自主水下机器人发展历程

自主水下机器人（autonomous underwater vehicles，AUVs），是自身携带能源和推进装置、不需要人工干预、自主航行控制、自主执行作业任务的无人水下机器人。它是一种集运动学与动力学理论、机械设计与制造技术、计算机硬件与软件技术、控制技术、电动伺服随动技术、传感器技术、人工智能理论等科学技术为一体的、复杂的水下工作平台。自主水下机器人的研究与开发水平标志着一个国家科学技术的发展水平[1]。

1.1 自主水下机器人概述

1.1.1 水下机器人的分类

根据是否载人，水下机器人分为载人潜水器（human occupied vehicles，HOVs）和无人水下机器人（unmanned underwater vehicles，UUVs）两大类。HOVs 由人工输入信号操控各种机动与动作，由潜水员和科学家通过观察窗直接观察外部环境，其优点是操作人员亲临现场，亲自做出各种核心决策，便于处理各种复杂问题，但是人员生命安全的危险性会增大。由于载人需要足够的耐压空间、可靠的生命安全保障和生命维持系统，这将为潜水器带来体积庞大、系统复杂、造价高昂、工作环境受限等不利因素。而 UUVs 由于没有载人的限制，更适合长时间、大范围和大深度的水下作业。UUVs 按照与水面支持系统间联系方式的不同可以分为有缆水下机器人和无缆水下机器人两大类。有缆水下机器人是遥控式的，根据运动方式不同可分为拖曳式、（海底）移动式和浮游（自航）式三种。无缆水下机器人都是自治式的，它能够依靠本身的自主决策和控制能力高效率地完成预定任务，拥有广阔的应用前景，在一定程度上代表了目前水下机器人的发展趋势。

（1）有缆水下机器人，或者称遥控水下机器人（remotely operated vehicles，

ROVs），需要通过电缆接收母船动力，并且 ROVs 不是完全自主的，它需要人为的干预，人们通过电缆对 ROVs 进行遥控操作，电缆对于 ROVs 像“脐带”对于胎儿一样至关重要，但是细长的电缆悬在海中，成为 ROVs 最脆弱的部分，大大限制了机器人的活动范围和工作效率。世界上的海洋大国如美国、俄罗斯、日本、英国和法国等都开发了多种型号的 ROVs，用于不同的任务和不同的工作深度。民用方面，ROVs 在海洋救助与打捞、海洋石油开采、水下工程施工、海洋科学研究、海底矿藏勘探、远洋作业等方面正发挥着非常重要的作用。目前世界上大约有 1000 个作业型 ROVs 在运行，主要集中于石油和天然气工业以及离岸与近岸工程中。ROVs 在军事领域中也具有极高的利用价值和良好的发展前景。ROVs 技术最先也是始于军事应用，用途主要集中在浅海的排雷、海岸情报收集、侦察、监视等，也可以在水下对船只进行检修，对航道、训练场、舰艇机动区实施定期或不定期检查，保障这些水域的作业安全。

（2）无缆水下机器人，常称为自主水下机器人（AUVs）或智能水下机器人，AUVs 是将人工智能、探测识别、信息融合、智能控制、系统集成等多方面的技术集中应用于同一水下载体上，在没有人工实时控制的情况下，自主决策、控制完成复杂海洋环境中的预定任务的机器人。苏联科学家 B. C. 亚斯特列鲍夫等所著的《水下机器人》（1984 年海洋出版社出版）中指出，第三代自主水下机器人是一种具有高度人工智能的系统，其特点是具有高度的学习能力和自主能力，能够学习并自主适应外界环境变化。其在执行任务过程中不需要人工干预，任务设定后，自主决定行为方式和路径规划，军事领域中各种战术甚至战略任务都依靠其自主决策来完成[2]。

AUVs 是一种非常适合海底搜索、调查、识别和打捞作业的既经济又安全的工具。与载人潜水器相比较，它具有安全（无人）、结构简单、质量轻、尺寸小、造价低等优点。而与 ROVs 相比，它具有活动范围大、不怕电缆缠绕、可进入复杂结构中、不需要庞大水面支持、占用甲板面积小和成本低等优点。

AUVs 能够高效率地执行各种战略战术任务，拥有广泛的应用空间，可以在海洋科学调查、军事和商业领域中发挥巨大的作用，代表了水下机器人技术的发展方向。

AUVs 按其智能水平可以分为预编程型、智能型和半自主型三大类。

预编程型：按照预先安排的程序执行使命。

智能型：AUVs 完全依靠机器人自身的自主能力和智能执行使命。智能型是一个长远发展目标，随着人工智能技术的不断发展，这种类型的 AUVs 越来越接近实用。

半自主型：在当前机器智能发展水平受限的情况下，人们结合有缆水下机器人和无缆水下机器人的特点，开发了一种自主/遥控混合式水下机器人（autonomous &

remotely operated vehicles，ARVs）。ARVs 结合了 AUVs 和 ROVs 的特点，既具备 AUVs 可实现较大范围探测的功能，又具备 ROVs 能完成水下定点作业的功能。ARVs 引入人的参与，人机结合，复杂的事情如识别、决策等由人参与完成，简单的事情由机器人自行解决，这种方式称为半自主。ARVs 技术可以看成观测型 AUVs 向作业型 AUVs 发展的一个必然阶段，由于当前人工智能等技术的发展还远远不能使水下机器人具有较高的智能，研究这类混合式水下机器人，可以使人类利用机器人探索海洋的活动得以延伸，这是解决智能型 AUVs 不足的一个发展思路[3]。

1.1.2 自主水下机器人的特点

AUVs 的特点如下：

（1）AUVs 的活动范围大，与母船之间没有脐带电缆约束，若不考虑通信和导航范围，AUVs 的航行距离主要取决于其自身携带的动力源的容量，与 ROVs 相比这有利于 AUVs 向深和远的方向发展。目前有的 AUVs 一次补充能源连续航程可达数千千米。

（2）与潜艇比较，AUVs 的体积要小很多。当前最大的 AUVs 长度仅 10.7m，而有的 AUVs 长度小于 1m，AUVs 的运动自由度大多数在四个以上，因而机动灵活。

（3）隐蔽性好。AUVs 速度较低，噪声小，声波反射面积小，因此隐蔽性好，不易被敌对方发现。

（4）AUVs 可由多种支持平台布放与回收，如军用舰艇、民用商船、渔船都能布放，方便灵活，易于伪装。

（5）占用甲板或舱内空间小，有利于母船同时携带多个 AUVs，提高作业效率。

（6）AUVs 具有一定的自主能力，能独立地执行某些使命，随着人工智能技术水平的提高，其功能将越来越强大。

（7）多 AUVs 编队能大大地提高作业效率和战斗力。

（8）与 ROVs 相比，AUVs 在军事上的应用前景更加广泛，在很多文献中提到的 UUVs 主要是指 AUVs[3]。

1.2 自主水下机器人的发展历史

20 世纪 50 年代末，美国华盛顿大学应用物理实验室开始研发世界第一台自主水下机器人“SPURV”，60 年代初期进行试验性应用，70 年代中期转入实际应用。它最大航速 4kn（1kn = 1.852km/h），巡航时间约 6h，最大工作深度 3000m，主要用于水文调查。紧接着出现了众多的自主水下机器人，例如，苏联的“SKAT”，日本的“OSR2V”，美国海军的“EAVE West”“RUMIC”和“UFSS”，美国新罕布什尔大学的“EAVEEAST”，法国的“EPAULARD”等。但受技术上的限制，早期大部分 AUVs 体积和质量都比较大，效率比较低，成本太高，而同一时期，ROVs 的技术比较简单，在 80 年代已经成熟。成熟的有缆遥控水下机器人具有一个大脑（人类操作员）、不受能源限制的供电传输系统（脐带电缆）和强壮的肌肉（液压机械手），所以 80 年代是有缆 ROVs 的时代，而 AUVs 还处在幼年期，所以 AUVs 在刚诞生的最初 20 年一直徘徊不前[4]。

1983 年，美国海军海洋系统中心（The Naval Ocean Systems Center，NOSC）研发的先进无人搜索系统（advanced unmanned search system，AUSS）下水，应对美国海军“长尾鲨号”和“蝎子号”核潜艇沉没以及氢弹丢失在海底事件[5]。进入 20 世纪 90 年代，随着微电子、计算机、人工智能和致密能源等高新技术的发展，以及海洋工程、海洋科学考察和军事方面的需要，AUVs 进入快速发展时期。美国在 90 年代开始远程环境监测单元（remote environmental monitoring units，REMUS）AUVs 的研发和试验[6]。1996 年美国伍兹霍尔海洋研究所（Woods Hole Oceanographic Institution，WHOI）开发了“ABE”AUVs[7]，其同年执行了第一次海洋科学调查任务。1996 年加拿大 ISE 公司为美国和加拿大国防部开发了“Theseus”AUVs，执行了极地 500m 冰下铺设 190km 光纤电缆作业任务[8]。英国南安普敦大学国家海洋中心研发的“Autosub-1”AUVs 在 1998 年完成了第一次科学考察任务，为科学家提供了重要的海洋监控数据[9]。

我国 AUVs 技术也在 20 世纪 90 年代取得了重大突破。90 年代初期，中国科学院沈阳自动化研究所作为总体单位成功研制了中国第一台 1000 米级 AUVs——“探索者”号（图 1.1），并在南海成功地下潜到 1000m[3]。90 年代

图 1.1 “探索者”号 AUVs[3]

中期，中国科学院沈阳自动化研究所成功研制了中国第一台 6000 米级 AUVs——“CR-01”6000 米级 AUVs（图 1.2），并于 1995 年和 1997 年两次在东太平洋下潜到 5270m 的洋底，为我国在国际海底区域成功圈定多金属结核区提供了重要科学依据[10]。随后，中国科学院沈阳自动化研究所又成功研制了“CR-01”的改进型——“CR-02”6000 米级 AUVs[11]（图 1.3）。该 AUVs 的垂直和水平调控能力、实时避障能力比“CR-01”6000 米级 AUVs 均显著提高，并可绘制海底微地形地貌图。

图 1.2 “CR-01”6000 米级 AUVs[10]

图 1.3 “CR-02”6000 米级 AUVs[11]

为了满足国家战略需求，20 世纪 90 年代末，我国在大深度 AUVs 技术基础上，还开展了长航程 AUVs（图 1.4）的研究工作。中国科学院沈阳自动化研究所在长航程 AUVs 的研究工作上取得了技术突破，解决了长航程 AUVs 涉及的大容量能源技术、导航技术、自主控制技术、可靠性技术等关键技术问题，研制的长航程 AUVs 最大航行距离可达数百千米，目前已作为正式产品投入生产和应用[12]。

图 1.4 中国科学院沈阳自动化研究所长航程 AUVs[12]

1.3 自主水下机器人研究现状

1.3.1 国外自主水下机器人研究现状

1. 美国自主水下机器人研究现状

美国在 AUVs 设计和使用方面走在了世界的前面，在军用领域和民用领域都研制了许多经典的 AUVs。

1）美国军用自主水下机器人研究现状

美国的军用 AUVs 分成两种：一种是浅水的小型 AUVs，它的体积比较小，能够单兵携带或安装到潜艇的鱼雷管中，如近期水雷侦察系统（near-time mine reconnaissance system，NMRS）[13]、100 米级“REMUS”[14]和“Bluefin”系列 AUVs[15]；另一种是大航程大深度 AUVs，它的体积较大，续航能力比较长，能够单独执行作战任务，如“海马”AUVs[13]和“Echo Ranger”AUVs[16]。

2005 年，美国宾夕法尼亚州立大学应用研究实验室开发了“海马”AUVs，如图 1.5 所示。该 AUVs 长 9.14m，直径 97cm，排水量 5t，可在潜艇和水面舰艇上部署，通过弹道导弹发射管发射，机动性和智能化水平较高，可为美国海军执行深海探测、反水雷和跟踪潜艇等任务。它装配有 9000 多组标准 D 型碱性电池，具有超强的续航力和机动性，可以到达 3000m 的深海区，以 4kn 的航速巡航 500n mile（1n mile = 1.852km），也可在水下连续工作 125h。“海马”AUVs 已经在伊利湖和巴哈马群岛附近成功进行了两次试验，可探测收集深海海洋资料，测绘海底深度，为美国海军深海布雷和反鱼雷侦测提供依据。

图 1.5 美国“海马” AUVs[13]

美国波音公司在 2001 年研制了“Echo Ranger” AUVs，如图 1.6 所示。该 AUVs 长约 5.5m，装载远程鱼雷，最高航速可达 15km/h，潜水深度为 3000m，可在海底连续航行数月，是一个小型无人潜艇。波音公司在美国加利福尼亚州圣卡塔利娜岛测试了“Echo Ranger” AUVs，测试的目的主要是对支持深海无人驾驶的导航装置进行检验。与无人机不同，在海底进行作战的 AUVs 无法接收卫星信号，因此需要比飞机更精巧的无人导航装置，并完全依靠事先编制的程序航行[16]。

图 1.6 美国“Echo Ranger” AUVs[16]

美国海军于 1997 年制造完成的 NMRS 如图 1.7 所示，其在 1998 年作为攻击型核潜艇的制式装备开始服役。NMRS 外形为鱼雷状，总长为 5.23m，直径为 533mm，放置于潜艇鱼雷舱内，通过鱼雷发射管布放和回收。它装备反水雷系统前视多波束主动声呐和侧扫声呐，可在深水和浅水中工作，航行速度为 4～7kn，任务持续时间为 4～5h[13]。

图 1.7 美国 NMRS[13]

美国伍兹霍尔海洋研究所研制的远程海洋环境监测平台“REMUS 100”是一种浅水域环境的 AUVs，如图 1.8 所示。它长 1.6m，应用电池供应动力，可以扫描 100m 深的海床，对水雷进行鉴定和定位，确保水下不存在可以摧毁舰艇和登陆艇的水雷，可用于近海勘查、探测和自动采样。“REMUS 100”AUVs 能够自动入坞充电、回放数据，实现自动连续测量。2003 年 3 月，美国海军在进入伊拉克的乌姆盖斯尔港时，利用“REMUS 100”AUVs 在强海流和低能见度条件下进行反水雷，成功地减少了战术时间，将雷区对人的威胁降到最低限度，“REMUS 100”的表现首次证实 AUVs 对舰队作战具有重要的意义[14]。

图 1.8 美国“REMUS 100”AUVs[14]

2004 年 11 月，美国海军公布的《海军无人水下航行器总体规划》(The Navy Unmanned Undersea Vehicle Master Plan）中，以军事转型、技术研发和平台建设等方面的理论探索成果与实践经验阐述了 AUVs 新的任务使命、实现途径、技术目标与发展建议。为满足海军转型的需求，同时进一步降低 AUVs 的开发成本，规划还建议坚持模块化、通用化和兼容性的原则，整合现有各种 AUVs 项目，着力开发下一代功能完善的新型 AUVs。新型 AUVs 借助高科技完全自主地工作，不仅具有现在 AUVs 的扫雷功能和简单的情报侦察功能，还将具备三大特点：①在危险度高且环境状况随时变化的浅海，可长时间、自主地进行隐秘性工作，收集水中和水面上的所有情报；②作为诱饵协助母舰猎杀敌方潜艇，或对敌方潜艇进行长时间跟踪；③作为对抗时的“撒手锏”武器，拥有智能化攻击的能力，搭载各种类型的导弹、炸弹甚至核弹进行自主攻击。此外，新型 AUVs 还具有在潜水母船或水上战舰等平台上自如释放和回收的装置。目前，美国海军水下作战中心主导开发的 AUVs 大部分具有上述要求的多种功能[13]。

美国海军研究生院和金枪鱼机器人技术公司合作开发的“Bluefin”系列 AUVs，已经装备美国濒海战斗舰“自由号”，主要负责水雷探测、海洋环境情报收集和水中爆炸物探测及海底探测。“Bluefin”系列包括“Bluefin-9”“Bluefin-12”和“Bluefin-21”。其中“Bluefin-9”和“Bluefin-12”是轻型浅水 AUVs，用于执行浅水探测任务。“Bluefin-21”是 4500 米级深水 AUVs，最大航速 4.5kn，巡航速度 3kn，续航能力 25h，使用惯性导航系统（inertial navigation system，INS）/多普勒速度计程仪（Doppler velocity log，DVL）/超短基线（ultra-short base line，USBL）导航，搭载温盐深仪（conductivity-temperature-depth probe，CTD probe）、侧扫声呐、合成孔径声呐和多波束测深声呐等探测传感器，并参加了 2014 年搜索马航 MH370 航班的任务。美国“Bluefin-21”AUVs 如图 1.9 所示[15]。

图 1.9　美国“Bluefin-21”AUVs[15]

2）美国民用自主水下机器人研究现状

美国伍兹霍尔海洋研究所（WHOI）设计的“ABE”AUVs、“Sentry”AUVs、

“REMUS 6000”AUVs 和全海深混合型潜水器“Nereus”是美国在民用科学考察 AUVs 的经典代表。WHOI 在 1992 年成功研制大深度“ABE”AUVs，如图 1.10 所示。“ABE”载体是由三个舱体构成的框架结构，采用浮力舱与负载舱分离的设计思想，增加了载体的扶正力矩，使载体的运动更加稳定，更加适应在复杂地形环境下作业[17]。WHOI 又研制了“Sentry”AUVs（图 1.11）。“Sentry”AUVs 在导航性能、航行速度、作业水深、水下航行时间方面都优于“ABE”AUVs，其采用基于INS/DVL/USBL的组合导航系统，最大航速为3kn，最大作业水深为6000m，作业时间可达 20h。“Sentry”AUVs 搭载有磁力计、侧扫声呐、多波束声呐、浅地层剖面仪、温盐深仪、光散射传感器、数字照相机等[18]。

图 1.10 “ABE”AUVs[17]

图 1.11 “Sentry”AUVs[18]

2007 年，WHOI 还成功开发了“Nereus”混合型潜水器（图 1.12），并进行了海上试验。“Nereus”混合型潜水器可以到达全世界所有海域海底开展调查研究作业，2009 年 5 月 31 日成功地下潜到马里亚纳海沟 10 902m 水深。“Nereus”混合型潜水器自带能源，既可以 AUVs 模式进行自主海底调查，又可通过光纤通

(a) AUVs模式

(b) ROVs模式

图 1.12 “Nereus”混合型潜水器[19]

信连接以 ROVs 模式完成取样和轻作业。不幸的是，该混合型潜水器 2014 年 5 月在太平洋的克马德克海沟丢失[19]。“REMUS”系列 AUVs 也由 WHOI 设计，由 Kongsberg 公司制造和销售。“REMUS”系列 AUVs 包括“REMUS 100”AUVs、“REMUS 600”AUVs 和“REMUS 6000”AUVs，“REMUS 100”AUVs 是轻型 AUVs，在海湾战争中得到美军应用。“REMUS 6000”AUVs（图 1.13）是“REMUS”系列的深水 AUVs，WHOI 和德国基尔大学都使用它进行深海科学考察。“REMUS 6000”AUVs 长 3.84m，最大航速 4kn，最大续航力 12h，使用 INS/DVL/长基线（long base line，LBL）的组合导航[13]。

图 1.13 “REMUS 6000”AUVs[13]

2. 其他国家自主水下机器人研究现状

1）其他国家军用自主水下机器人研究现状

AUVs 是未来水下信息战的新型平台，因此各个国家都对 AUVs 的研制抱有极大的兴趣，也积极进行了有关研究。北大西洋公约组织（北约）在 2000 年 4 月制订了“M02015 无人水下航行器发展计划”，目的是研制出一批不同用途的各型 AUVs。当今各国的军用 AUVs 大多从潜艇上 533mm 鱼雷发射管中发射，这限制了其作战潜力的发挥。因此，英国国防部提出了采用潜艇锥套软管回收 AUVs 的方案，并研究了从后艇库投放大型 AUVs 的设想，以使未来由潜艇发射的新型 AUVs 更适应水下环境。1998 年英国开始“Modin”AUVs 的研制工作。进入 21 世纪，英国国防部加快了对 AUVs 的研究。2002 年 7 月，英国国防部装备管理局制订了一个为期 3 年的 AUVs 开发计划，旨在为将来制订近期、中期和远期自主水下机器人的发展计划奠定基础。英国 BAE 系统公司研制的“Talisman”AUVs 是一种灵活的多用途潜水器，如图 1.14 所示，其能够执行不同濒海任务，如反水雷情报监视、目标搜索和记录等。其工作水深为 0～300m，航速为 5kn，可装备 4 个“射水鱼”一次性灭雷具，续航力大于 24h。“Talisman” AUVs 的外形呈乌龟状，采用创新形状的碳纤维复合壳体，内部碳纤维复合耐压容器装有电子系统和有效载荷，具备较好的隐身特性。壳体上装备有 6 个推进器，艉部两侧各有两个水平推进器，前部两侧的是横向和垂直推进器，保证潜水器十分精确地机动、盘旋，并且以潜水器的自身长度旋回 360°。“Talisman” AUVs 利用自适应和模块化的开放式结构系统设计，能够方便和快速地重新配置使命系统软件，允许潜水器更新和插入新的硬件和软件。潜水器之间以及潜水器与母船之间通信可通过射频、铱星通信（当潜水器位于水面时）或通过声通信系统（水下作业时）完成。“Talisman” AUVs 可携带永久性的、全集成的和可变的有效载荷，基础配置是一套环境传感器和一种惯性导航装置，其他有效载荷取决于潜水器所要完成的任务或作用[13]。

图 1.14 英国“Talisman” AUVs[13]

挪威从 1991 年开始研制 AUVs，现已研制出多种型号，包括“NUI 探险号”、“HUGIN Ⅰ”型、“HUGIN 1000”型和“HUGIN 3000”型等。2004 年 10 月，挪威海军“卡尔莫伊”号猎雷艇携带实验型“HUGIN 1000” AUVs 参加了北约组织的反水雷演习，该 AUVs 表现出捕捉目标又快又准的优势。2005 年，挪威海军正式装备了“HUGIN 1000” AUVs，如图 1.15 所示，该型 AUVs 增强了挪威海军的深海侦察能力。“HUGIN 1000” AUVs 头部为水滴形，主体呈圆柱状，圆锥形艉部装有十字形舵和螺旋桨，流线型的设计有利于在水下航行。“HUGIN 1000”AUVs 直径 750mm，体长根据装备传感器的不同而有所变化，一般为 3.85～5m，空重 650kg，工作水深达 3000m，可连续工作 48h，水下探测力很强，可装备拖曳阵声呐和大功率低频换能器。它以锂离子电池作为动力源，巡航速度 3～4kn，作战航速 2～6kn，续航时间取决于搭载物品和航速。“HUGIN 1000” AUVs 采用惯性导航系统和全球定位系统（global positioning system，GPS）及声定位系统，确保 AUVs 的正确航行和定位。它配备了先进的测量装置、多普勒计程仪、压力计和回声测深仪等。通常情况下，“HUGIN 1000” AUVs 航行一段时间后会上浮至水面，利用 GPS 确认自己的位置，然后通过无线电与母船通信。在水下时，它通过水声链路向母船传送各种数据，必要时也可依据母船的命令变更指令[20]。

图 1.15　挪威“HUGIN 1000” AUVs[20]

2）其他国家民用自主水下机器人研究现状

英国南安普敦国家海洋中心是英国著名的 AUVs 设计研究机构，它设计的“Autosub”系列 AUVs 被广泛应用于海洋科学调查。1996 年它开始研究“Autosub”系列 AUVs，其中著名的是“Autosub-1”AUVs 和“Autosub 6000”AUVs（图 1.16）。

图 1.16　“Autosub 6000” AUVs[21]

“Autosub-1”是该系列第一台 AUVs，重 1500kg，长 7m，最大工作深度 1600m，最大航速 3kn，续航力 500km 以上，导航方式是 INS/DVL/USBL 组合导航，探测传感器是多波束测深声呐、温盐深仪和海流剖面声速仪。该 AUVs 累计执行 271 次任务（截至 2000 年底），累计工作时间 750h。2007 年，南安普敦国家海洋中心又研制该系列的改进型号“Autosub 6000”，并在 2008 年进行了 4556m 的深海试验。“Autosub 6000”与第 1 代“Autosub-1”AUVs 相比，长度减小到 5.5m，使用“LinkQuest TrackLink 10000”型 USBL 作为外界辅助导航，由 300kHz“RDI”DVL 和“PHINS”组成自主导航系统，最大工作深度增加到 6000m，续航能力增加到 30h，声学多波束声呐采用“EM2000”[21]。

挪威 Kongsberg 公司和挪威国防研究机构合作研制的“HUGIN”系列 AUVs，广泛应用于海上石油设施、海底电缆管线和海洋科学调查。“HUGIN”系列包括“HUGIN 1000”“HUGIN 3000”和“HUGIN 4500”。“HUGIN 4500”主要进行深海调查，它长 6m，航速 4～6kn，巡航速度是 4kn，最大续航时间 60h，采用 INS/DVL/USBL 组合导航，安装避障声呐、前视声呐、多波束测深声呐、侧扫声呐、浅地层剖面仪和 CTD probe 等传感器，“HUGIN”AUVs 可用于高质量海洋测绘、航道调查、快速环境评估等[20]。

日本东京大学研究的“R”系列 AUVs 为日本的海洋调查做出了突出贡献，尤其是在对海底山脉的调查和海底火山的调查中发挥了重要作用。“R”系列 AUVs 包括“R-one”[22]（图 1.17）和“r2D4”[23]（图 1.18）两款。“R-one”由日本东京大学研究和开发，三井工程和造船公司制造，长 8.8m，宽 1.2m，高 1.2m，装备侧扫声呐、前视声呐、CTD probe、重力计等探测传感器，导航采用环形激光陀螺 INS/DVL/USBL 导航，主要负责中海深度海底山脉调查等任务。该 AUVs 最大工作深度 400m，巡航速度 3kn，续航能力 100km，动力采用闭式循环柴油机。该 AUVs 在全方位自主方式下获得了 TeiSi 海丘的高分辨率侧扫图像。

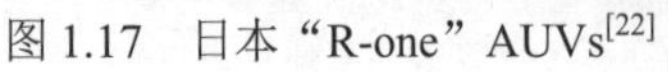
图 1.17　日本“R-one”AUVs[22]

图 1.18　日本“r2D4”AUVs[23]

东京大学在“R-one”AUVs 的基础上研制了“r2D4”AUVs，其长 4.6m，宽

1.1m，最大航行深度4000m，巡航速度3kn，续航力60km，动力采用锂离子二次电池，导航方式采用光纤陀螺INS/DVL/USBL导航，装备有侧扫声呐、水下摄像机、三轴磁力计、pH传感器、热流仪、浊度计、锰离子密度计等传感器，主要担负三维海底地形构造观察等任务，主要应用于热液喷口区域的科学考察。该AUVs在沿日本海Ryotsu海湾裂缝线，以及冲绳群岛南部Kurosima海丘进行一系列考察活动，发现多处含有高浓度二氧化碳的冷泉喷口。其智能化水平比“R-one”AUVs有了一定的提高，代表事件是在自主工作模式下对罗塔岛冰下活火山的热液情况进行了科学考察[23]。

1.3.2 我国自主水下机器人研究现状

“十二五”期间，中国科学院沈阳自动化研究所在中国大洋矿产资源研究开发协会和国家863计划的支持下，开始了“潜龙”系列自主水下机器人的研制。“潜龙”系列第一台AUVs是“潜龙一号”AUVs，如图1.19所示。“潜龙一号”AUVs的工作深度为6000m，巡航速度为2kn，最大续航能力为30h，能够执行水文探测、深海海底地形测绘和近海底光学探测等任务，采用DVL/LBL的组合导航方法，同时也兼容USBL组合导航。“潜龙一号”AUVs在2013年3月完成湖上试验，2013年6月完成第一次海上试验，2013年9月首次赴太平洋多金属结核区执行探测任务，2014年再次赴太平洋多金属结核区执行探测任务，现在“潜龙一号”AUVs已经作为一套成熟装备交付海洋科考调查船使用。

图1.19 “潜龙一号”AUVs[24]

在“潜龙一号”AUVs的基础上，中国科学院沈阳自动化研究所设计了“潜龙一号”的姊妹AUVs——“潜龙二号”AUVs。“潜龙二号”AUVs的工作深度为4500m，巡航速度为2kn，续航能力为30h，能够执行海底微地形地貌测绘、水文探测和近海底光学探测。“潜龙二号”AUVs为了适应在西南印度洋热液区复杂地形作业的需要，采用了全新的水动力外形和推进器布局。“潜龙二号”AUVs的外形不是传统的鱼雷体，而是全新的非回转体立扁水动力外形；推进布局不是传统的鱼雷推进器布局，而是采用全新的可旋转舵和可旋转推进器，使用基于卡尔曼滤波的模糊控制策略进行运动控制。全新的水动力外形、全新的推进器布局、全新的运动控制方法使“潜龙二号”AUVs的垂直面机动能力和航行稳定性都取得了比较好的效果。为了满足矿产勘查和科学考察的任务需求，“潜龙二号”AUVs首次安装磁力探测装置。“潜龙二号”AUVs（图1.20）在2015年6月完成湖上试验，2015年8月开始第一次海上试验，2015年12月到2016年3月赴西南印度洋执行第一次科考任务，在西南印度洋热液矿区作业70多天，开创了首次国产AUVs发现多处热液异常的纪录。

图1.20 “潜龙二号”AUVs[24]

在“潜龙二号”AUVs的基础上，中国科学院沈阳自动化研究所设计了“潜龙二号”AUVs的改进型——“探索4500”AUVs。“探索4500”AUVs的技术指标与“潜龙二号”AUVs基本相当，它升级了声学探测载荷、组合导航系统和光学照相机：将声学载荷从测深侧扫声呐升级为测深侧扫浅剖声呐，在海底微地貌绘制功能的基础上扩展了海底地质调查功能；在原来的长基线组合导航系统基础上增加了超短基线组合导航功能，极大地提高了自主水下机器人的作业效率；针对深海光学探测功能，专门升级了深海高清光学照相机。2016年7月在我国南海冷泉区域连续作业20多天，开创了首次国产AUVs在我国冷泉区域执行微地貌测绘和光学探测的纪录。图1.21是“探索4500”AUVs及其在冷泉区域拍摄的高清光学照片[25]。

我国在大力发展深海AUVs的同时，也开始了极地冰下作业AUVs的研发工

图 1.21 “探索 4500” AUVs 及其在冷泉区域拍摄的高清光学照片[24]

作。在国家 863 计划支持下，中国科学院沈阳自动化研究所于 2008 年成功开发了“北极冰下自主/遥控海洋环境监测系统”（简称“北极 ARV”），如图 1.22 所示。2008 年“北极 ARV”首次参加了我国第三次北极科学考察，多次在极地冰下航行，刷新了我国 AUVs 高纬度冰下航行的纪录[25]。

图 1.22 “北极 ARV”[25]

此外，国内研究自主水下机器人的机构还有哈尔滨工程大学、西北工业大学、天津大学、浙江大学以及中国船舶重工集团公司第七〇二研究所、第七一〇研究所和第七一五研究所等。在“十二五”863 计划海洋技术领域“深海潜水器技术与装备”重大项目的支持下，由中国科学院沈阳自动化研究所和西北工业大学牵头，分别成功研制了 50 公斤级 AUVs；由哈尔滨工程大学和中国船舶重工集团公司第七一五研究所牵头，分别成功研制了 300 公斤级 AUVs。

1.4 自主水下机器人的发展趋势

人类对海洋的认识是一个漫长的过程，这就需要研制工作时间更长、航程更远、深度更深、作业能力更强、更智能的海洋技术装备，帮助人类在认识海洋的基础上，逐步实现利用海洋和开发海洋的目标。随着技术的革新和进步，以及

AUVs 技术装备向专业化、模块化、集群化和智能化方向的发展，AUVs 在海洋科考及服务国民经济等方面将发挥重要的作用。

（1）从单体多功能向单体专业化、模块化发展。传统 AUVs 具备执行声学探测、光学探测和水文探测等多种探测任务的能力。海洋科学考察希望未来 AUVs 的航速更快、航程更长、作业时间更长、能耗更低、体积更轻和成本更低，而传统的单体多功能 AUVs 受能源、体积、质量和成本等诸多因素的限制，已经无法满足所有作业任务的需求。所以未来的 AUVs 是专业化、模块化探测载荷的 AUVs，如根据任务类型划分为长航程声学调查型 AUVs、区域光学调查型 AUVs、模块化载荷 AUVs。①长航程声学调查型 AUVs 以声学探测为主，兼容水文探测功能。因为它不需要执行低速光学探测任务，所以设计的重点是优化流体阻力和推进装置效率，使其航速更高、航程更长。②区域光学调查型 AUVs 的特点是以光学探测为主，选配声学探测载荷。因为其主要任务是低速近底光学拍照，所以设计的重点是优化低速下的机动能力，实现高效而安全的近底光学探测。③模块化载荷 AUVs 的特点是根据任务需求模块化搭载探测载荷，它的质量更轻、成本更低、功能更加灵活，而且它的机动能力、特殊环境的适应能力、续航能力都比较均衡。

（2）从单 AUVs 向 AUVs 集群作业和多平台协同作业发展。因为单一 AUVs 的作业效率有限，不同类型的 AUVs 作业能力也存在差异，所以未来将从单 AUVs 作业向 AUVs 集群作业发展，发挥不同 AUVs 的作业优势，提高 AUVs 的探测效率。未来的海洋观测是长期、全立体式的海洋观测，必须构建一个 AUVs、ROVs、ARVs 等多平台的协同作业系统，从不同深度、不同尺度、不同海洋参数的角度观测和研究海洋。当今陆地的集群作业技术无法满足深海弱通信水声环境，所以未来需要研究适用于水下的分布式集群控制技术，努力提高水下机器人的智能水平，实现弱通信条件下的高效集群作业和多平台协同作业。

（3）从信息型 AUVs 向自主作业型 AUVs 发展。未来 AUVs 将由信息型 AUVs 向自主作业型 AUVs 发展，兼具大范围长时间自主探测和精细化自主作业两大功能，建立一套基于 AUVs 的长期综合立体无人探测与作业系统，实现由以人为主体的科考模式向以 AUVs 为核心的未来科考模式的转变。发展自主作业型 AUVs，需要 AUVs 具有自主环境学习、自主可靠性分析、自主作业策略决策、人机责任重分配等能力。①自主环境学习是指 AUVs 首先基于历史数据进行先验学习，然后在未知环境下自主学习和自主决策，实时修正自身决策错误和从错误工作状态中自动恢复。②自主可靠性分析是指 AUVs 在线分析各组件工作状态对任务的影响，实时评估自身是否具备执行当前任务的能力，自主终止自身可靠性无法满足的作业任务。③自主作业策略决策是指自主识别疑似目标是否与任务目标一致，判断当前外部环境或设备状态是否具备作业条件，自主决定任务目标的取舍，并且自主开展任务作业，如热液羽流的追踪、水下目标的自主搜寻和科学样品的自主采样。④人机责任重分配是指在 AUVs 自主学习错误或无法自主完成作业任务时，引入人作为 AUVs 的大脑，遥控 AUVs 完成比较复杂的作业任务，如应用人工遥控作业型 AUVs 的机械手进行样品采样或管线对接等。随着 AUVs 等海洋技术装备的发展，未来海洋科考将全面进入无人化时代，具有自主作业能力的智能化 AUVs 将成为研究海洋的主力军。水面无人科考船和水下无人科考站为深海 AUVs 集群提供能源补充和信息交互，将陆上实验室搬到海底，建立基于 AUVs 的长期综合立体无人探测与作业系统。未来海洋科考的核心不再是人，而是高智能的 AUVs 集群，这将为海洋科学研究提供更高价值和更低成本的海洋数据，为人类更好地开发和利用海洋资源做出更大的贡献[26]。

参 考 文 献

[1] 封锡盛. 从有缆遥控水下机器人到自治水下机器人[J]. 中国工程科学, 2000, 2 (12): 29-33.

[2] 徐玉如, 李彭超. 水下机器人发展趋势[J]. 自然杂志, 2011, 33 (3): 125-132.

[3] 蒋新松, 封锡盛, 王棣棠. 水下机器人[M]. 沈阳: 辽宁科学技术出版社, 2000: 424-431.

[4] 马伟锋, 胡震. AUV 的研究现状与发展趋势[J]. 火力与指挥控制, 2008, 33 (6): 10-13.

[5] Wernli R. AUVs—The maturity of the technology[C]//Oceans, IEEE, 2001: 189-195.

[6] Sharp K M, White R H. More tools in the toolbox: The naval oceanographic office's Remote Environmental Monitoring UnitS (REMUS) 6000 AUV[C]//Oceans, IEEE, 2008: 1-4.

[7] German C R, Yoerger D R, Jakuba M, et al. Hydrothermal exploration with the autonomous benthic explorer[J]. Deep Sea Research Part I：Oceanographic Research Papers, 2008, 55 (2): 203-219.

[8] Butler B, Den Hertog V. Theseus: A cable-laying AUV[C]//Oceans, IEEE, 1993: 210-213.

[9] Mcphail S D, Pebody M. Autosub-1. A distributed approach to navigation and control of an autonomous underwater vehicle[C]//International Conference on Electronic Engineering in Oceanography, 1997: 16-22.

[10] 李一平, 封锡盛. "CR-01" 6000m 自治水下机器人在太平洋锰结核调查中的应用[J]. 高技术通讯, 2001, 11 (1): 85-87.

[11] 李一平, 燕奎臣. "CR-02" 自治水下机器人在定点调查中的应用[J]. 机器人, 2003, 25 (4): 359-362.

[12] 程大军, 刘开周. 一种基于 SUKF 的广义行为环境建模及在远程 AUV 推进系统的应用研究[J]. 机械工程学报, 2011, 47 (19): 14-21.

[13] 钱东, 赵江, 杨芸. 军用 UUV 发展方向与趋势(上)——美军用无人系统发展规划分析解读[J]. 水下无人系统学报, 2017, 25 (2): 1-30.

[14] Adams A A, Charles P T, Veitch S P, et al. REMUS100 AUV with an integrated microfluidic system for explosives detection[J]. Analytical and Bioanalytical Chemistry, 2013, 405 (15): 5171-5178.

[15] Bondaryk J E. Bluefin autonomous underwater vehicles: Programs, systems, and acoustic issues[J]. Journal of the Acoustical Society of America, 2004, 115 (5): 2615.

[16] 钟宏伟. 国外无人水下航行器装备与技术现状及展望[J]. 水下无人系统学报, 2017, 25 (4): 215-225.

[17] German C R，Yoerger D R，Jakuba M，et al. Hydrothermal exploration by AUV：Progress to-date with ABE in the Pacific，Atlantic & lndian Oceans[J]. IEEE/OES Autonomous Underwater Vehicles，2008：1-5.

[18] Kinsey J C，Yoerger D R，Jakuba M V，et al. Assessing the deepwater horizon oil spill with the sentry autonomous

underwater vehicle[C]//lnternational Conference on lntelligent Robots and Systems，2011：261-267.

[19] Whitcomb L L, Jakuba M V, Kinsey J C, et al. Navigation and control of the Nereus hybrid underwater vehicle for global ocean science to 10,903 m depth: Preliminary results[C]//IEEE International Conference on Robotics and Automation, 2010: 594-600.

[20] Marthiniussen R, Vestgard K, Klepaker R A, et al. HUGIN-AUV concept and operational experiences to date[C]//Oceans, IEEE, 2004: 846-850.

[21] Mcphail S, Furlong M, Huvenne V, et al. Autosub 6000: Its first deepwater trials and science missions[J]. Underwater Technology, 2009, 28 (3): 91-98.

[22] Ura T, Obara T. Sea trials of AUV “R-One Robot” equipped with a closed cycle diesel engine system[C]//Oceans, IEEE, 1997: 987-993.

[23] Ura T, Obara T, Nagahashi K, et al. Introduction to an AUV “r2D4” and its Kuroshima Knoll Survey Mission[C]//Oceans, IEEE, 2004: 840-845.

[24] 李硕, 唐元贵, 黄琰, 等. 深海技术装备研制现状与展望[J]. 中国科学院院刊, 2016, 31 (12): 1316-1325.

[25] 李一平, 李硕, 张艾群. 自主/遥控水下机器人研究现状[J]. 工程研究: 跨学科视野中的工程, 2016, 8 (2): 217-222.

[26] 李硕，刘健，徐会希，等. 我国深海自主水下机器人的研究现状[J]. 中国科学：信息科学，2018，48(9)：1152-1164.

2 自主水下机器人总体技术

自主水下机器人（AUVs）的使命各不相同，但为了完成某一使命，AUVs通常需要有一个载体平台来装载运动控制、导航定位、能源与推进和任务载荷等传感器和设备。五花八门的使用要求和技术约束条件往往是互相矛盾的，许多因素相互制约。因此，AUVs总体设计一方面要根据最终的使命需求，按照分系统对任务进行分解、指标分配，另一方面要根据技术条件等因素进行各系统之间的协调，最终通过各分系统的功能实现达到预定的总体技术指标和使命要求。

2.1 自主水下机器人系统组成和功能

按照完成使命的主要功能划分，AUVs主要包括AUVs本体和水面支持系统两大部分，如图2.1所示。

AUVs本体作为核心系统，主要作用是通过AUVs平台结构搭载能源动力、各种控制设备和任务载荷，实现AUVs的自主航行控制、自主作业以及危险环境下的自主避碰和应急处理，并根据配置搭载不同的任务载荷，执行不同的探测任务。水下工作过程中，AUVs本体向水面支持系统上传当前AUVs的工作状态，响应水面支持系统下发的人工干预命令。

AUVs本体一般由七个分系统组成，分别是载体系统、控制系统、导航定位系统、应急系统、能源与推进系统、通信系统、任务载荷系统。由于不同AUVs设计的任务使命和使用环境不同，AUVs的通信系统、导航定位系统和任务载荷系统相差较大。

载体系统是AUVs的躯干部分，其外表部位直接与海洋环境相接触，并在海洋环境中实现航行操纵或作业等行为，它搭载AUVs的各个分系统设备及载荷，并为其提供适宜的工作环境，实现对各个分系统设备或部件的位置布置，安装固

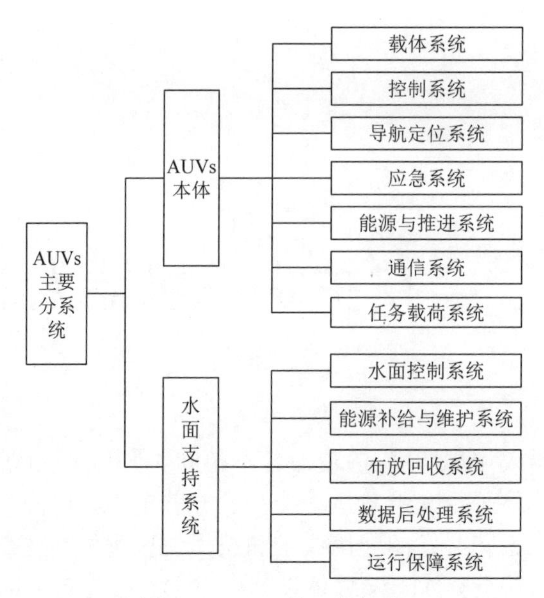

图 2.1　AUVs 的一般组成

定、耐压和密封装置等。载体系统一般由框架、密封舱体、浮力材料以及搭载各种设备和传感器的结构件组成。

控制系统由以控制器为核心的自动控制及管理系统组成，负责控制 AUVs 的一切行动并保证使命的最终实现，例如，使命的智能规划管理，AUVs 的精确航行与控制，传感器信号的采集、处理、记录和通信，航行自主避碰等。控制系统包含硬件部分和软件部分：硬件部分是控制策略得以实施的物理载体，主要由核心控制计算机、底层驱动控制单元、传感器执行机构的数据采集和处理模块部分组成，具体表现为电路元器件、电路板、传感器以及数据传输线缆等；软件系统是控制系统的灵魂，它是按照计算机语言的既定规则将人们设想的控制体系结构和控制算法进行详细的描述和表达后，形成的一套完整系统。控制系统以自动驾驶计算机为核心，还包含避碰处理计算机、电连接单元、各驱动节点单元等硬件以及运行于其上的控制软件。

导航定位系统是指为满足载体控制要求，为控制系统提供航行过程自身航行参数、感知自身姿态、获取自身空间位置的完整系统，包含导航信息处理系统和导航定位传感器系统。导航定位系统主要包括惯性导航系统（或者光纤罗经）、多普勒计程仪、GPS、深度计、高度计、超短基线定位或长基线定位等设备。由于作业使命要求的不同，部分 AUVs 不需要安装长基线定位系统或超短基线定位系统。长基线定位系统主要由水面定位单元、AUVs 定位单元和海底信标单元三大部分组成。

应急系统是独立于控制系统以外的单独的自救系统。当控制系统出现故障时，可自动切换至应急系统，确保 AUVs 上浮水面之后仍然能接收到卫星定位信息，并向母船发送灯光信息、无线电信息以及自身位置信息等，便于搜寻。应急系统一般由应急管理单元、应急电源、抛载装置、水面示位天线、水面示位灯标以及超短基线或长基线信标等组成。受体积、质量等条件的限制，小型、低成本 AUVs 一般没有应急系统。

能源与推进系统是指为 AUVs 提供能源和动力的系统，其包含能源和推进两个子系统。能源系统不仅要给推进系统提供能量，也要给控制导航等电子系统提供能量。一般来说，AUVs 的能源主要由各种高能量动力电池提供。推进系统的功能是将能源系统的能量转换为推进动力，用于克服航行过程中水的阻力，实现 AUVs 的航行或各种机动动作。能源与推进系统包括电池组、电池管理单元、推进器、推进控制器等。

通信系统是指实现母船与在水下或者水面航行的 AUVs 之间实时通信的系统，包括水面无线通信系统、卫星通信系统、水下声学通信系统等。

任务载荷系统是指为完成相关探测或者作业任务，搭载安装在 AUVs 载体上，并相对独立于 AUVs 之外的各类设备或者部件的统称，常见的有温盐深仪、多波束声呐、侧扫声呐、浅地层剖面仪、磁力仪等。

水面支持系统是指为完成 AUVs 在水下的具体任务使命，在水面上设置的进行监控、布放回收、存储运输、能源补给与维护及数据后处理的辅助系统，主要由水面控制系统、能源补给与维护系统、布放回收系统、数据后处理系统、运行保障系统等组成。

“潜龙一号”6000 米级 AUVs 组成结构如图 2.2 所示。

2.2 自主水下机器人技术指标

AUVs 的总体技术指标主要包括尺度、质量、航行深度、航行速度、续航能力以及任务载荷的性能指标等。根据设计功能和任务不同，目前 AUVs 的质量从几千克到数吨不等，航行深度可达到 11 000m，设计航行速度一般在 1～8kn，航程一般在几十千米到数千千米。根据任务使命的不同，AUVs 一般会搭载声学多波束声呐、浅地层剖面仪、侧扫声呐等声学探测设备；如果需要近海底观察，也会搭载照相机、摄像机等光学设备；如果要进行水体物理和化学探测，也会搭载温盐深仪、甲烷、氧化还原电位、溶解氧等载荷。超短基线定位系统、长基线定位系统以及声学通信系统通常与 AUVs 的使命息息相关，不是必备系统，这些系统的性能指标随 AUVs 的任务使命不同而不同。表 2.1 是“潜龙一号”AUVs 与国外比较著名的 AUVs 的技术指标对比情况。

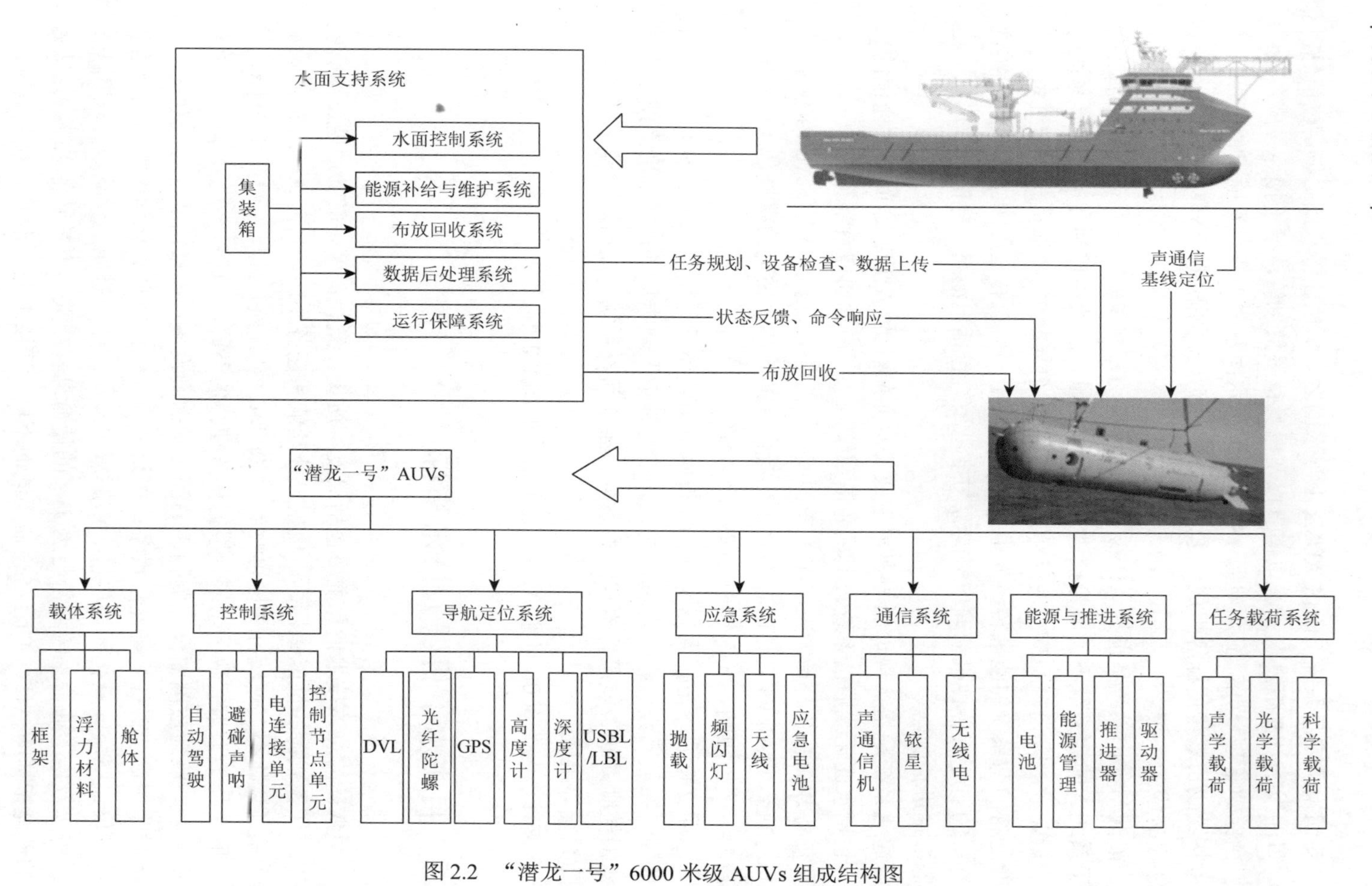

图 2.2 “潜龙一号”6000 米级 AUVs 组成结构图

表 2.1 “潜龙一号”AUVs 与国外主要深水 AUVs 技术指标对比

技术指标	“潜龙一号”	“蓝鳍金枪鱼”	“REMUS 6000”	“HUGIN 4500”	“Autosub 6000”
直径	0.8m	0.534m	0.71m	1m	0.9m
长度	4.6m	4.93m	3.84m	6m	5.5m
空气中质量	1500kg	750kg	884kg	1900kg	1800kg
最大航行深度	6000m	4500m	6000m	4500m	6000m
最大续航能力	2kn，30h	3kn，25h	4kn，12h	4kn，60h	2.7kn，30h
速度	巡航速度 2kn	最大 4.5kn	最大 4.86kn	2～4kn	最大 3.11kn
电池容量	16kW·h	13.5kW·h	17.2kW·h	60kW·h	54kW·h
推进方式	矢量推进器布置，艏部水平、垂直槽道推进器	矢量方向推进器	艉部直流无刷 2 叶主推进器 + 全动舵	艉部主推进器 + 舵	艉部主推进器 + 舵
导航定位	光纤罗经、DVL、GPS、深度计、长基线定位、超短基线定位	INS、DVL 和 GPS，深度计、超短基线定位	长基线定位，ADCP + 罗盘，深度计	超短基线定位，IMU、DVL 和 GPS，深度计	长基线定位和超短基线定位，DVL、深度计、INS、GPS
通信	无线电、铱星、声通信机、无线网络	无线电、铱星、声通信机、无线网络	声通信机、无线网络	无线电、铱星、声通信机、无线网络	无线电、声通信机、无线网络
任务载荷	测深侧扫声呐：150kHz。浅地层剖面仪：2～7kHz。照相机：Kongsberg OE14-408。温盐深仪：XR-620 CTD probe。溶解氧/浊度/Eh/pH 传感器；ADCP	侧扫声呐：EdgeTech 2200-M120/410kHz。浅地层剖面仪：EdgeTech DW-216（2～16kHz）。多波束声呐：Reson 7125 400kHz。相机：Prosilica GE1900	侧扫声呐；浅地层剖面仪；数字照相机；CTD probe；ADCP；OBS	多波束声呐；侧扫声呐；浅地层剖面仪；CTD probe；ADCP	多波束声呐；侧扫声呐；浅地层剖面仪；CTD probe；ADCP

注：OBS 代表海底地震仪（ocean bottom seismograph）；ADCP 代表声学多普勒流速剖面仪（acoustic Doppler current profiler）；IMU 代表惯性测量单元（inertial measurement unit）。

美国依据 AUVs 的体积和质量不同，将 AUVs 划分为 4 个级别。第一个级别是便携式 AUVs，其整套系统质量不大于 45kg，可以续航 10～20h；第二个级别是轻型 AUVs，质量在 200kg 左右，可以续航 20～40h；第三个级别是重型 AUVs，其质量可达数吨，可以续航 40～80h；第四个级别是巨型 AUVs，其质量可达 10t，续航能力强，可与水面舰艇和潜艇配合行动。

最大航行深度是 AUVs 的重要技术指标，世界海域最深超过 11 000m，不同的深度要求体现着不同的技术水平。深度越深，所需要的技术水平越高。水下机器人的下潜深度是一个国家科学技术水平的重要体现，从世界上已经研制的 AUVs 来看，其航行深度的序列一般分为 100m、200m、300m、500m、1000m、3000m、4500m、6000m 和 11 000m。随着深度的增加，耐压技术就显得尤为重要，并且设计难度越来越大，这主要体现在耐压舱结构的设计、浮力材料的设计、声学换能器的设计、水声作用距离的考虑、水密接插件的设计等多个方面的因素。随着深度的增加，也不得不考虑因为压力的影响而造成的材料的绝对压缩以及由此带来的不同深度上 AUVs 本身浮力的变化。

AUVs 的航行速度是由它的任务决定的，不同的任务需要不同的航行速度。对于巡航型的 AUVs，其速度一般比较高，最高可达 5～8kn；而对于声学探测型的 AUVs，其速度多在 2～4kn；观察型 AUVs 的速度多数较低，一般为 1～2kn。受制于能源，AUVs 的速度不能太高，高的速度就需要大的电源功率，这就对能源提出了更高的要求。因此，为了保证一定的续航时间，AUVs 一般都会有一个最经济的航行速度。

续航时间是指 AUVs 在水下工作时间的长短。在当前能源能量密度有限的实际情况下，AUVs 的续航时间多在几小时到几百小时量级上。续航时间越长，就需要携带越多的能源，而要携带更多的能源，就需要更大的体积和质量。体积、质量增大后，又会增大阻力，从而减小续航时间，因此续航时间和体积、质量指标是相互矛盾的。设计者需要根据任务的要求，确定出一个最佳的结合点，不能因为片面地追求续航时间，而无限地增大 AUVs 的体积和质量。

任务载荷的性能决定着 AUVs 执行任务的能力和水平。任务载荷的性能有高有低，从经济性的角度出发，不同的任务需要不同精度的任务载荷，而不是一味地追求高指标、高精度，这样会造成经费的大量浪费。对于资源勘查型的深海 AUVs 系统，在初始的粗探阶段，一般配置作用距离大、精度相对低的任务载荷，实现大面积、快速和高效率探测；而对于精细探测阶段，则需要配置精度高、探测范围小的任务载荷，从而实现较高精度的精细探测。

2.3 自主水下机器人技术体系

自主水下机器人是由多门科学技术融合为一体的综合性技术装备，研制一台自主水下机器人一般需要以下常规技术：总体布局与结构优化、线型设计、操纵性布局、材料技术、能源技术、推进技术、运动控制技术、人工智能技术、通信技术、水下导航技术、定位技术、水下目标的探测与识别、布放回收技术等。

1. 总体布局与结构优化

没有一种全功能的机器人能完成所有的任务，所以需要依据任务和工作需求，结合使用条件进行总体布局设计，对自主水下机器人的总体结构、流体性能、动力系统、控制与通信方式进行优化，提高有限空间的利用效率。自主水下机器人工作在复杂的海洋环境中，其总体结构在满足压力、水密性、负载和速度需求的前提下要实现低阻力、高效率的空间运动。另外，在有限的空间中，需要多种传感器的配合，进行自主航行、环境探测和目标识别等任务。整个大系统整合了多种分系统，需要完善的系统集成设计和电磁兼容设计，才能确保控制与通信信息流的通畅。

为了提高自主水下机器人的性能和质量、使用的方便性和通用性，降低研制风险，节约研制费用，缩短研制周期，提高与现有邻近系统的协作能力，以及保障批量生产能力，标准化是自主水下机器人研制与生产的迫切需求。模块化是标准化的高级形式，标准化的目的是实现生产的模块化和各功能部件的模块化组装，以实现使用中的功能扩展和任务可重构。在自主水下机器人标准化的进程中需要提出有关机械、电气、软件标准接口和数据格式的概念，然后在设计和建造过程中分模块进行总体布局和结构优化设计[1]。

2. 线型设计

根据任务要求，特别是长续航时间的要求，自主水下机器人的外形应该尽量设计成流线型，以减少阻力，进而减少能源消耗以利于增大续航时间。从流体动力学的角度，宜采用类似于鱼雷的细长的回转体线型。另外，在进行外形设计时同样要考虑操纵性的要求，平衡好稳定性和机动性的矛盾。由此可见，自主水下机器人的外形设计是一个多输入、多输出的工作，传统的设计方法不能很好地满足优化的需求。

采用参数化建模的方法能够很好地解决自主水下机器人的外形设计和优化问题。参数化建模可以很方便地修改参数，迅速地生成新的曲面，真正做到快捷迅速。

参数化的线型优化以阻力最小为目标。可以通过试验方法在拖曳水池得到阻力，也可以通过计算流体动力学（computational fluid dynamics，CFD）方法得到阻力。CFD 方法可以通过数值计算快速对设计者提出的各种设计方案进行阻力预测，预测周期短、成本低。

CFD 计算的标准流程为：建模→网格划分→计算预处理→计算→计算后处理。一般首先采用三维建模软件如 SolidWorks 进行 AUVs 三维建模，然后利用网格预处理软件 Gridgen 进行网格划分，最后利用商用 CFX 软件进行计算预处理、计算以及计算后处理。

3. 操纵性布局

为实现自主水下机器人在复杂海底地形区域能够自如地完成作业任务，就需要有很好的操纵性布局。操纵性设计是保证自主水下机器人能够顺利完成作业的前提，使其具备足够的稳定性，同时较好的机动性是自主水下机器人具备良好控制性能的前提。

操纵性布局设计需要首先对自主水下机器人的作业任务和作业区域进行深入分析，考虑自主水下机器人的运动性能要求，进行初步的操纵性布局，如艇体的基本形式、操纵面的布置、推进器的布局等；其次，在艇体外形确定的情况下，以经验公式和计算流体动力学软件相结合的方式计算艇体的操纵性水动力导数，设计自主水下机器人操纵面参数，包括操纵面的形状、位置、尺寸等；再次，对自主水下机器人的操纵性指数进行判断，评估其操纵性能，改进或重新设计操纵面；最后，采用计算流体动力学软件和模型试验的方法对最终确认的自主水下机器人艇体进行详细的水动力计算和预报，建立完整的运动学和动力学模型，预报自主水下机器人超越运动、“之”字运动、螺旋运动等典型运动的运动性能，为运动控制和仿真提供必要的依据和模型。

4. 材料技术

自主水下机器人在水中航行时剩余浮力基本为零，因此其本身必须提供足够的正浮力来克服搭载各种设备的重量。同时，随着下潜深度的增大，自主水下机器人承受着更大的压力。在水中每增加 10m 的水深，外界压力将增加 0.1MPa。因此，高强度、轻质、耐腐蚀的结构材料和浮力材料是水下机器人重点发展的技术问题之一。

根据使用场合的特点，材料可分为耐压舱材料、结构用材料、浮力材料。耐压舱采用的材料主要有铝合金、钛合金、碳纤维、陶瓷、玻璃等；结构用材料有铝合金、塑料、钛合金、不锈钢、玻璃钢等；浮力材料主要有环氧玻璃微珠复合材料、陶瓷浮球、玻璃球等。

5. 能源技术

有缆遥控水下机器人通过电缆由母船供电，一般不存在能源问题。而对于自主水下机器人，能源是限制其作业范围的主要因素。随着自主水下机器人各方面技术的发展，其执行的任务也更加多样，这就需要自主水下机器人具有良好的机动性和操控性，有时还需要执行高抗流作业和长时间连续作业等任务，对自主水下机器人续航时间的需求逐渐增强。

早期的自主水下机器人大多由铅酸电池提供能源，少数采用银锌电池提供能源，但银锌电池造价昂贵，不适合广泛使用。随着锂离子电池技术的发展，目前自主水下机器人使用较多的是锂离子电池，虽然续航时间已经从最初的几小时提升到了几十小时甚至上百小时，但仍与人们的需求有一定差距。

目前急需开发高效率、高密度能源，在整个动力能源系统保持合理的体积和质量的情况下，使自主水下机器人能够达到设计速度和满足多自由度机动要求，其中优化机器人的推进系统，使其在保证预定速度和机动要求的情况下效率最高、能耗最小，也对提升续航时间有可观的贡献。

6. 推进技术

自主水下机器人在水中移动需要驱动力，螺旋桨就是一种简单有效的驱动力提供者，大多数自主水下机器人采用螺旋桨推进。除此之外，也有一些自主水下机器人继承水中兵器的推进技术，采用了泵喷推进器。而水下滑翔机上则应用了浮力驱动推进、波浪能推进等方式。

各个行业都十分注重从大自然的智慧中汲取灵感寻找突破，仿生学在诸多领域已经有长足的发展。鱼类摆尾式机动不但效率高、操纵灵活，而且尾迹小、几乎不产生噪声，是水下推进和操控的最佳方式。目前国内外学者正进行积极的研究，试图将摆动式推进应用到之后的智能水下机器人中。该研究仍处于理论研究阶段，要实现实际意义上的多自由度闭环控制的推进，满足各种工作需求，把潜在优势转变成可利用技术还有很多工作要做。

7. 运动控制技术

自主水下机器人的运动控制包括对其自身运动形态、各执行机构和传感器的综合控制，水下机器人的六自由度空间运动具有明显的非线性和交叉耦合性，需要一个完善的集成运动控制系统来保障运动与定位的精度，此系统需要集成信息融合、故障诊断、容错控制策略等技术。虽然人们采用了不断改进的新型控制算法对自主水下机器人进行任务与航迹规划，但由于在复杂环境中自主水下机器人运动的时变性很难建立精确的运动模型，所以人工神经网络技术和模糊逻辑推理控制技术的作用就更加重要。模糊逻辑推理控制器设计简单、稳定性好，但在实际应用中由于模糊变量众多，参数调整复杂，需要消耗大量时间，所以需要和其他控制器配合使用，如比例-积分-微分（proportion-integration-differentiation，PID）控制器、人工神经网络控制器。各种控制方式相互结合使用的目的是提高控制器的控制精度与收敛速度，如何在保证自主水下机器人运动控制稳定性的情况下提升控制系统的自适应性，提高智能系统在实际应用中的可行性是目前工作的重点。

8. 人工智能技术

自主水下机器人最大的特点就是能够独立自主地进行作业，所以如何提高水下机器人的自主能力（即智能水平），以便在复杂的海洋环境中完成不同的任务，一直以来都是研究热点。从 20 世纪 80 年代开始，人们针对如何提升自主水下机器人的智能水平，对智能体系结构、环境感知与任务规划等展开一系列的研究。其中不断改进和完善现有的智能体系结构，提升对未来趋势的预测能力，加强系统的自主学习能力，使智能系统更具有前瞻性，是提高智能系统自主性和适应性的关键。

自主水下机器人的自主性是通过人工智能技术实现的，人工智能技术和集成控制技术构成相当于人类大脑的智能体系结构，软件体系则模拟人类大脑进行工作，负责整个系统的总体集成和系统调度，直接决定机器人的智能水平。

在目前的人工智能研究中主要采用基于符号的推理和人工神经网络技术，其中基于符号的推理对智能系统来说是最基本的需求。但是，目前基于符号的推理仍存在较多的局限性，如系统较脆弱、获取知识困难、学习能力较低和实时性较差等。人工神经网络相对有较强的学习、联想和自适应能力，它更擅长处理不精确和不完全的信息，并具有较好的容错性，能够较好地弥补基于符号的逻辑推理的不足，所以两项技术的结合更具有发展潜力。

自主水下机器人的工作任务决定了它必须能够适应广泛的水下环境，复杂海洋环境中充满着各种未知因素，风、浪、流、深水压力等干扰时刻挑战着自主水下机器人的智能规划与决策能力。以海流为例，大洋中海流的大小与方向不但与时间有密切的关系，而且随着地点不同也会有较大变化，这对自主水下机器人的路径规划和避碰规划是一个时刻紧随的考验。针对海洋环境的复杂性，自主水下机器人需要拥有良好的学习机制，才能尽快地适应海洋环境，具有理想的避碰规划和路径优化的能力[1]。

但从目前来看，机器智能的发展还有较长的路要走，或许由人参与或半自主的水下机器人是解决目前复杂的水下作业的现实办法。

9. 通信技术

自主水下机器人在水面时，一般通过无线电或者卫星实现其与作业母船之间的联系和通信。而在水下时，一般通过水声通信和光电通信方式来传输各类控制指令以及各类传感器、声呐、摄像机等探测设备的反馈信息。两种方式各有优缺点，目前主要依赖于水声通信，但是声波在水中的传播速度很低（远远低于光速），在执行较远距离的任务时，会产生较大的时间延迟，不能保证控制信息作用的即时性和全时性。由于水下声波能量衰减较大，所以声波的传输距离直接受制于载波频率和发射功率，水声通信的距离仅限 10 000m 左右，这大大限制了自主水下机器人的作业空间。目前世界各国正积极开发水下激光通信，激光信号可以通过飞机和卫星转发以实现大范围的通信，其中海水介质对蓝绿激光的吸收率最小，美国已经实现了由空中对水下 100m 左右深度的潜艇进行通信。但是目前的蓝绿激光器体积较大，能耗也较大，效率低，应用到智能水下机器人上还有一定难度[1]。

10. 水下导航技术

自主水下机器人能否到达预定区域完成预定任务，水下导航技术起到至关重要的作用，也是自主水下机器人领域发展急需突破的瓶颈之一。目前空中导航已经具有了较成熟的技术，而由于水下环境的复杂性，以及信息传输方式和传输距离的限制，水下导航比空中导航要更有难度。

水下导航技术从发展时间和工作原理上可分为传统导航技术和非传统导航技

术，其中传统导航技术包括航位推算导航、惯性导航、多普勒声呐导航和组合式导航。最初的自主水下机器人主要依赖于航位推算进行导航，之后则逐渐加入惯性导航系统、多普勒速度仪和卡尔曼滤波器，这种导航方式虽然结构简单，实现容易，但它存在致命的缺陷，即经过长时间的连续航行后会产生非常明显的方位误差，所以整个过程中隔一段时间就需要重新确认方位，修正后继续进行推算。目前，自主水下机器人大多采用多种方式组合导航，主要利用惯性导航、多普勒声呐导航和利用声呐影像的视觉导航等多种数据融合进行导航。组合式导航技术将多种传感器的信息充分融合后作为基本的导航信息，不但提升了导航的精度，而且提高了整个系统的可靠性，即便有某种传感器误差较大或是不能工作，自主水下机器人依然能够工作。其中将多种数据进行提取、过滤和融合的方法仍在不断地改进中。

传统导航方式的原理决定了其误差积累的缺陷，为了保持精度，需要对系统数据进行不间断的更新、修正，更新数据可通过 GPS、声学定位系统或非传统方法获得。通过 GPS 不但会占用任务时间，而且会使行动的隐蔽性大大降低，通过非传统导航方式则可以克服这些缺陷。非传统导航方式是目前研究的热门方向，主要有海底地形匹配导航和重力磁力匹配导航等，其中海底地形匹配导航拥有完善的、能够及时更新的电子海图，是目前非常理想的高效率、高精度导航方式，美国海军已经将其广泛应用于潜艇的导航。

未来水下导航将结合传统方式和非传统方式，发展可靠性好、集成度高并具有综合补偿和校正功能的综合智能导航系统[1]。

11. 定位技术

目前自主水下机器人的定位，水面以上采用 GPS 或者北斗定位系统，而在水下时，尤其是在深海情况下，一般采用声学定位系统。

20 世纪 70 年代以来发展的 GPS，定位和测速精度高，十几米以内的定位精度以及基本上不受时间、地区限制的特点，使得 GPS 在航行载体导航系统中属佼佼者。但是，GPS 的固有空间卫星结构不能保证其 100%无故障，而且载体必须浮出水面才能接收卫星定位信号。

声学定位系统包括长基线（LBL）定位系统、短基线（short base line，SBL）定位系统以及超短基线（USBL）定位系统。超短基线定位系统最大作用距离达 10 000m，精度为斜距的 0.3%；长基线定位系统作用距离达 10 000m，阵内精度小于 5m。

在自主水下机器人上安装多种导航系统并将其综合起来，组成组合导航系统，将能达到取长补短、综合发挥各种导航系统特点的目的，并能提高导航精度，更好地满足远程航行载体对导航系统的要求。

目前国际上通常采用的方法是由自主导航系统（INS + DVL + USBL/LBL）和有源校准系统（卫星导航系统或水下导航信标）组成的组合导航系统。

12. 水下目标的探测与识别

自主水下机器人要实现“智能”就不能“闭塞视听”，它需要时刻感知外界环境的信息，尤其是水下目标的信息，基于这些信息才能做出智能决策，所以水下目标的探测与识别就相当于自主水下机器人的视觉、听觉和触觉，是其与所处环境“交流”的基本方式。

目前水下目标探测与识别技术可以基于声学传感器、微光电视成像和激光成像等方式。首先声学传感器成像技术能够实现一定分辨率的成像，并且在水下的作用距离较远，在目前水下探测与识别领域中应用广泛。根据信息类型不同，声学传感器成像技术可以分为两类：基于声回波信号的探测识别技术和基于声呐图像的探测识别技术。基于声回波信号的探测识别技术原理类似于空中利用雷达反射波进行目标识别，从20世纪60年代开始，广泛应用于海岸预警系统和潜用声呐目标分类系统，通过回波信号的强度、频谱、包迹等特征对预设类别的目标，如对水面舰船和潜艇进行探测识别。随着水声技术的发展，基于声呐图像的探测识别技术成为目前水下探测识别技术的中流砥柱，但它目前仍然有诸多局限性，例如，声波在水中传播比无线电波在空气中传播效果要差很多，在各种环境噪声和背景目标的影响下，成像质量不高，加大了水下目标探测与识别的难度。为了使获得的图像具有较高的分辨率，需要采用较高频率的声呐，目前所使用的成像声呐的中心频率已达到几百千赫兹，但这又引入另一个限制因素：声波在水中传播是沿体积扩散的，并且海水介质对声波能量的吸收随着声波中心频率的增长而呈现二次方增长，海水将会吸收高频声波相当大的能量，导致远距离传输的声波有较大的衰减，使得声呐成像的分辨率降低和像素信息减少。目前还没有形成成熟的声呐图像目标识别理论，声呐图像中的目标一般呈点状和块状，进行目标识别时，依据目标信息图像的大小用数学、形态学等方法进行预处理，即能得到可利用的信息。

微光电视成像采集的信息图像清晰度和分辨率都较好，但是其成像质量受海水能见度的影响很大，综合来看其可接受的识别距离太短，适用范围大大受限。激光成像技术经过近几年的发展，激光成像仪的体积、质量和功耗都大大降低，达到智能水下机器人可利用的级别，值得指出的是，其成像质量远远高于声学传感器成像质量，能够达到微光电视成像的水平，但其工作距离远远大于微光电视成像，并且能够提供准确的目标距离、坐标等信息，是较理想的水下目标探测与识别手段。此项技术目前在美国已有应用，我国仍处于研究阶段，现在还没有达到工程应用要求的激光成像仪可供自主水下机器人使用。

由于海洋环境的特殊性和复杂性，对水下目标探测与识别的技术应用有很大的限制，以至于可应用的手段也非常有限。从技术上来说，基于声回波信号的探测识别技术容易实现，并且探测距离较远，到目前为止仍是主要的水下目标探测手段，而基于声呐图像的探测识别技术可靠性和精确性仍然不高。激光成像不但分辨率高、信息丰富，而且作用距离远，是非常理想的水下目标探测识别手段，利用激光成像技术对水下目标探测与识别是我国目前正在努力研究的方向[1]。

13. 布放回收技术

自主水下机器人通常由母船运载到作业地点，然后从母船上将其吊放至水中，而当其完成水下作业后（或发生意外情况），又要将它回收到母船上进行维护和保养。然而，在海面与大气交界处进行吊放回收作业是十分危险的，对于任何吊放回收系统，海况是一个主要不利因素。在风浪、海流的作用下，母船与自主水下机器人会以不同的幅值和相位运动，很难掌握与控制，不但系索的吊具难以锁住自主水下机器人，而且自主水下机器人由回收系统吊离水面处于空中时，母船的横摇、纵摇及升沉运动都会使水下机器人产生难以预料的运动，极易发生碰撞等危险。

自主水下机器人的回收一般分为水面回收和水下回收两种方式。

第一种是在水面上用母船起吊回收，该作业方式受风浪影响较大，主要应用于大型自主水下机器人回收，回收装置包括 A 型架、折臂吊、滑道、专用吊架等。

第二种是采用坞式或者对接平台进行水下对接回收作业。这种方式避免了风浪的影响，也就避免了可能产生的碰撞。从 20 世纪 90 年代初至今，西方各国逐渐采用潜艇驮带回收和鱼雷发射管回收等水下回收方式，其优点是续航能力强，不受空间限制。

2.4 自主水下机器人设计方法

针对自主水下机器人，由于目前还没有一个完善的设计准则，也难以找到一个不变的或大体可以遵循的设计方法和步骤，所以设计方法往往取决于设计师的实际经验、技巧和学识，在拟订方案时，特别是在初期阶段，设计师的经验、洞察力和发明创造才智会起很大的作用。非常熟悉现有自主水下机器人各种类型并能发挥立体感的设计师，在设计初期能较准确地确定自主水下机器人最合理的结构形式、主尺度和性能。最终在满足设计任务书要求的前提下，能够设计一台排水量与主尺度最小、技术性能最优的自主水下机器人。

在设计自主水下机器人时常采用如下几种方法。

1. 母型设计法

母型设计法广泛采用能够满足大部分设计任务书要求的现有自主水下机器人作为母型，例如型线结构、部件、重量指数、各种经验系数等方面的对比资料，采用各种公式和换算系数，可以使许多问题的解法得到大大简化。

“母型”这个名词，不仅可理解为实际存在的自主水下机器人，而且可理解为设计文件、总布置图、主要性能、计算载荷和说明书。如果所设计的自主水下机器人只是某些性能不同于其母型，例如，所要设计的自主水下机器人只是航速与下潜深度与母型不同，那么在这种情况下可保留母型的设备形式与组成，只需重新计算动力装置的功率、推进器和耐压壳体的强度，以及相应地补充和改进局部构件或设备，这就显著地简化了自主水下机器人的设计。

2. *逐渐近似法*

逐渐近似法是自主水下机器人设计最常用的方法，通常是在缺少母型和对设计缺少必要的原始资料的情况下采用的方法。由于缺乏具体资料，设计人员在设计初始阶段不可能准确地计算出水下机器人的重量、浮体体积和其他一些未知性能。另外，虽然自主水下机器人的某些性能参数之间存在可用具体数学公式表达的函数关系，但是某些性能指标（如使用方便性、经济效益、机动性、布放回收动作等）很难用数学关系式表达，因此这种不确定性就产生了对一些问题采用逐渐近似解的必要性。在设计初期可在已知数与未知数并存的方程中引用一些暂定的参数，例如，按经验公式计算推进功率时，就要采用自主水下机器人运动阻力系数与排水量的暂定值，因为这些数值要到自主水下机器人设计完，甚至要通过模型试验才能准确确定。求得推进功率的暂定值只能近似地确定动力装置的重量和整个自主水下机器人的重量，同样，这些都依赖耐压壳体直径与材料及其他参数。

此外，当使一个性能改善的参数变化时，会使其他性能改变。在确定设计任务书中个别要求不相容的情况下，往往采取折中的方法。例如，为了提高速度，又不增加推进器功率，则要想办法减小阻力，有时要减小耐压壳直径，就要考虑减少耐压壳体内装设的仪器设备和控制装置。在保持一定重量情况下增大下潜深度，就要采用高强度轻质材料制造耐压壳体，这会使造价增高。

总之，随着设计工作的深入，逐步掌握有关质量、体积和设备与系统的详细资料，自主水下机器人的设计就逐渐接近完善，达到满足设计任务书的要求。对于可能的误差补偿，一般都要采用储备排水量和推进系统的储备功率。

3. *方案法*

设计自主水下机器人时，在满足设计任务书提出的自主水下机器人形式、用途和主要性能的前提下，其结构形式、耐压壳与非耐压壳及材料、推进器系统、造价等会有不同的方案。方案法就是在满足设计任务书主要性能的要求下，依据某个最佳标准（如最低重量与造价、速度、下潜深度、有效载荷等），通过分析和计算，选定最佳方案。这种方法常常要做大量的绘图、计算工作。因此，人们采用计算机辅助设计方法，以提高设计质量，缩短设计周期，使设计工作建立在更为科学的基础上[2]。

4. 多学科优化设计法

自主水下机器人是典型的多学科耦合的复杂工程系统，其总体设计涉及艇型、耐压结构、载体结构、能源选择、操纵与控制方式等众多方面。此外，还需要进行质量与容量估算、制造成本的分析。自主水下机器人总体设计涵盖的学科内容包括阻力性能学科、结构性能学科、操纵性能学科、推进性能学科等，学科之间呈现相互影响、相互制约的复杂关系。如何在充分利用学科间耦合效应的基础上，尽快实现总体设计方案的优选，是自主水下机器人总体设计工程师面临的关键任务。目前，多学科设计优化为自主水下机器人总体设计方案的优化和决策提供了一种新方法。

在设计自主水下机器人时，设计人员常常同时使用上述四种方法。

2.5 自主水下机器人研制阶段

自主水下机器人由于要适应不同的使用要求，其设计和功能的多样性是很明显的，因此自主水下机器人的设计程序不可能千篇一律，在实际设计过程中往往随新设计的对象和用户的要求不同而变化。下面介绍的研制程序仅仅是自主水下机器人设计的一般规律、原理和方法。

一般而言，无论所设计的水下机器人的任务、技术指标和用户如何，其研制程序都必须从“概念”开始。“概念”是指国家计划部门、用户根据发展或使用需求提出设计研制新型自主水下机器人的概念，在有关技术部门或论证研究中心进行研究论证的基础上，考虑到国际和国内的技术条件和水平提出自主水下机器人的设计任务书。

设计任务书要说明自主水下机器人设计的主要要求，一般的设计任务书包括：

（1）任务、规定用途和功能。

（2）主要技术性能指标，包括最大下潜深度和工作深度、航速、航程（续航时间）、排水量和主尺度（一般给出控制数值）等，也称战技指标。

（3）主要设备、装置和系统配置，有时用户会规定一些设备的型号和技术要求。

（4）使用要求，包括观察能力、探测能力、作业能力、水下抗流能力等。

（5）使用条件，包括环境条件和后勤保障条件，环境条件包括海区、海况等，后勤保障条件包括母船、收放方式、运输、运载以及存储方式。

根据设计任务书，自主水下机器人的一般研制阶段如下。

1. 方案设计阶段

方案设计阶段又称可行性设计阶段，通常是为了满足设计任务书而进行方案的比较和分析。在设计任务书审查通过的基础上，分析设计任务书的各项要求并提出实施步骤，对所提出的多方案的设计要素进行估算和分析比较，评价设计任务书各项要求的可行性和经济性，最后得出一个或几个可行的设计方案。

方案设计必须考虑设计任务书的各项要求，并提供主尺度、排水量、重量、工作深度等技术指标，初步绘制总布置草图，以及选定线型、结构形式、动力与能源和主要设备，确定各分系统的原理图。

方案设计需要提交（各）方案的说明书及可行性论证、费用估算等报告，供用户进行方案设计评审和为初步设计做准备。

2. 初步设计阶段

初步设计是当设计方案通过某种形式确定下来后，在方案设计的基础上进行的设计工作，是整个设计过程中最重要的一环。

在此阶段，根据方案设计的研究、设备性能与模型试验的具体资料，详细确定自主水下机器人的重量与体积、主尺度、结构形式与设备布置，进行结构部件的设计、耐压壳体强度详细计算、动力及推进系统的设计等，修改总布置图；进行静水力和重量估算及研究，进行航速和续航时间、动力负荷以及稳性的估算和研究；同时应用入级规范和标准进行检验，确保安全性。

初步设计的设计文件中应包括设计结果，给出关于总结构、个别部件与设备的作用原理，确定自主水下机器人主要性能和使用条件的主要系统、结构部件参数的总概况。此外，还应提出设备材料清单、需新研制的设备材料或分系统项目清单、新开发的试验研究课题任务书及经费预估。批准后，就作为技术设计和施工设计文件的基础。

3. 技术设计阶段

在初步设计的基础上，设备研制和课题研究取得初步结果的情况下，进行技术设计，最后确定自主水下机器人全部性能、结构，提供可供建造厂建造用的图纸和基本技术文件（包括说明书、计算说明书及主要的试验研究报告）。技术设计作为施工图绘制和材料设备、仪器订货的依据，经审查批准后，就成为自主水下机器人施工文件编制与建造的依据。

4. 施工阶段

依据技术设计阶段提供的图纸和文件，结合建造厂的设备条件和加工工艺特性，拟定自主水下机器人样机制造的施工文件（图纸），并组织生产、加工和采购。生产过程中如果发现设计文件、图纸上的错误，应及时修改并记录到加工工艺文件中[2]。

5. 总装联调阶段

完成生产加工之后，进行全系统的总装联调。总装联调之前，需对完成加工的机械零部件进行检验、装配，对耐压件进行装配和模拟潜水压力试验，对起吊用设备进行负载试验，对外购设备进行检验、调试，即确保安装到自主水下机器人上的组部件技术状态合格。在完成整个自主水下机器人的装配和调试以后，应对整个自主水下机器人进行出厂检测。

6. 湖、海试验阶段

自主水下机器人完成实验室调试以及检测后，一般就会开展湖上或海上试验，以对自主水下机器人的控制参数进行调整、优化，对其不能在实验室进行测试的功能进行验证和指标考核。完成全部指标的试验和考核后，自主水下机器人的研制宣告完成，可以交付用户。

整个自主水下机器人开发过程中都应该注意质量管理和技术状态的控制。

参 考 文 献

[1] 徐玉如, 李彭超. 水下机器人发展趋势[J]. 自然杂志, 2011, 33 (3): 125-132.

[2] 蒋新松, 封锡盛, 王棣棠. 水下机器人[M]. 沈阳: 辽宁科学技术出版社, 2000: 48-52.

3 自主水下机器人结构

自主水下机器人在军事、海洋科学、资源调查等领域具有广泛的应用价值和前景。由于任务、目标的多样性，自主水下机器人本身功能、性能指标、应用特点等各不相同，相应的自主水下机器人结构种类繁多。然而，海洋环境下结构的耐压、密封、腐蚀等问题使自主水下机器人又存在一些共同的特点。本章结合“潜龙”自主水下机器人的结构设计，探寻自主水下机器人结构设计的一般规律、原理和方法。

3.1 自主水下机器人的结构形式和外形设计

3.1.1 自主水下机器人的结构形式

为满足水下耐压和密封要求，自主水下机器人配置的能源、控制、导航、通信以及任务载荷设备等通常需要采用耐压舱进行封装。自主水下机器人最常见的结构形式是鱼雷型，这种结构形式将各种设备全部封装在耐压壳体内，如 Telydyne 公司的“Gavia”自主水下机器人。另一种较为常见的结构是将各种设备分别封装在小的耐压舱内，整体由耐压舱和非耐压结构组成，这种结构形式常用于深海自主水下机器人，如“潜龙一号”自主水下机器人（最大工作深度 6000m）、“潜龙二号”自主水下机器人（最大工作深度 4500m）、美国 Bluefin 公司的“蓝鳍金枪鱼”（最大工作深度 4500m）自主水下机器人等。此外，也可结合前两者的设计，如加拿大 ISE 公司的“EXPLORER”自主水下机器人，中部为整体耐压舱结构，艏艉为透水式框架结构。

1. 鱼雷型整体耐压舱结构

采用鱼雷型整体耐压舱结构的自主水下机器人通常采用模块化设计，将能源、导航、控制、载荷、推进等设备分别布置在不同的耐压舱段，通常在舱段之间采用相同的电气、机械接口连接。

采用鱼雷型整体耐压舱结构具有以下优点：第一，由于各个舱段之间采用标准接口，整个自主水下机器人更便于实现重构。例如，根据使命的需要可以增加一个附加的能源段来提高续航能力、更换不同的载荷舱段等。第二，由于采用全耐压结构，鱼雷型整体耐压舱结构的自主水下机器人具有容积效率高等特点，且所有设备都布置于干式密封舱内，设备之间的电气连接更为便捷。第三，采用鱼雷型整体耐压舱结构的自主水下机器人可以利用鱼雷制造积累的技术、标准、生产工艺，对于降低生产成本、提高产品质量有一定帮助。

正如任何事物都有一定的两面性，采用鱼雷型整体耐压舱结构给自主水下机器人带来优点的同时也带来了一定的局限性。整体耐压舱的主要局限性是其工作深度通常较小，这是因为，随着工作深度的增大，大直径整体耐压舱壳体壁厚相应增加，会导致无法提供整个潜水器所需的正浮力。从国内外自主水下机器人现状来看，通常工作水深超过 1000m 的潜水器不采用整体耐压舱结构。

Telydyne 公司“Gavia”自主水下机器人为整体耐压舱结构，采用模块化舱段结构设计[1]，如图 3.1 所示。每个舱段都是一个相对独立的功能段，舱段之间可以快速实现机械连接和电气连接。机械连接通过独特的壳体结构实现，电气连接通过圆形接插件实现。几分钟就可以由多个舱段实现整个自主水下机器人的组装，根据使命还可以选择更换不同的载荷段，使用非常灵活。

图 3.1 “Gavia”自主水下机器人[1]

2. 透水式框架结构

透水式框架结构常用于深海自主水下机器人。透水式框架结构自主水下机器人的特点是设备独立耐压和密封，设备之间通常需要水密功能的线缆连接。这些独立耐压、密封的设备安装在开放式框架上，为平衡这些设备的重量通常需要填充浮力材料提供浮力。为降低航行阻力，框架外部需要采用导流罩或者浮力材料填充构成流线型。

采用透水式框架结构的自主水下机器人具有以下几个优点。

第一，容易实现较大工作水深。因为设备采用独立耐压舱密封，耐压舱尺寸较小，相应的耐压壳体厚度较小，更容易控制质量、降低成本。

第二，潜水器维护方便。与鱼雷型整体耐压舱结构自主水下机器人相比，透水式框架结构自主水下机器人设备均安装于独立的耐压舱或框架上，只需拆开浮力材料或导流罩就可以对设备进行维护，需要的辅助支持设备较少，降低了维护保障的难度。

第三，潜水器配置灵活。鱼雷型整体耐压舱结构自主水下机器人虽然更容易实现模块化和载荷重构，但对已有的模块进行更改、调整并不方便，尤其需要对壳体进行变动时，代价很高。透水式框架结构自主水下机器人设备之间相对独立，局部进行更改、变动时相互影响较小，进行局部配置变动时更为灵活。

透水式框架结构自主水下机器人的主要局限性是其设备选型要求更高，需具有独立耐压、密封能力，若没有独立耐压、密封能力，则需要增加耐压舱进行封装。此外，设备之间必须通过具有水密性能的线缆连接，增加了使用的难度和成本。

“潜龙二号”自主水下机器人共有 6 个耐压舱，包括 3 个电池舱、1 个载荷控制舱、1 个航行控制舱、1 个通信与应急处理舱。其他传感器、设备均为单独耐压、密封设备。舱体以及传感器等设备均安装在框架上，框架外的浮力材料构成整体流线型，如图 3.2 所示。

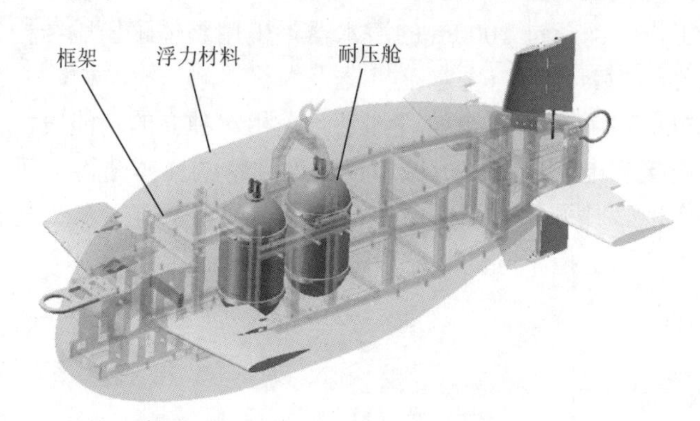

图 3.2　“潜龙二号”自主水下机器人设计方案结构图

3. 整体耐压舱和透水式框架复合结构

鱼雷型整体耐压舱结构和透水式框架结构各具优点，因此在一些自主水下机器人的开发中采用了两者的复合结构。采用整体耐压舱和框架式复合结构的自主水下机器人最大工作深度较为宽泛，从几百米到几千米均有应用。复合结构的自主水下机器人通常中段采用整体耐压舱结构，艏艉采用透水式框架结构。

整体耐压舱和透水式框架复合结构自主水下机器人一方面具有容积率较高、重构性好的特点，另一方面具有工作深度大、配置灵活的优点。但是，当工作深度较大时，整体耐压舱所需的材料以及制造是一项不小的挑战。

加拿大 ISE 公司开发的“EXPLORER”系列自主水下机器人就采用了整体耐压舱和透水式框架复合结构。“EXPLORER”系列自主水下机器人最大工作深度包括 1000m、3000m、5000m，相应地，其最大直径和重量不同。“EXPLORER”系列自主水下机器人中段为整体耐压舱，最大直径可达 0.74m，如图 3.3 所示。艏艉为透水式框架结构，采用玻璃钢导流罩构成整体流线型。艏部主要布置多普勒流速剖面仪、载荷传感器等，中段耐压舱内主要布置能源、导航、控制等设备，艉部主要布置推进及通信定位设备。

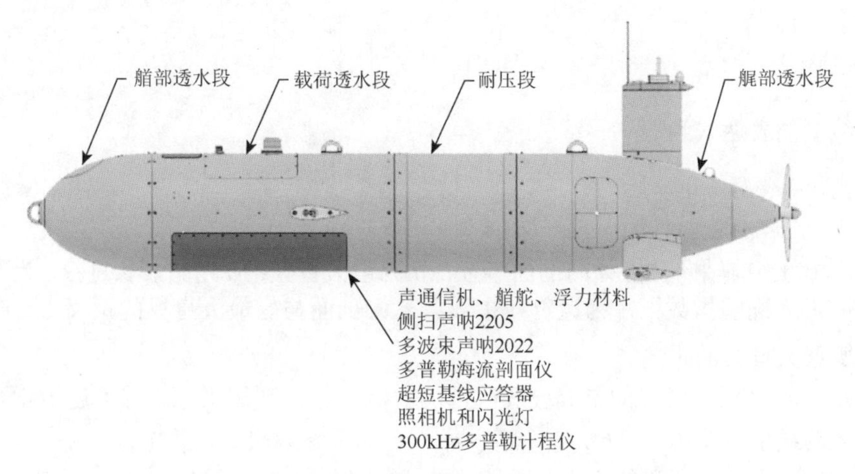

图 3.3 “EXPLORER”系列自主水下机器人结构

前文介绍了自主水下机器人三种不同的结构形式。在进行载体结构设计时，除了要考虑自主水下机器人的结构形式以外，还应综合考虑自主水下机器人的吊放、通信、应急抛载、声学设备布置、推进方式等因素，以期达到最佳的布置效果。

中重型（大于 200kg）自主水下机器人通常需要设置起吊点。考虑到实际使用的便捷性，首选设置一个起吊点。当自主水下机器人长度较长或结构强度不允许时，可以采用两个起吊点。进行总体布置时应考虑以起吊点为中心对设备进行均衡布置。

布置用于定位以及通信的天线时，应尽可能突出载体的外表面，并避开起吊点。

自主水下机器人普遍采用抛载装置作为应急手段。抛载装置布置应考虑对潜水器姿态的影响，尤其是对各种水面天线的影响。

声学设备布置时通常应远离螺旋桨等噪声源，避免干扰。

3.1.2 自主水下机器人的外形设计

自主水下机器人的线型是决定其阻力、操纵性的主要因素。选择一个低阻外形有利于降低航行能耗，提高续航能力，这也是自主水下机器人在设计时区别于其他类型潜水器的一个重要特征。

自主水下机器人的线型主要采用回转体外形以及非回转体外形，其中回转体外形应用广泛。

1. 水滴形线型

水滴形线型[2, 3]是圆艏锥艉的回转体，可以用可调整指数椭圆的 1/4 及一段可调整指数的抛物线来描述。

其艏线型的表达式为

$$r=\frac{1}{2}d\left[1-\left(\frac{x_{\mathrm{b}}}{a}\right)^{n_{\mathrm{b}}}\right]^{\frac{1}{n_{\mathrm{b}}}} \tag{3.1}$$

艉部线型的表达式为

$$r=\frac{1}{2}d\left[1-\left(\frac{x_{\mathrm{s}}}{c}\right)^{n_{\mathrm{s}}}\right] \tag{3.2}$$

式中，r 为当前轴向位置处的剖面半径；d 为最大直径；a 为艏段长度；c 为艉段长度；n_{b} 为椭圆指数；n_{s} 为抛物线指数；x_{b} 为剖面与艏最大直径的距离；x_{s} 为剖面与艉最大直径的距离。

n_{b}、n_{s} 分别对艏段的丰满度和艉部的去流角起控制作用。采用上述数学表达式描述的线型主要由 a、b、c、d、n_{b}、n_{s} 几个参数决定，其中，b 为中段长度（平行段），缺乏对线型参数的全面规定性（艏部曲率半径、最大剖面处曲率半径、去流角等），存在一定的局限性。实际使用时常采用尺度参数 L（线型总长）、艏段长度 a、中段长度 b、艇型参数 C_{p}（纵向棱形系数）、艉部去流角 θ、回转体最大剖面处曲率 k 等作为影响函数的多项式，对水滴形线型进行拟合、逼近。水滴形线型示例如图 3.4 所示。

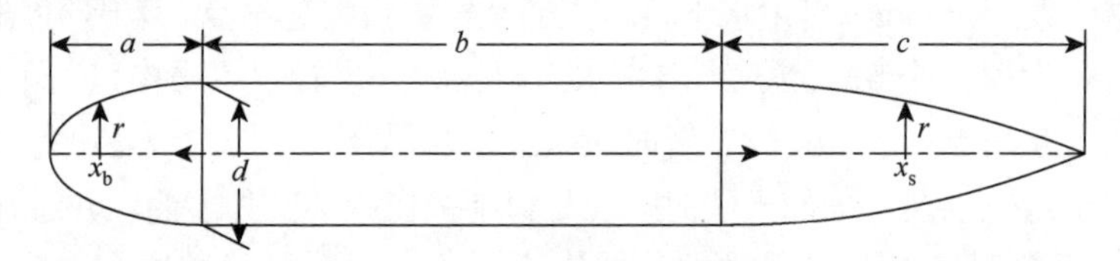

图 3.4　水滴形线型示例

不同椭圆指数的艏部线型如图 3.5 所示，当椭圆指数增大时，艏部线型的丰满度增大。

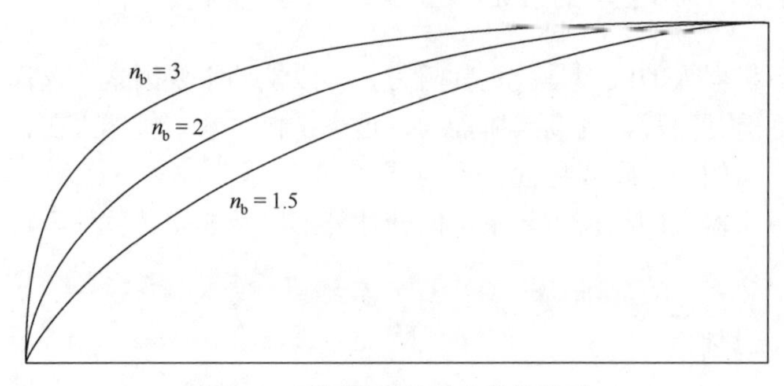

图 3.5　不同椭圆指数的艏部线型

不同抛物线指数的艉部线型如图 3.6 所示。

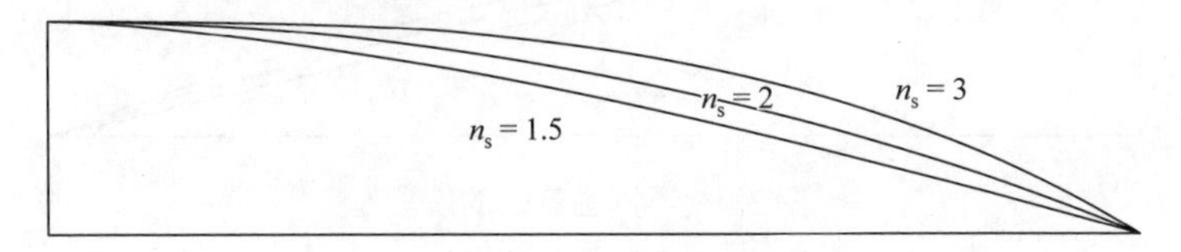

图 3.6 不同抛物线指数的艉部线型

2. Mrying 线型

Myring 线型[4-6]由长度为 a 的艏段、长度为 b 的中段、长度为 c 的艉段组成，如图 3.7 所示。

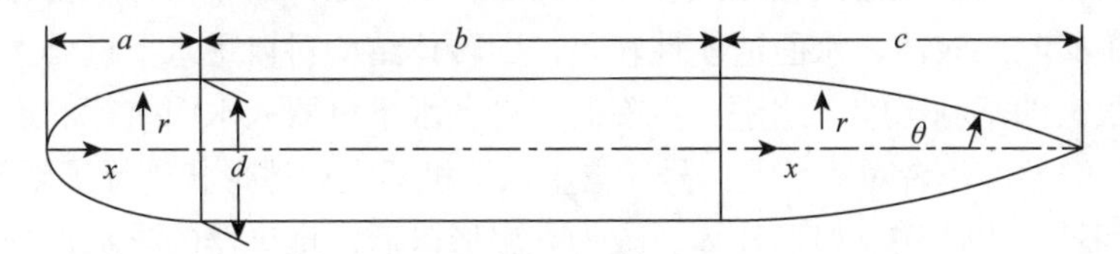

图 3.7 Myring 线型示例

艏部的外形是修正的半椭圆形分布：

$$r=\frac{1}{2}d\left[1-\left(\frac{x-a}{a}\right)^2\right]^{\frac{1}{n}} \tag{3.3}$$

通过改变艇体直径 d 和丰满系数 n 可以得到不同艇体外形，如图 3.8 所示。

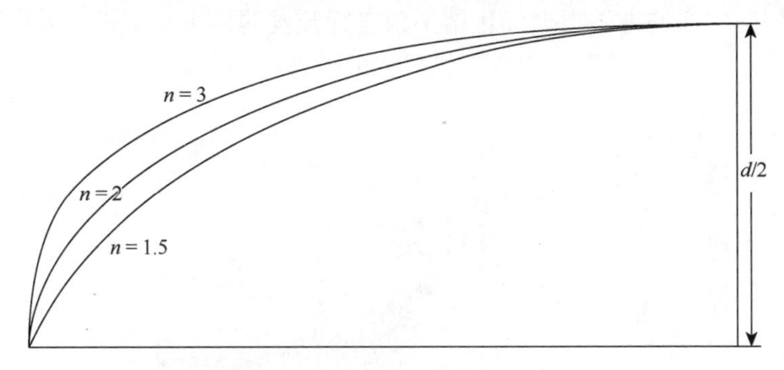

图 3.8 不同丰满系数的艏部线型

艉部外形的表达式为

$$r=\frac{1}{2}d-\left(\frac{3d}{2c^2}-\frac{\tan\theta}{c}\right)x^2+\left(\frac{d}{2c^3}-\frac{\tan\theta}{c^2}\right)x^3 \tag{3.4}$$

其中艉部起点为式（3.4）中 x 轴的原点。2θ 是艉端线型的夹角，改变 θ 可以得到不同的艉部线型，如图 3.9 所示。

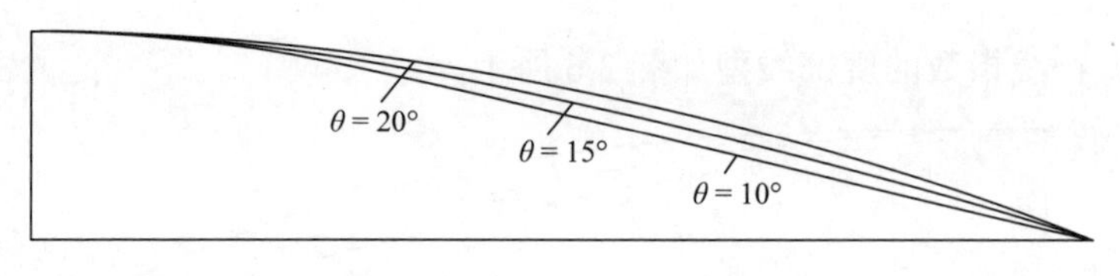

图 3.9　不同去流角的艉段

整个艇体线型由 6 个参数 a、b、c、n、θ、d 决定，通过改变 6 个参数可以得到相应的艇体线型。

3. 非回转体（以“潜龙二号”自主水下机器人为例）

传统的自主水下机器人载体部分一般为回转体，这种回转体外形会导致在水面航行时螺旋桨吃水较浅，水面适航性较差，回转体结构对自主水下机器人抗横摇能力同样有很大的不利影响，这进一步降低了自主水下机器人水面航行的适航性。为了克服这种弊端，作者对“潜龙二号”自主水下机器人载体形状进行了创新性设计，将传统的回转体设计为立扁形载体。改为立扁形以后，推进器的吃水得到了大幅度的改善。

为了改善立扁形较回转体增大的湿表面积导致的阻力增加，自主水下机器人载体设计成流线型纵剖面，尽可能地降低航行阻力，延长续航时间。

该方案的型线部分采用了美国国家航空咨询委员会（National Advisory Committee for Aeronautics，NACA）系列标准翼型线段，部分型线采用了类别形状函数变换（category shape function transformation，CST）方法生成的优化曲线。模型采用横向放样的方法根据优化结果由自行开发的自主水下机器人自动建模工具自动生成，“潜龙二号”自主水下机器人的外形如图 3.10 所示。

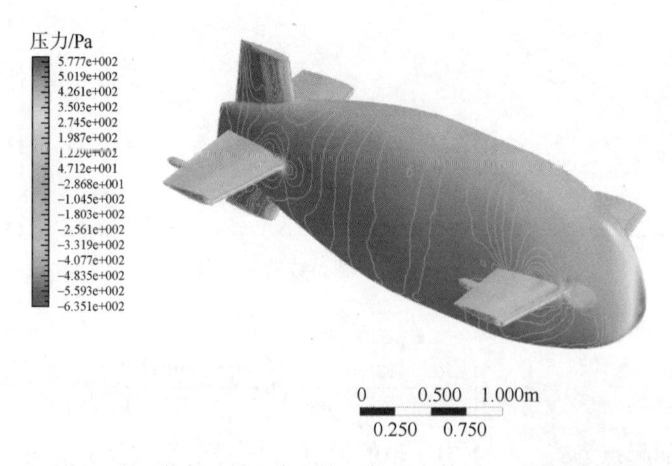

图 3.10　“潜龙二号”自主水下机器人外形（后附彩图）

3.2 自主水下机器人的结构设计

自主水下机器人结构设计主要包括框架、耐压舱等结构设计。结构设计的原则是保证自主水下机器人足够的强度和刚度、便于设备的布置、良好的加工和装配工艺性、高可靠性。

3.2.1 材料

自主水下机器人在水中航行时剩余浮力基本为零，因此其本身必须提供足够的正浮力来克服搭载各种设备的重量。同时，随着下潜深度的增大，自主水下机器人承受着更大的压力，因此用于制造自主水下机器人的材料必须具有密度小、强度大、耐腐蚀性能好等特点。

1. 金属材料

1）铝合金

铝合金以其较低的密度和较高的强度在水下机器人结构上得到了广泛的应用。其中防锈铝 5A06、锻铝 6061、高强铝 7A04 和 7075 等常用作耐压结构。硬铝 2A12 等也较为常用，通常作为舱内不需要防腐蚀的结构件。

防锈铝 5A06 具有较高的强度和耐腐蚀性能，退火和挤压状态下塑性好，氩弧焊焊缝气密性和焊缝塑性较好，气焊和电焊的焊接接头强度为基体强度的 90%～95%，切削加工性良好，可用于焊接舱体、耐压舱和耐腐蚀结构件。

锻铝 6061 强度中等，焊接性能良好，耐腐蚀性能及冷加工性好，使用范围广，用于耐压舱和耐腐蚀结构件。

高强铝 7A04、7075 为高强度铝合金，在退火和淬火状态下的可塑性中等，可热处理强化，通常在淬火、人工时效状态下使用。此时得到的强度比一般硬铝高得多，但塑性较低；有应力集中倾向，电焊性能良好，气焊不良；热处理后的切削加工性良好，退火状态稍差。高强铝 7A04、7A05 常用于耐压舱体[7]。

硬铝 2A12 可热处理强化，在退火和淬火状态下塑性中等，电焊性能好，气焊和氩弧焊时有裂纹倾向，耐腐蚀性能不高，切削加工性在淬火和冷作硬化后较高、退火后低。硬铝 2A12 可以用于各种要求高负荷的零件。

2A12、5A06、6061、7075 铝合金主要性能参数如表 3.1 所示。

表 3.1　常用铝合金主要性能参数

牌号	热处理状态	密度/(kg/dm^3)	屈服强度/MPa	抗拉强度/MPa	耐腐蚀性能	焊接性能
2A12	T4	2.7	275	425	C	B
5A06	H112	2.7	155	355	A	A
6061	T4	2.7	110	205	A	A
	T6	2.7	240	290	A	A
7075	T6、T6510	2.7	470	530	B	C

注：符号 A 代表优、B 代表良、C 代表差。

2）钛合金

钛中加入 Al、Sn、Zr 等 α 稳定元素，进行固溶强化，此时钛合金称为 α 型钛合金。钛中加入 V、Mo、Mn、Fe、Cr 等 β 稳定元素，使合金组织中有一定量的 β 相，进行强化，此时钛合金称为 β 型钛合金。

钛合金 TC4 中加入了 α、β 稳定元素，属于 α + β 型钛合金，其有较高的力学性能和优良的高温变形能力，能进行各种热加工，淬火时效后能大幅度提高强度，但其热稳定性较差。

钛合金表面在大气或者海水中会生成一层保护膜，使之处于钝化状态，在常温海水环境中不易发生点蚀和缝隙腐蚀。

TC4 具有较高的强度、优异的耐海水腐蚀能力和较低的密度，广泛用于各种耐压舱和高负荷的结构件[7]。钛合金 TC4 主要性能参数如表 3.2 所示。

表 3.2　钛合金 TC4 主要性能参数

牌号	热处理状态	密度/(kg/dm^3)	屈服强度/MPa	抗拉强度/MPa	耐腐蚀性能	焊接性能
TC4	M	4.4	825	895	A	A

注：M 表示退火状态。

3）不锈钢

不锈钢综合性能良好，应用广泛。

06Cr19Ni10（旧牌号 0Cr18Ni9）为奥氏体不锈钢，固溶态具有良好的塑性、韧性和冷加工性，在氧化性酸和大气、水、蒸汽等环境中耐腐蚀性能好，是工业上应用量最大、使用范围最广的不锈钢。因此，06Cr19Ni10 常用于自主水下机器人一些辅助设备的零部件。

06Cr17Ni12Mo2（旧牌号 0Cr17Ni12Mo2，美标牌号 316）为奥氏体不锈钢，加入钼后具有良好的耐氧化还原性能和耐点蚀能力。06Cr17Ni12Mo2 在海水中耐腐蚀性能优于 06Cr19Ni10，可用于耐压舱体以及需要良好抗腐蚀能力的结构件。

022Cr17Ni12Mo2（旧牌号 00Cr17Ni14Mo2，美标牌号 316L）为 06Cr17Ni12Mo2

的超低碳钢，具有良好的耐敏化态晶间腐蚀的性能，可用于耐压舱体以及需要良好抗腐蚀能力的结构件。

05Cr17NiCu4Nb（旧牌号 0Cr17Ni4Cu4Nb，美标牌号 630）为添加铜和铌的马氏体沉淀硬化型钢，强度可通过改变热处理工艺予以调整，耐腐蚀性能优于 Cr13 型及 95Cr18 和 14Cr17Ni2 钢，抗腐蚀疲劳及抗水滴冲蚀能力优于质量分数为 12% 的马氏体型不锈钢，焊接工艺简便，易于加工制造，但较难进行深度冷成型，主要用于要求具有不蚀性又要求耐弱酸、碱、盐腐蚀的高强度部件。因此，05Cr17NiCu4Nb 在自主水下机器人上可用于制作起吊零件、回收时吊放用工具等[7]。

常用不锈钢性能参数如表 3.3 所示。

表 3.3 常用不锈钢性能参数

牌号	热处理状态	密度/(kg/dm^3)	屈服强度/MPa	抗拉强度/MPa	耐腐蚀性能	焊接性能
06Cr19Ni10	固溶	7.93	205	520	B	A
06Cr17Ni12Mo2	固溶	8	205	520	A	A
022Cr17Ni12Mo2	固溶	8	205	520	A	A
05Cr17NiCu4Nb	沉淀硬化	7.78	1000	1070	B	A

2. 非金属材料

除了常见的金属材料以外，非金属材料也在水下机器人上得到了应用。尤其是复合材料、陶瓷材料等，由于其优异的强度性能和较小的密度，在水下耐压结构上具有较大优势。

常用的塑料主要有尼龙、聚甲醛、有机玻璃、聚醚醚酮（polyetheretherketone，PEEK）等。在海水中采用塑料材料不会存在金属材料间的电化学腐蚀问题，对防腐蚀有利，常采用尼龙和聚甲醛等塑料制作设备、传感器固定用结构件。有机玻璃常用于制作水下灯等透明零件。PEEK 具有良好的尺寸稳定性和较高的强度，吸水性极低，可用于制作耐压接插件壳体、天线耐压罩等强度要求较高的零件。

常用塑料性能如表 3.4 所示。

表 3.4 常用塑料性能

牌号	密度/(kg/dm^3)	压缩强度/MPa	拉伸强度/MPa	杨氏模量/GPa
尼龙（尼龙 1010）	1.04～1.05	—	52～55	1.6
聚甲醛	1.41～1.43	113	62～68	2.8
有机玻璃	1.18	—	50	—
PEEK	1.31	125	—	3.9

玻璃钢、碳纤维等复合材料便于加工成流线型，可作为潜水器导流罩、稳定翼、舵板的材料，同时其较低的密度和高强度也是耐压壳体材料的较好选择。华盛顿大学采用碳纤维作为 6000m 滑翔机的耐压壳体，该耐压壳设计工作深度 6000m，壳体的质量与排水量之比为 0.5[8]。

美国伍兹霍尔海洋研究所“海神号”混合潜水器采用陶瓷耐压舱，工作深度达到 11 000m。常用陶瓷材料性能如表 3.5 所示[9, 10]。

表 3.5　常用陶瓷材料性能

牌号	密度/(kg/dm^3)	压缩强度/MPa	抗拉强度/MPa	杨氏模量/GPa
氮化硅陶瓷	3.3	3000	730	300
氧化铝陶瓷	3.8	2160	310	360
碳化硅陶瓷	3.16	—	450	440
氧化锆	6	5690	1000	200

3. 浮力材料

1）轻质复合材料

宏观上，轻质复合材料是低密度、高强度、低吸水率的固体。从材料内部微观结构分析，它是中空或多孔结构材料，属于复合材料范畴。自主水下机器人上应用最广的是环氧玻璃微珠复合材料，它由热固性树脂和轻质填料混合而成。轻质填料是指玻璃微珠，以 5～300μm 的粒径均匀地分散在主体树脂中。成型工艺可采用振动浇注、抽真空浇注、模压等方法。

我国生产浮力材料的单位主要是海洋化工研究院有限公司，其生产的环氧玻璃微珠复合材料主要参数如表 3.6 所示。

表 3.6　国产浮力材料（环氧玻璃微珠复合材料）主要性能参数

型号	工作水深/m	密度/（g/cm^3）	吸水率（24h）/%	压缩强度/MPa
SBM-040	500	0.40±0.02	≤1	≥12
SBM-045	1 000	0.45±0.02	≤1	≥20
SBM-051	3 000	0.51±0.02	≤1	≥35
SBM-054	4 500	0.54±0.02	≤1	≥45
SBM-045	6 000	0.63±0.02	≤1	≥55

国外浮力材料厂家主要有 Emerson & Cuming 公司、Flotaion Technologies 公司、DIAB 集团、Balmoral Comtec 公司等。研制的轻质复合材料密度为 0.35～

0.7kg/dm^3，工作深度为 1000～10 000m。国外厂家浮力材料主要性能参数如表 3.7 所示。

表 3.7 国外厂家浮力材料主要性能参数

牌号	密度/(kg/dm^3)	压缩强度/MPa	抗拉强度/MPa	工作深度/m
LD1000	0.45	3 000	730	1 000
SF4500	0.545	2 160	310	4 500
LD10000	0.695	—	450	10 000
LDF2000	0.435	—	7.8	2 000

2）陶瓷浮球

Deepsea Power & Light 公司开发的 3.6in（91.44mm）陶瓷浮球工作深度达 11 000m，测试压力达 207MPa，质量与排水量之比为 0.34，单个浮球可提供 2.67N 的浮力。此外，该公司还开发了直径为 5in（127mm）、8in（203.2mm）的浮球，工作深度从 3000m 到 11 000m[11]。

3）玻璃浮球

德国 Nautilus 公司 VITROVEX 玻璃浮球可直达万米海底。这些玻璃浮球不仅能为自主水下机器人提供浮力，还能作为设备的耐压舱，如图 3.11 所示。VITROVEX 浮球采用硼硅玻璃材料，具有不易破碎、抗压强度大、重量轻、净浮力大、不腐蚀等优点。VITROVEX 浮球工作深度等级有 6700m、10 000m、12 000m，直径有 10in（254mm）、13in（330.2mm）、17in（431.8mm）等。VITROVEX 玻璃浮球产品参数如表 3.8 所示[12]。

图 3.11 玻璃浮球[12]

表 3.8　VITROVEX 玻璃浮球产品参数[12]

牌号	深度/m	外径/mm	厚度/mm	空气中质量/kg	净浮力/N
NMS-FS-6700-17	6 700	432	14	17.2	254.8
NMS-FS-7000-13	7 000	330	12	8.5	107.8
NMS-FS-9000-17	9 000	432	18	21.6	205.8
NMS-FS-10000-10	10 000	250	9	4	39.2
NMS-FS-12000-17	12 000	432	21	30.5	176.4

3.2.2　耐压结构设计

深海耐压壳体用来装载电子元器件及检测设备，以保证它们不会因海水压力和腐蚀而损坏，因此耐压壳体要有足够的强度、稳定性以及可靠的密封能力。此外，耐压壳体也是浮力的提供者之一，在保证其满足使用要求的同时，也需要尽量降低其重量。

1. 耐压壳的形状

球形壳体具有稳定性高和密度小等特点，即从应力和获得最小的重量与排水量比值（*W*/*D*）角度考虑，球形壳体最佳，因为它的薄膜应力只有圆柱形壳体的一半[13]。

当工作深度较小时，依据应力确定的球形壳体的厚度很小，虽然强度可以满足要求，但稳定性往往不足。因此，要加大球壳壁厚，这样球壳的优点就不明显了。此外，球壳内部空间不便于仪器装置的布置，空间利用率低。当耐压壳尺寸较小时，空间利用率的问题更突出，因此在一般自主水下机器人中，较少直接采用球壳作为耐压舱。载人潜水器的载人舱直径和潜深大，一般选择球形耐压壳体，如图 3.12 所示。

自主水下机器人广泛采用半球形封头的圆柱形壳体。在圆柱形部分的直径和长度不太大，以及外压比较小时，可用壳板厚度来保证强度和稳定性。例如，“潜龙一号”自主水下机器人的耐压壳体采用了内径为 255mm、长为 430mm、壁厚为 25mm 的 7A04 铝材，在水下 6000m 深度有足够的强度和稳定性。而当圆柱体直径较大、外压较高时，通常要用肋骨来保证壳体的稳定性。圆柱形壳体能有效地利用内部空间，但 *W*/*D* 比球形壳体高，尤其用肋骨加强后，会使重量增大，*W*/*D* 会更高。

除了半球形封头的圆柱形壳体外，平端盖的圆柱形壳体也得到了较广泛的应用，尤其是在设备电子舱。采用平端盖，为保证强度和稳定性，其厚度与球壳

图 3.12 球形耐压壳体

相比要大很多。然而，电子舱上往往需要引出较多的电缆，即使采用球壳也需要进行开孔加强。再加上电子技术的进步，电子舱的直径可以控制得较小，相应地，即使采用平端盖，对质量的影响也较小。可根据实际需求和设计条件选择合适的耐压壳形状。图 3.13 分别为半球形封头和平端盖的圆柱形耐压壳体。

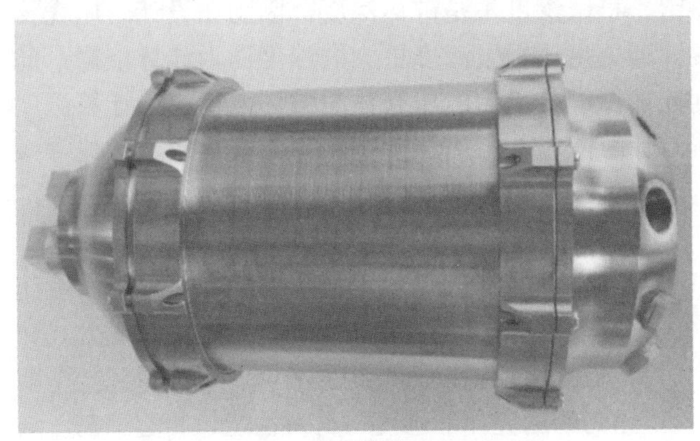

(a) 半球形

(b) 平端盖

图 3.13 圆柱形耐压壳体

2. 耐压强度计算

当计算耐压壳体强度时，应确保壳体强度及形状的稳定性。

对于水下机器人的耐压壳体，当工作深度较小时，其厚度与曲率半径之比很小，可视为薄壳结构，按薄壳理论来计算其强度，保证壳体中的应力小于规定的许用应力。此时，耐压壳体受海水压力的外压作用，属外压容器，它往往不是因强度不足而破坏，而是当外压增大到一定值时，壳体的变形从量变转为质变，其变形的对称性将被破坏，外压力与变形之间的线性关系也不复存在，在外压力作用下失去原来的形状，即被压扁或出现褶皱。正因如此，壁内也不再受单纯的压应力，而是主要承受弯曲应力，使壳体丧失稳定性，进而造成耐压壳体的破坏。

当水下机器人的工作深度较大时，其耐压壳体的厚度较大，可按照厚壁圆筒公式计算其在外压下的应力，进行强度校核。由于壳体厚度较大，其形状稳定性较强。随着深度的增大，通常会先发生强度失效，后发生稳定性失效。然而，由于材料非线性和实际加工造成的结构非线性等因素，实际上也存在先发生稳定性失效的可能性，所以建议对耐压舱既要进行强度校核，也要进行稳定性校核。

1）计算载荷

在计算水下机器人耐压壳体强度时，首先要确定耐压壳体的计算载荷。在设计水下机器人时，根据使用要求规定了它的工作深度和极限深度。工作深度是指水下机器人在正常使用过程中所能达到的最大深度，在此深度内，水下机器人下潜次数不受限制，长期停留不会引起耐压壳体产生永久变形。

极限深度是指水下机器人下潜的最大深度，在此深度下，水下机器人只能进行有限次的、短时间的停留。极限深度不是破坏深度，因为在设计耐压壳体时，要考虑一定的强度储备，即采用比极限深度更大的深度作为计算依据，此深度称为计算深度，下潜到计算深度会引起耐压壳体的破坏，相应于计算深度下的静水压力称为计算载荷。计算深度与工作深度之比称为安全系数，通常该系数取为1.25～1.5[14]。

2）球形壳体强度计算

耐压壳体的强度计算，可根据所要求的计算精确程度，依据有关《潜水系统和潜水器入级规范》，以及《压力容器手册》《机械工程手册》给定的计算公式计算。如果不是做非常精确的计算，可采用近似公式或经验公式，也能得到一个即便不是最佳的也是合理的设计。因为耐压壳体的强度与材料性能、制造工艺、结构形式、加工精度、使用条件等诸多因素有关，再精确的计算公式也难以与真实情况完全符合，最终还要以实验来检验其强度。

进行耐压壳体设计时，可以根据理论公式快速得到一个设计初值并开展结构设计，然后结合有限元方法进行仿真来确定实际设计结果，最终通过实验来检验。

球形壳体承受均匀外压时，可以保持其球形而受到均匀压缩，壳体厚度满足：

$$\frac{R_2}{t} > 10 \tag{3.5}$$

式中，R_2为耐压壳体中面半径，也就是内径和外径的平均值；t为耐压壳体厚度。

此时球壳为薄壳，其均匀压应力为

$$\sigma_1 = \sigma_2 = \frac{qR_2}{2t} \tag{3.6}$$

式中，σ_1 为轴向应力；σ_2 为切向应力；q 为外压力。

当球壳厚度增大，不满足上述厚径比要求时，厚壳球形壳体承受的内应力分别为

$$\sigma_1 = \sigma_2 = \frac{-qa^3}{2r^3} \frac{b^3 + 2r^3}{a^3 - b^3} \tag{3.7}$$

$$\sigma_3 = \frac{-qa^3}{r^3} \frac{r^3 - b^3}{a^3 - b^3} \tag{3.8}$$

式中，a 为外径；b 为内径；σ_3 为径向应力；r 为壳体任意厚度上的半径。

轴向应力、切向应力最大值发生在内壁上（$r = b$）：

$$(\sigma_1)_{\max} = (\sigma_2)_{\max} = \frac{-q^3 a^3}{2(a^3 - b^3)} \tag{3.9}$$

径向应力最大值发生在外壁上（$r = a$）：

$$(\sigma_3)_{\max} = -q \tag{3.10}$$

3）圆筒壳体强度计算[15]

圆筒壳体受外压应力示意图如图 3.14 所示。

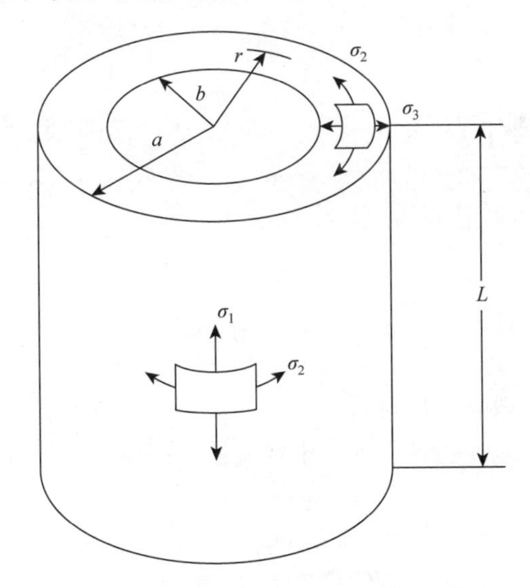

图 3.14　圆筒壳体受外压应力示意图[15]

当圆筒壳体厚度满足

$$\frac{R_2}{t} > 10 \tag{3.11}$$

时，球壳为薄壳，其受外压应力为

$$\sigma_1 = \frac{qR_2}{2t} \tag{3.12}$$

$$\sigma_2 = \frac{qR_2}{t} \tag{3.13}$$

当圆筒厚度增大，不满足上述厚径比要求时，厚壳圆筒承受外压应力分别为

$$\sigma_1 = \frac{-qa^2}{a^2 - b^2} \tag{3.14}$$

$$\sigma_2 = \frac{-qa^2(b^2 + r^2)}{r^2(a^2 - b^2)} \tag{3.15}$$

$$\sigma_3 = \frac{-qa^2(r^2 - b^2)}{r^2(a^2 - b^2)} \tag{3.16}$$

切向应力最大值发生在内壁上（$r = b$）：

$$(\sigma_2)_{\max} = \frac{-q^2 a^2}{a^2 - b^2} \tag{3.17}$$

径向应力最大值发生在外壁上（$r = a$）：

$$(\sigma_3)_{\max} = -q \tag{3.18}$$

3. 稳定性计算

如果压力超过某一极限值，受压壳体的平衡状态将变为不稳定，从而导致失稳。

1）球壳耐压稳定性计算

当壳体厚度满足

$$\frac{R_2}{t} > 10 \tag{3.19}$$

时，球壳为薄壳，在球壳满足材料均匀、各向同性、有完善几何球形、无初始应力及应力应变关系为线性的条件下，由经典的小挠度概念推导出球壳失稳破坏压力为

$$q' = \frac{2Et^2}{R_2^2\sqrt{3(1-\mu^2)}} \tag{3.20}$$

式中，E 为弹性模量；μ 为泊松比。

然而，均匀外压作用下球壳的稳定性实验表明，失稳压力远小于式（3.20）所给出的计算值，而且失稳破坏是突然发生的。

实际可能的最小屈服压力的近似计算公式为

$$q' = \frac{0.365Et^2}{R_2^2} \tag{3.21}$$

对于厚壳球形耐压壳的稳定性，可参考《潜水系统和潜水器入级规范》(2018)的附录E“耐压壳体极限承载力有限元分析方法”进行有限元分析[16]。

2）圆筒壳体的稳定性分析

对于圆筒壳体，当壳体厚度满足

$$\frac{R_2}{t} > 10 \tag{3.22}$$

时，圆筒为薄壳，当长度L与耐压壳体中面半径、壁厚满足

$$L > 4.9R_2\sqrt{\frac{R_2}{t}} \tag{3.23}$$

时为长圆筒壳体，其屈服压力为

$$q' = \frac{1}{4}\frac{E}{(1-\mu^2)}\frac{t^3}{R_2^{\ 3}} \tag{3.24}$$

否则为短圆筒壳体，短圆筒壳体屈服压力近似计算公式为

$$q' = 0.807\frac{Et^2}{LR_2}\sqrt[4]{\left(\frac{1}{1-\mu^2}\right)^3\frac{t^2}{R_2^2}} \tag{3.25}$$

对于厚壳球形耐压壳的稳定性，可参考《潜水系统和潜水器入级规范》(2018)的附录E“耐压壳体极限承载力有限元分析方法”进行有限元分析。

3）加肋圆柱形耐压壳体的稳定性分析

对于圆柱形耐压壳体，其两端有封头，对圆柱壳体起径向支撑作用，使圆柱壳体的稳定性提高。但由于耐压壳体封头之间有一段距离（对于大尺寸壳体，此距离较大），封头之间部分的支撑作用不明显，所以圆柱形耐压壳体（尤其是大尺度的耐压壳体）通常要在圆柱壳体中设置抗弯刚度足够大的环形肋骨，以提高整体的稳定性。

环形肋骨圆柱壳失稳通常有两种形式，即肋骨间壳板失稳（局部失稳）、总体失稳（肋骨与壳板一起失稳）。

当肋骨的刚度足够大时，随着外载荷的增加，壳板首先在肋骨之间开始丧失稳定性。这时肋骨仍保持本身的圆形，而壳板在肋骨之间纵向形成一个半波，周向形成若干个连续凹凸交替的半波，也就是发生肋骨间壳板失稳。

肋骨虽然起着支撑壳板的作用，但当其刚度小于其临界刚度、外压力超过其临界压力时，肋骨将连同壳板一起丧失稳定性。除两端横舱壁和框架肋骨仍保持原来的圆形外，整个舱段的壳体，沿母线方向形成一个半波，在圆周方向形成两个、三个或四个整波，也就是发生了总体失稳。

加肋圆柱形耐压壳体的稳定性计算可参考《潜水系统和潜水器入级规范》（2018）。

4. 充油压力补偿耐压结构

电池舱、电子舱等也常采用充油压力补偿耐压结构。在耐压舱内注入变压器油，并利用补偿器对舱体进行压力补偿，当耐压舱外压力增大时，耐压舱内油压也升高，保持舱内外压力平衡。舱体无须太高的强度来承受深水的压力，但舱内的设备必须能够承受相应深度的压力。图 3.15 为英国“Autosub 6000”自主水下机器人上采用的充油压力补偿电池舱[17]。

图 3.15　充油压力补偿电池舱[17]

3.2.3　密封结构设计

耐压壳体内通常装有电子部件、检测仪器等。在水下机器人完成水下作业后，常常需要检修，因此耐压壳体必须有一个可拆卸封头，以便装拆壳体内的电子部件和仪器。可拆卸封头同壳体间密封至关重要，以保证水下机器人在工作水深不产生任何泄漏，以及耐压壳体内部件和仪器不受损坏。

可拆卸封头同壳体间的密封是对彼此相配合的两个表面的间隙进行可靠的封闭。配合表面的间隙是不可避免的，有的是由力学原因造成的，有的是由两零件的加工误差、光洁度等原因造成的。在密封结构工作中，这些间隙的大小会因连接件受压变形、表面磨损与磨合、腐蚀及其他原因而增大或减小。使间隙可靠密封，不至于破坏密封结构的功能，是一个复杂的技术问题。

壳体的密封多采用“接触密封法”。在彼此相接的两表面间，可以夹一个具有很高机械强度和弹性、有相当大的恢复变形能力材质的辅助元件，将已有的间隙塞满，阻止有压力的海水通过间隙进入体内。

为了使可拆卸封头拆装方便，又能密封可靠，常用橡胶O形密封圈对水下机器人耐压壳体进行密封。传统的O形密封圈在水下密封中发挥了重要作用。

橡胶O形密封圈的密封性能取决于其变形复原性。一旦被压缩，O形密封圈总是趋于恢复其原来的形状，从而产生自动压紧效应。O形密封圈周围的外壳发生形变时，会伴随发生弹性变形补偿外壳的变化，直到初始的压缩效应被消除；在丧失变形复原性或初始的压缩后，O形密封圈便失去了密封作用。

O形密封圈安装在相应的封闭密封槽内，其横截面可在拉伸和挤压下轴向、径向或折角变形，这就产生密封所必需的初始接触应力，接触应力的分布状况可以用抛物线近似地描绘出来，如图3.16所示。

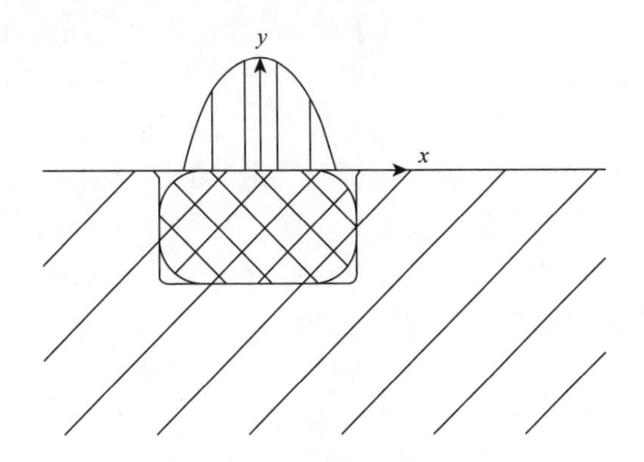

图3.16　O形密封圈接触应力分布

接触应力分布可以表示为

$$\frac{x^2}{\left(\frac{s}{2}\right)^2}+\frac{y}{\sigma_{\max}}=1 \tag{3.26}$$

式中，s为接触宽度；$\sigma_{\max}$为最大接触应力。

O形密封圈在压缩率为原截面的15%～20%时，可以获得较长的使用寿命。如果采用矩形密封槽，其深度h相当于O形密封圈受压变形后的高度，宽度b则应大于处在压缩状态下O形密封圈的宽度，从而为O形密封圈留下足够的空间供膨胀使用。O形密封圈相对变形的允许范围为：对于静密封结构取15%～25%，在水下密封设计中，小截面直径的O形密封圈的相对变形应靠近上限，大截面直径的O形密封圈的相对变形应靠近下限。

值得注意的是，在所有的密封计算方法中均认为O形密封圈是不可压缩的，即泊松比为常量（$\mu=0.5$），也就是说，O形密封圈受压时，其体积保持不变，而只改变形状。但实际上橡胶是可压缩的材料，其泊松比μ可小到0.42～0.49。此情况对一般只受外部水压的壳体静密封影响不大，但对于液压传动的水下设备的密封（如油缸活塞杆等），其 O 形密封圈同时受水压和油压的双向作用，O 形密封圈本身的参数会发生变化。苏联科学院希尔绍夫海洋研究所（现俄罗斯科学院）希尔绍夫海洋研究所对观察用水下机器人工作实践的研究分析，证明随水下机器人下潜深度的增加，由于密封圈被压缩，密封圈的摩擦力减小，油的浸水量增加，在某一深度下 O 形密封圈会失去密封性。因此，对于受双向压力的 O 形密封圈密封，在设计密封槽的深度 h 时，应做适当修正，以使 O 形密封圈的相对变形适当加大。

橡胶 O 形密封圈是理想的密封材料，其优点是弹性好，寿命长，耐腐蚀性好，制造简单、经济。这里要说明的是，O 形密封圈的表面应当光滑，截面应当圆整。水平分模的 O 形密封圈的毛刺去掉后，对轴向变形结构基本没有影响，但对径向变形的密封结构，由于其上毛刺正处于最大变形点，会引起密封结构失去密封性。特别是动密封的多次反复运动，是造成局部破损的根源。所以最好使用 45°斜分模面的 O 形密封圈，因为其毛刺的分布错离接触面，密封可靠、寿命长。

实践表明，O 形密封圈的损坏大部分是由装配造成的，包括配合尺寸、公差不合理，没有适当的工艺斜角，装配时零件不清洁等。在装配时，通常在 O 形密封圈上涂少许硅油，目的在于一方面补偿 O 形密封圈和密封表面光洁度的不足，另一方面在装配和密封圈工作时起润滑作用。

总之，如果密封结构设计合理，采用 O 形密封圈作为密封元件，对水下机器人耐压壳体的密封是结构简单、性能可靠的密封。

1. 静密封结构设计

自主水下机器人使用的密封结构主要是静密封，最便捷有效的方式是 O 形密封圈密封。按照沟槽形式，可将密封结构分为轴向密封和径向密封，分别如图 3.17 和图 3.18 所示[18]。

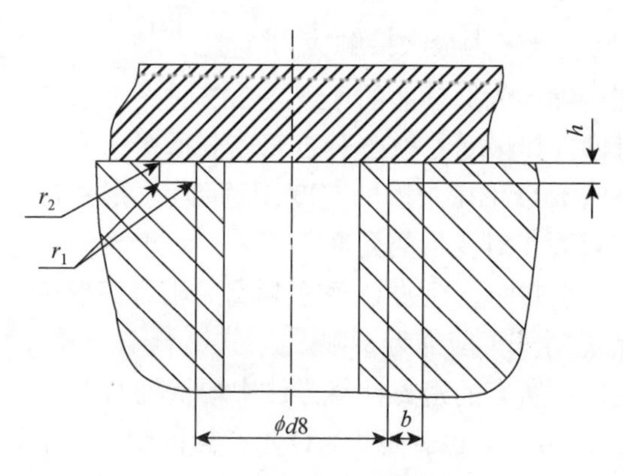

图 3.17　轴向密封结构图[18]

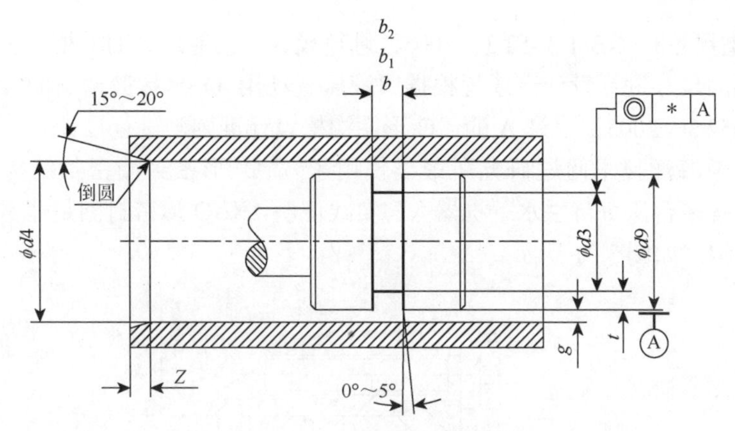

图 3.18　径向密封结构图[18]

*处要求为：直径小于或等于 50mm 时，不大于 $\phi0.025$mm；直径大于 50mm 时，不大于 $\phi0.05$mm

O 形密封圈密封槽形状分别有矩形、三角形、梯形、燕尾槽形等。图 3.19 和图 3.20 分别为某设备密封采用的梯形密封槽和某潜水器上段连接采用的三角形密封槽。与标准矩形密封槽相比，这两种密封槽结构尺寸更小、轴向安装力更小。

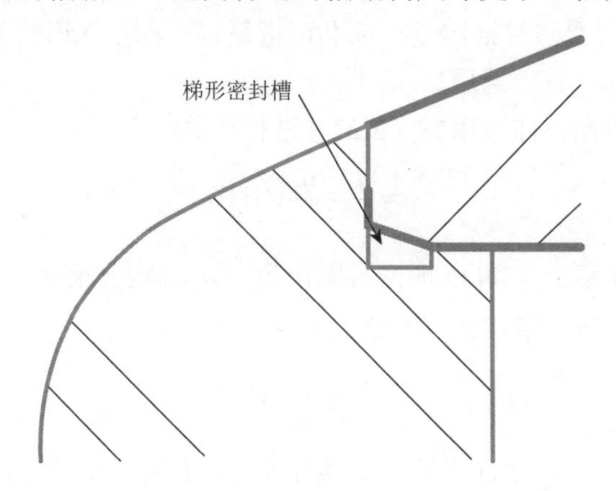

图 3.19　梯形密封槽

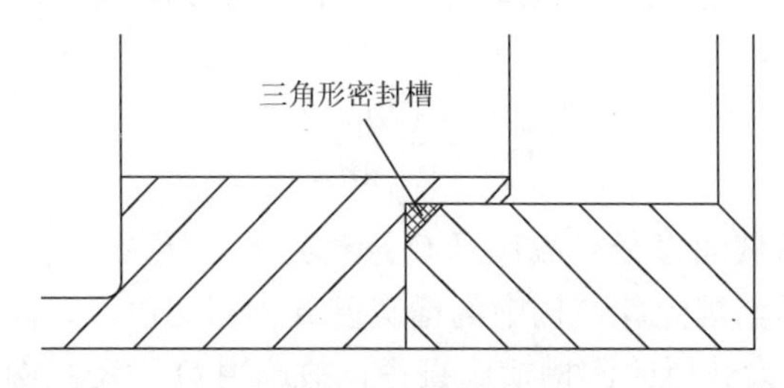

图 3.20　三角形密封槽

矩形密封槽的径向或轴向密封结构可按照国家标准《液压气动用 O 形橡胶密

封圈 沟槽尺寸》(GB/T 3452.3—2005)进行设计。其他形式的沟槽可参考密封圈厂家提供的尺寸进行设计,或者根据《液压气动用 O 形橡胶密封圈 沟槽尺寸》(GB/T 3452.3—2005)附录 A 的“O 形圈沟槽设计准则”进行设计。

俄罗斯海洋技术问题研究所最早使用了双 O 形密封圈密封结构,应用于“CR-01”等多台深海自主水下机器人,实践证明,双 O 形密封圈是非常可靠的深海密封结构,如图 3.21 所示。

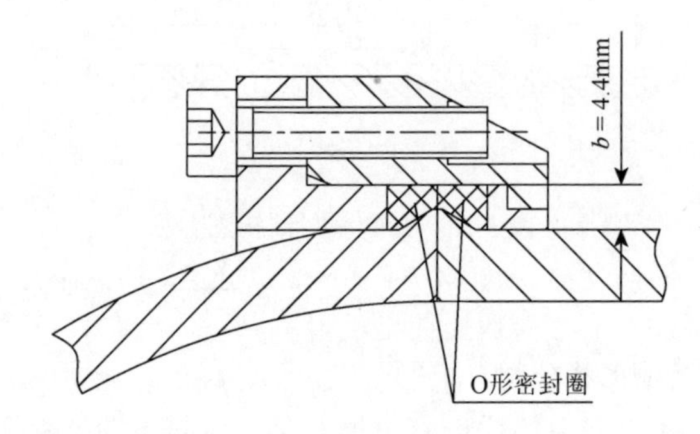

图 3.21 双 O 形密封圈密封结构

该双 O 形密封圈密封结构没有标准可遵循,可采用 O 形密封圈的预拉伸率和压缩率两个量进行计算、选用。

O 形密封圈的预拉伸率用式(3.27)进行计算:

$$y = \frac{d_3 - d_1}{d_1} \times 100\% \tag{3.27}$$

式中,y 为预拉伸率;d_1 为 O 形密封圈内径;d_3 为沟槽槽底直径。

O 形密封圈的压缩率用式(3.28)进行计算:

$$x = \frac{d_2 - b}{d_2} \times 100\% \tag{3.28}$$

式中,x 为压缩率;d_2 为 O 形密封圈截面直径;b 为沟槽宽度,如图 3.21 所示。

O 形密封圈被拉伸后截面会减小,减小后的截面直径可按式(3.29)进行计算:

$$\hat{d}_2 = \frac{d_2(7d_1 - 3d_3)}{4d_1} \tag{3.29}$$

式中,$\hat{d}_2$ 为拉伸后截面直径。故计算 O 形密封圈的压缩率时用 $\hat{d}_2$ 代替 d_2。

如图 3.21 所示,规定此结构中沟槽宽度 b 为固定值,设计时不做更改,只是根据耐压壳体大小设计更改沟槽槽底直径,故选用 O 形密封圈时,O 形密封圈截面直径 d_2 为固定值 5.33mm,所以只需计算得到 O 形密封圈内径 d_1 即可。

根据实际使用的耐压舱数据,可得出 O 形密封圈的预拉伸率为 4.03%~9.3%,

压缩率为 11.26%～14.88%。

综上所述，在为耐压壳体选用 O 形密封圈时，根据上面计算得到的 O 形密封圈的预拉伸率和压缩率范围，用上述三式反推就可以得到 O 形密封圈内径 d_1 的范围，再经过查找密封圈样本，最终确定 O 形密封圈的规格。

以某实际使用的耐压舱为例（沟槽槽底直径 d_3 为 165mm），选择 O 形密封圈的计算过程如下（本节以下计算结果单位都为 mm）。

将 O 形密封圈的预拉伸率 4.03%～9.3%、压缩率 11.26%～14.88%代入式（3.27）和式（3.28），得

$$4.03\% \leqslant \frac{165-d_1}{d_1}\times 100\% \leqslant 9.3\% \tag{3.30}$$

$$11.26\% \leqslant \frac{d_2-4.4}{d_2}\times 100\% \leqslant 14.88\% \tag{3.31}$$

计算可得$150.96 \leqslant d_1 \leqslant 158.61$，$4.96 \leqslant d_2 \leqslant 5.17$，因为$\hat{d}_2$即$d_2$，所以$4.96 \leqslant \hat{d}_2 \leqslant 5.17$，因此有

$$4.96 \leqslant \frac{5.33\times(7d_1-3\times 165)}{4d_1} \leqslant 5.17 \tag{3.32}$$

计算可得$151.02 \leqslant d_1 \leqslant 158.65$，综合上面的计算结果可得$151.02 \leqslant d_1 \leqslant 158.61$。查找密封件样本手册可知，在此范围内的 O 形密封圈规格有155×5.3、157.5×5.3。理论上这两种 O 形密封圈都符合设计要求，但157.5×5.3在此范围的边缘，故155×5.3最为合适。

2. 动密封结构设计

动密封是一种旋转轴用机械密封，通常称为端面密封，其特点是密封端面垂直于旋转轴线或大体垂直于旋转轴线。水下机器人的推进器电机通常要用动密封。

动密封的密封作用是由一对（或几对）平面接触的密封环，在流体压力和补偿机构弹力的作用下以一定压力保持贴合，并相对滑动而构成一个动密封装置。

动密封具有多种形式，传统采用的机械动密封方式较为复杂，不便于使用、维护。选用旋转格莱圈、油封等方式更为便捷。

旋转格莱圈可用于密封旋转轴，可承受两侧压力或交变压力作用的双向作用。它由复合材料的密封环和一个弹性施力的 O 形密封圈组合而成，最大可承受压力可达到 30MPa（旋转线速度小于 1m/s 时），能够满足一般中小水深的旋转轴密封需求。

当深度更大时，可考虑采用充油补偿结合油封实现旋转轴密封。

1）压力补偿动密封

油封正常用于各种机械轴承处，特别是滚动轴承部位，实现润滑油的密封。将油腔和外界隔离，对内封油，对外封压。其结构包括金属骨架、橡胶唇口、弹簧，通过

弹簧的压力保持橡胶唇口与旋转轴接触实现密封。油封可承受的压力较小，通常为0.5MPa。用于深水自主水下机器人时，需要在内部充油，并连接补偿器进行压力补偿，保持密封腔内外压力平衡，油封实际承受的压差是由补偿器弹簧产生的，压力较小。若无补偿器提供压力补偿，由于油液在外压下的压缩性，油封承受的压差会超过允许值，造成密封失效。图3.22为某小型推进器输出轴采用的油封动密封结构。

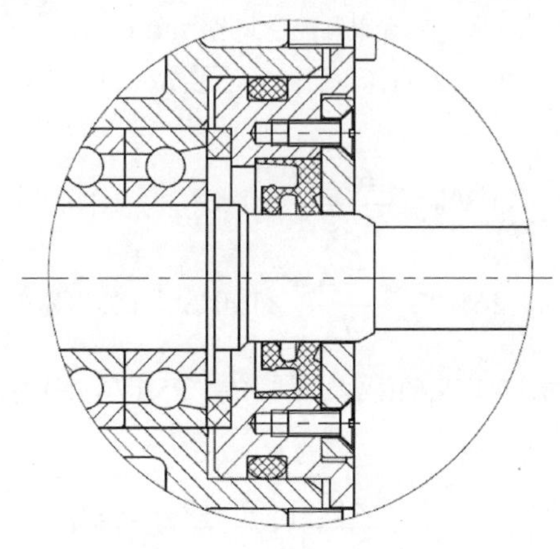

图3.22　油封动密封结构

2）磁耦合动密封

水下机器人推进器等部件输出轴需要进行动密封，目前充油动密封（采用油封实现输出轴的旋转动密封）应用广泛。然而，采用充油动密封方式，长时间工作会对密封圈造成一定的磨损，需要定期进行更换维护，给使用造成了不便。磁耦合动密封技术采用磁力进行动力传递，通过静密封就可以实现输出轴的密封，不需要进行维护，具有较好的应用前景。

磁耦合动密封结构主要包括：内磁套、外磁套以及进行密封的隔离套。图3.23中灰色部分为安装在内、外磁套上的磁体。

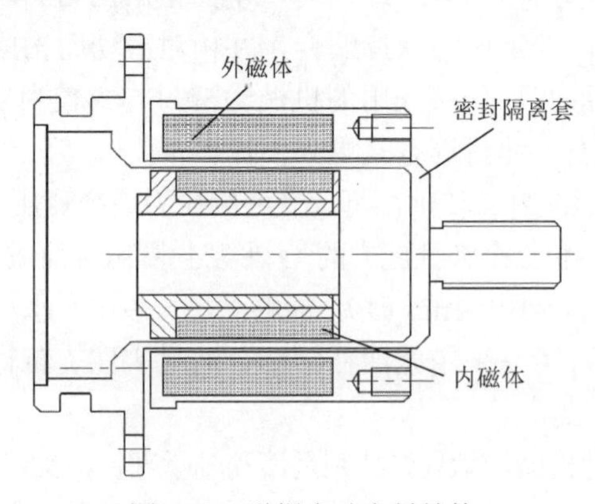

图3.23　磁耦合动密封结构

磁耦合动密封隔离套的材料对密封效果有较大影响，采用电阻率高的材料能有效降低涡流损耗，使密封效果提升。

3.2.4 防腐蚀设计

1. 金属腐蚀

金属腐蚀是一种自然现象，从某种意义上说，“腐蚀是不可避免的”。自主水下机器人载体结构最常用的金属为铝合金、钛合金、不锈钢，同时碳钢与铜也有应用，而其中铝合金又是用得最多的金属。在海洋环境中，铝合金最常见的腐蚀为点蚀、缝隙腐蚀和电偶腐蚀等。

盐雾、大气污染物，金属表面的钝化膜或涂层破损，加工过程中材料的偏析、砂眼、气孔等，都是引起点蚀的因素。点蚀造成的金属失重虽然不大，但由于金属阳极面积很小，所以腐蚀速率很快，严重时可造成设备穿孔，危险性很大。此外，点蚀还会使晶间腐蚀、应力腐蚀和腐蚀疲劳等加剧，在很多情况下，点蚀是这些类型腐蚀的根源。如图 3.24 所示，图中箭头所指的位置为铝合金舱体表面发生的点蚀。

图 3.24　舱体表面出现的点蚀现象

缝隙腐蚀主要发生在金属与金属或金属与非金属之间的螺接、搭接、铆接等接触狭缝中，当缝隙内积存液体时，会形成浓差电池，产生局部腐蚀。产生缝隙腐蚀的主要原因是设计不合理，海洋污损生物（如藤壶或软体动物）栖居等也会导致缝隙腐蚀。丝状腐蚀是缝隙腐蚀的特殊情况，常发生在非金属涂层下面的金属表面，是海洋环境中经常发生的一种腐蚀现象。其主要原因是在潮湿的大气或海洋盐雾环境中，涂层表面会凝结水分，并渗透过涂层，与基体接触，从而构成腐蚀电池，形成丝状腐蚀。发生丝状腐蚀的金属表面如图 3.25 所示。

电偶腐蚀是两种不同金属连接发生的腐蚀，如螺栓、铆钉等，其腐蚀的程度主要取决于两种金属在海水中的电极电位差及相对面积比。图 3.26 为典型的电偶腐蚀示例。

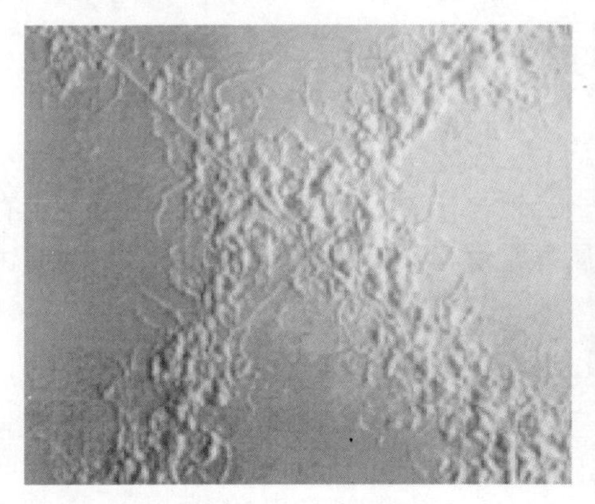

图 3.25　丝状腐蚀

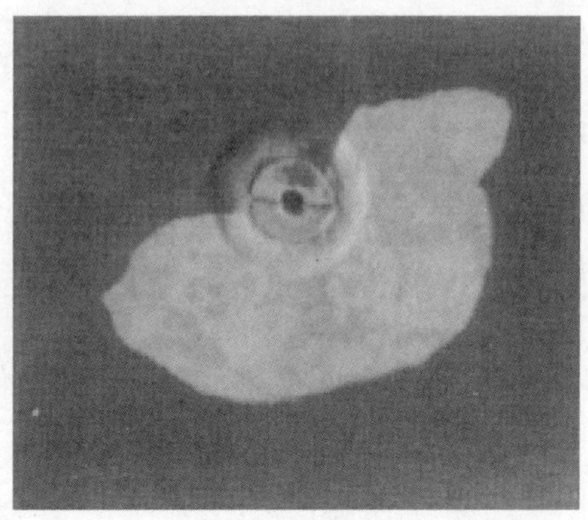

图 3.26　电偶腐蚀

2. 自主水下机器人载体结构腐蚀

根据海洋中常见的腐蚀机理，自主水下机器人载体结构的腐蚀可分为化学腐蚀、电偶腐蚀、电解腐蚀以及微生物腐蚀四大类。

1）化学腐蚀

化学腐蚀通常是指在非电解质溶液及干燥气体中，由纯化学作用引起的腐蚀。暴露在海洋环境中的金属材料，在非电化学作用下将与周围环境介质直接发生化学作用，从而出现腐蚀（氧化）现象。

2）电偶腐蚀

电偶腐蚀是由存在于两种金属之间的电位差引起的，电位较正的金属作为阴极，阴极表面氧化性物质被还原，电位较负的活泼金属作为阳极腐蚀加速。这是一种最为普通的腐蚀现象，它可诱导甚至加速应力腐蚀、点蚀、缝隙腐蚀、氢脆等的发生。由于海水是一种极好的电解质，而且海水中含有大量的 Cl^-，Cl^-穿透力极强，金属表面的钝化膜也很容易被穿透，所以在海水环境中不仅极易形成电偶腐蚀现象，而且电偶腐蚀过程也容易被加剧。

3）电解腐蚀

金属材料自身带电，在海洋环境的导电作用下，金属元素中由于电子的流动而发生的腐蚀现象就是电解腐蚀。

4）微生物腐蚀

微生物腐蚀是指由微生物引起的腐蚀或受微生物影响的腐蚀，其形式是海洋生物和微生物吸附于金属结构表面并生长和繁殖。

3. 自主水下机器人载体结构常见腐蚀分析

根据上面介绍的自主水下机器人载体结构的腐蚀种类与腐蚀机理，可以分析出自主水下机器人载体结构腐蚀的原因主要有以下几种。

（1）不同金属之间的电偶腐蚀，尤其是不同金属之间直接接触导致的电偶腐蚀。目前自主水下机器人上存在的金属主要有铝合金（5A06、7075、6061）、钛合金（TC4）、不锈钢（316L）、海军铜等。以如图 3.27 所示耐压舱为例，耐压舱体（TC4）与水密接插件（316L 和海军铜）之间就存在电偶腐蚀。材料中金属的活泼性按 TC4（耐压舱壳体）、316L（水密插座）和海军铜（锁紧帽）依次增高；常规状态下 TC4、316L 能够在海水中使用较长时间，海军铜在海水中使用易发生腐蚀，其耐腐蚀性较前面两种材料差。不同的材料相互接触，在海水电解质环境中，构成电偶电池，其结果就是加剧活泼性较高材料的腐蚀。耐压舱上三种材料 TC4、316L 和海军铜依次连接，TC4 和海军铜构成了电偶电池，而 316L 在这里相当于“导线”的连接作用。

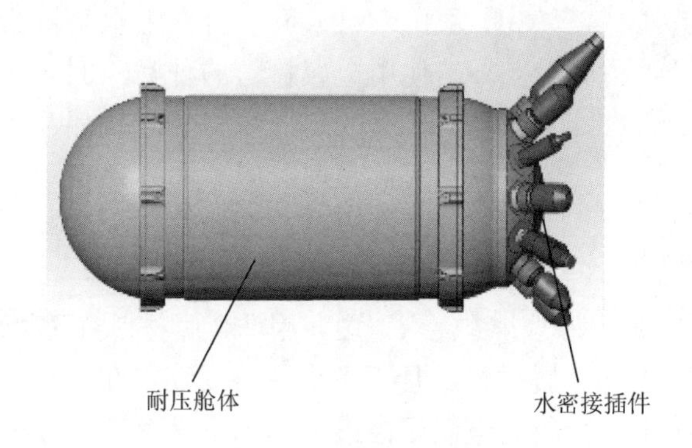

图 3.27　耐压舱结构图

（2）金属材料自身缺陷、生产的零件本身存在瑕疵或存储时人为磕碰导致零件表面形成点蚀。例如，某推进器零件外壳为铝合金材料，棱边没有倒圆，长期使用将棱边的氧化层磨掉造成腐蚀，可见推进器前端零件棱边已出现腐蚀白色晶状颗粒，如图 3.28 所示。

（3）零件结构设计不合理、焊缝存在缺陷导致零件形成缝隙腐蚀。例如，某自主水下机器人的框架，在图 3.29 线条所指位置焊接了一块加强板，形成了一个封闭的空间，这个结构导致水排不出去，长时间存水使金属腐蚀加快。此外，焊接框架结构焊缝如果存在缺陷（如裂纹、气孔等），也很容易在焊缝处形成缝隙腐蚀，如图 3.29 所示。

图 3.28　铝合金壳体点蚀

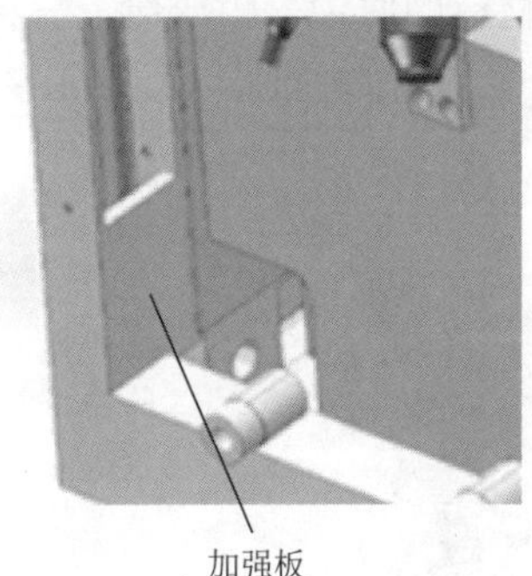

图 3.29　排水不畅导致的缝隙腐蚀

4. 自主水下机器人载体结构防腐蚀方法

1）抑制电偶腐蚀的方法

（1）同一台自主水下机器人尽可能地减少使用金属材料的种类。例如，将所有安装水密插座的耐压舱与分线盒都改用钛合金材料，水密插座都改成不锈钢材料，也可以把水密插座都改成钛合金材料，尽量减少具有电位差结构材料的种类与数量。

（2）用非金属材料将两种不同金属隔离开。如果两个结构件为不同金属材料，且不可避免地要连接在一起，那么将两种不同金属隔离开是抑制不同金属间电偶腐蚀最基本也是最有效的方法。图 3.30 为起吊钩与起吊框架连接结构图，用非金属材料将两种不同金属隔离。

（3）承力不大的结构优先选用非金属材料制作。图 3.31 为自主水下机器人上使用的化学传感器，与框架连接时，其连接结构件材料都为塑料。

2）抑制点蚀的方法

在设计上，所有结构件棱边棱角应倒圆；在质量控制上，结构件的原材料、表面镀层应严格把关，原材料需提供材质单，严格检验结构件表面镀层的质量，有任何瑕疵都要返厂重新做；使用与安装过程中要注意不要有磕碰，有磕碰应及时修补；在包装上，重要组部件单独做包装箱，一般结构件要用软质材料包严，防止磕碰。

3）抑制缝隙腐蚀的方法

自主水下机器人载体结构设计中，尽可能保证不存在使海水出水后继续存留的结构，如果避免不了非开式结构，那么需要在此结构处开漏水孔，不要有结构

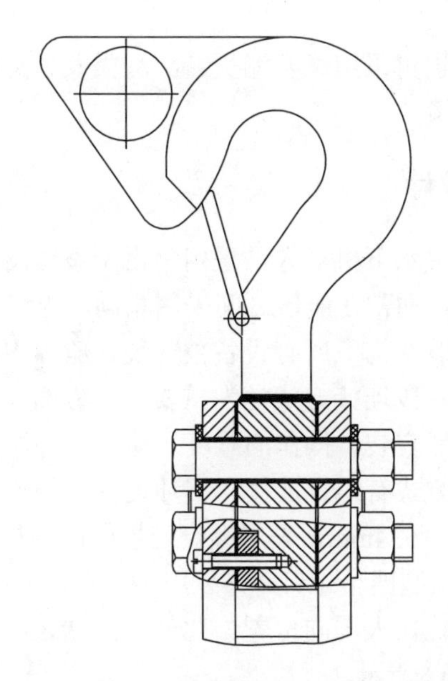

图 3.30 金属吊钩与铝框架之间采用塑料隔离

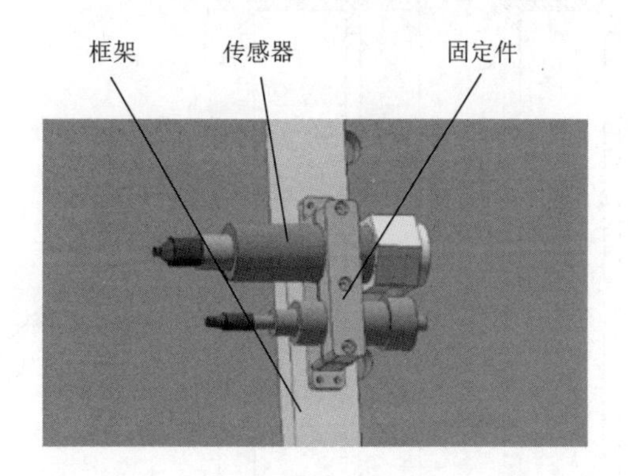

图 3.31 采用塑料件固定小型设备

存水的现象出现，同时在维护保养上要及时冲洗、清理两个结构件的接触面。此外，焊接结构件应焊透，焊缝不要有气孔与裂纹，防止海水渗入。

4）合理设计并安装牺牲阳极

参考标准《海洋仪器（设备）牺牲阳极的保护设计和安装》（HY/T 026—1992），每个重要组部件上都要安装牺牲阳极，如推进器、舵机等。

5）防腐涂层法

在详细设计自主水下机器人时，载体结构上一些非密封结构可以选择在表面做防腐涂层，如载体框架、固定件等，这样不但可以有效防腐，也能提高美观度。铝合金应避免使用含有重金属离子的防污漆，现今普遍应用的是环保型无锡自抛光和低表面能防污漆，也可采用聚氨酯类、醇酸类及丙烯酸酯类面漆等，现在通常采用的是聚氨酯类面漆。

3.2.5 段连接结构设计

工作水深较小的自主水下机器人常采用鱼雷型整体耐压舱结构，将设备分别布置在不同的耐压舱段，通常在舱段之间采用相同的电气、机械接口连接。

由于采用整体耐压舱结构，所有设备被封装在舱体内，使用、维护时经常需要将耐压舱断开，所以其段连接方式尤为重要：一方面，要保证可靠的连接和密封；另一方面，需要降低安装、操作的难度。

比较常见的段连接方式有螺钉连接、楔环连接、外箍连接等。

例如，某舱体外径为534mm，采用螺钉连接的段连接方式，壳体一端开有四处凹槽，每个凹槽处可安装四个螺钉，共采用16个螺钉连接。两个段之间还有销钉定位，保证整个水下机器人周向位置。此外，两端之间还有止口配合以及三角形的挤角密封，如图3.32所示。

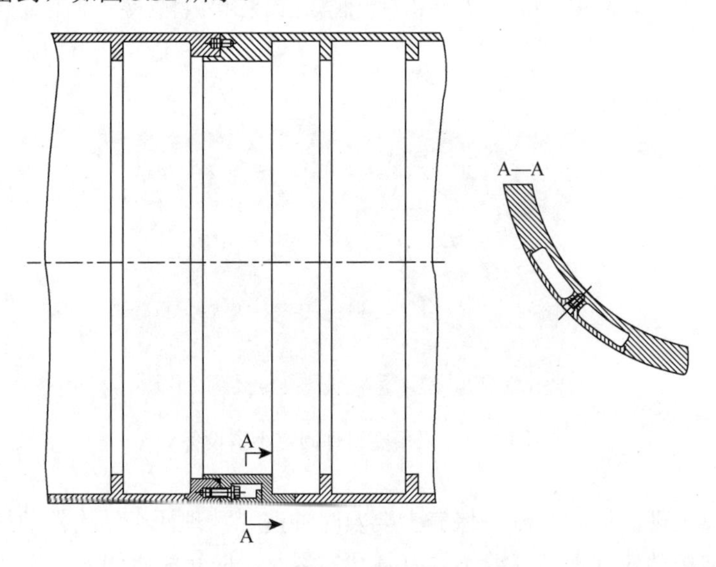

图3.32　圆柱壳体螺钉连接

楔环连接结构主要用于直径稍小的筒体连接。通过两个楔环的斜面挤压作用实现连接，避免安装大量的螺钉，而且满足小厚度筒体的连接需求，如图3.33所示[19]。

除上述两种连接方式，还可以采用外箍连接。外箍连接方式需要两个半圆的外箍通过螺钉连接保持外箍的完整，通过外箍与壳体斜面之间的挤压实现段连接，如图3.34所示。

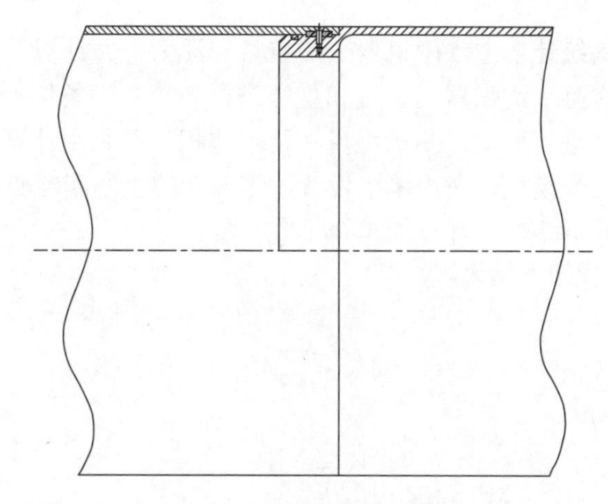

图 3.33　圆柱壳体楔环连接

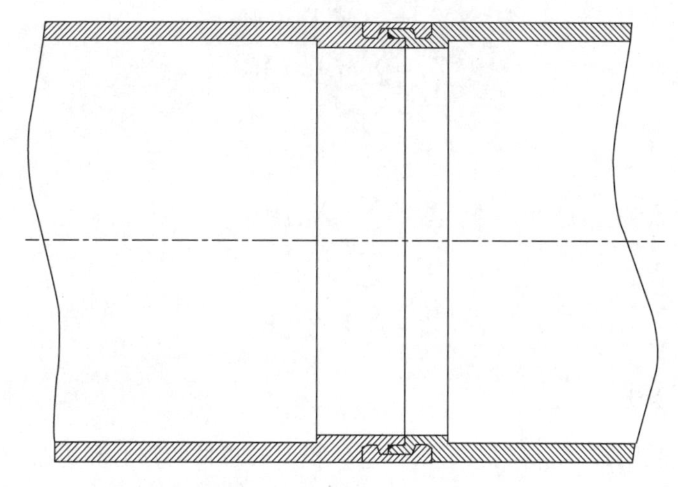

图 3.34　圆柱壳体外箍连接

3.3　衡重计算和浮力状态

3.3.1　衡重计算

1. 重量、重心与浮力、浮心计算

自主水下机器人航行时的理想状态是重量与浮力相等，重心与浮心重合。实际中，出于安全等方面的考虑会预留一定剩余正浮力和稳心高。例如，“潜龙一号”自主水下机器人剩余正浮力为 0～30N，稳心高为 7～12mm。因此，自主水下机器人必须配置到合理的衡重状态。

衡重计算就是统计自主水下机器人的重量和浮力，并计算其重心和浮心。可通过衡重测量仪对整个潜水器的重量和重心进行测量，当条件不具备时也可以对单个设备和零部件进行称重，测量重量和排水体积，并利用计算机辅助设计的方法建立潜水器的三维模型，获得单个设备、零部件的重心和浮心。

设单个设备的重量为M_i，重心为(X_M, Y_M, Z_M)，排水体积为V_i，浮心为(X_V, Y_V, Z_V)，则有如下结果。

总重量为

$$M_\Sigma = \sum M_i \quad (3.33)$$

总排水体积为

$$V_\Sigma = \sum V_i \quad (3.34)$$

总重心为

$$X_M = \sum M_i X_{Mi} / M_\Sigma \quad (3.35)$$

$$Y_M = \sum M_i Y_{Mi} / M_\Sigma \quad (3.36)$$

$$Z_M = \sum M_i Z_{Mi} / M_\Sigma \quad (3.37)$$

总浮心为

$$X_V = \sum V_i X_{Vi} / M_\Sigma \quad (3.38)$$

$$Y_V = \sum V_i Y_{Vi} / M_\Sigma \quad (3.39)$$

$$Z_V = \sum V_i Z_{Vi} / M_\Sigma \quad (3.40)$$

2. 衡重参数

根据上述计算，可得到总重量、总体积以及总体的浮心和重心位置。据此可以计算得到剩余浮力（ΔB）、稳心高（h）、纵倾角（θ）、横滚角（φ）。

剩余浮力为

$$\Delta B = V_\Sigma - M_\Sigma \quad (3.41)$$

稳心高为

$$h = \Delta Z = Z_V - Z_M \quad (3.42)$$

纵倾角为

$$\tan\theta = \frac{\Delta X}{h}, \quad \Delta X = X_V - X_M \quad (3.43)$$

横滚角为

$$\tan\varphi = \frac{\Delta Y}{h}, \quad \Delta Y = Y_V - Y_M \quad (3.44)$$

一般的自主水下机器人不具备横滚控制能力，因此为了保持水下的平衡，应保证有较小平衡状态的横滚角，通常将其控制在 0°～1.5°范围内。如果实际剩余浮力、纵倾角、横滚角等参数不符合预期，那么应通过调整配重的数量以及安装位置调节衡重参数。

3.3.2 衡重参数测量

3.3.1 节所述衡重计算方法，可用于自主水下机器人的衡重理论计算以及配平调整。当自主水下机器人建造完成后，还应通过水池测试来对衡重参数进行测量，对理论计算值进行校准。

1. 衡重测量原理

自主水下机器人在重力、浮力以及施加外力（如弹簧拉力、铅块重量等）的作用下处于平衡状态，其受力如图 3.35 所示。图中，坐标系 $Oxyz$ 为载体坐标系，坐标系 $O\xi\eta\zeta$ 为大地坐标系，$Oxyz$ 和 $O\xi\eta\zeta$ 均为右手正交坐标系，且 Ox 轴沿载体轴向指向艏部，Oy 轴指向载体右侧，Oz 轴指向载体下方。

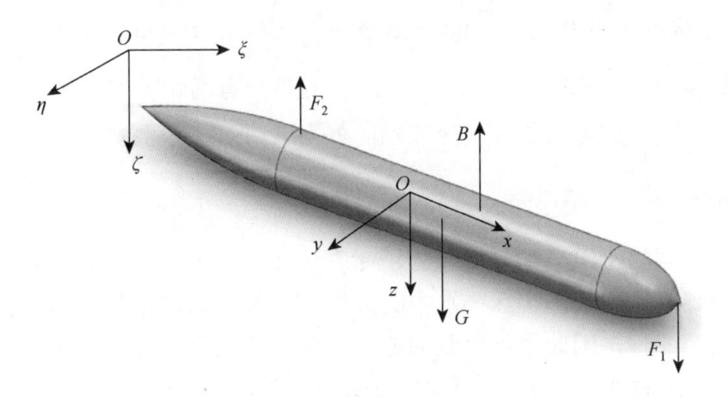

图 3.35　坐标系定义

设载体坐标系相对大地坐标系的三个欧拉角为 φ、θ、ψ，也就是说载体的横滚角为 φ，纵倾角为 θ，航向角为 ψ；B 为载体的浮力（$B=\rho\Delta g$，ρ 为密度；Δ 为载体全排水体积；g 为重力加速度），设其作用点在载体坐标系中的坐标为(x_B, y_B, z_B)；G 为主载体的重力，设其作用点为(x_G, y_G, z_G)；F_1、F_2 分别为施加于主载体前后两端的外力，设其作用点分别为(xF_1, yF_1, zF_1)、(xF_2, yF_2, zF_2)。有关作用力及其位置定义如表 3.9 所示。

表 3.9 有关作用力及其位置定义

作用力	作用点	作用力	作用点
B	(x_B, y_B, z_B)	F_1	(xF_1, yF_1, zF_1)
G	(x_G, y_G, z_G)	F_2	(xF_2, yF_2, zF_2)

按载体坐标系坐标轴取向，规定作用力方向向上为负，向下为正；规定载体右倾（由艉向艏看）时 φ 为正，抬艏时 θ 为正。根据力和力矩平衡原理，得到如下方程。

力平衡方程：

$$G+B+F_1+F_2=0 \tag{3.45}$$

力矩平衡方程：

$$y_G - z_G \tan\varphi = K \tag{3.46}$$

$$x_G + z_G \tan\theta \sec\varphi = M \tag{3.47}$$

式中，

$$K=-\frac{1}{G}\left[B(y_B - z_B\tan\varphi)+\sum_{i=1}^{2}F_i(y_{F_i} - z_{F_i}\tan\varphi)\right] \tag{3.48}$$

$$M=-\frac{1}{G}\left[B(x_B + z_B\tan\theta\sec\varphi)+\sum_{i=1}^{2}F_i(x_{F_i} + z_{F_i}\tan\theta\sec\varphi)\right] \tag{3.49}$$

方程组中有三个未知量 x_G、y_G、z_G，但是只有两个方程，因此需要想办法再增加一个方程，这可以通过改变施加的外力 F 进行多组测量而得到。

2. *求解方法*

对测量得到的每组数据，通过力平衡方程计算出重力，对多组测量数据的计算结果取平均值作为载体实际在水中的重量 G。每一组测量数据都可以根据力矩平衡列出两个方程，因此最终得到的方程个数必定大于方程组中未知量的个数，这是一个超定方程组，需要根据最小二乘原理求解。

设共测量了 N 组数据，则载体在水中的重量为

$$G=-B-\frac{1}{N}\sum_{i=1}^{N}(F_{1i}+F_{2i}) \tag{3.50}$$

剩余浮力为

$$\Delta B=\frac{1}{N}\sum_{i=1}^{N}(F_{1i}+F_{2i}) \tag{3.51}$$

式中，ΔB 为正表示载体为正浮力状态，为负则表示载体为负浮力状态。

令

$$\boldsymbol{X}_i=\begin{bmatrix}0 & 1 & -\tan\varphi_i \\ 1 & 0 & \tan\theta_i\sec\varphi_i\end{bmatrix} \tag{3.52}$$

$$\boldsymbol{\beta}=[x_G, y_G, z_G]^{\mathrm{T}} \tag{3.53}$$

$$\boldsymbol{Y}_i=[K_i, M_i]^{\mathrm{T}} \tag{3.54}$$

$$\boldsymbol{X}=[X_i]_{2N\times 3} \tag{3.55}$$

$$\boldsymbol{Y}=[Y_i]_{2N\times 1} \tag{3.56}$$

式中，i 表示第 i 次测量的数据；上标 T 表示转置。根据最小二乘原理得

$$\boldsymbol{\beta}=(\boldsymbol{X}^{\mathrm{T}}\boldsymbol{X})^{-1}\boldsymbol{X}^{\mathrm{T}}\boldsymbol{Y} \tag{3.57}$$

由上述公式可求得载体在水中的重量、剩余浮力及重心位置。

3. 配平

通过上述方式可以得到较为准确的衡重参数，通过该参数对理论计算值进行修正。具体来说，在进行衡重理论计算时，可采用 Excel 表格汇总自主水下机器人各组成部分的重量、排水体积、重心、浮心，汇总得到总衡重参数；通过水池测量，得到实际衡重参数后，可在统计表格中增加修正项，使修正后的理论计算衡重参数与实际相同；配平计算时，可在统计表格中增加配重项，根据实际可选安装空间调整配重的大小、位置，直至理论衡重参数符合要求；实际配平时，按照理论计算的配平结果安装压载即可，无须反复进行衡重测试、配重调整。

进行自主水下机器人结构设计时，应提前考虑衡重布置，并在艏艉均预留一定可以调整配重的空间。

3.3.3 深海浮力变化

1. 自主水下机器人深海与浅海衡重状态的差异

自主水下机器人的水下浮力由载体的排水体积和工作环境的海水密度决定。一般而言，随着自主水下机器人工作深度的变化，其环境压力和温度随之改变，而不同的环境压力和温度将引起自主水下机器人载体的排水体积以及海水密度发生变化，从而造成自主水下机器人的浮力发生改变。

自主水下机器人载体主要由浮力材料、耐压舱和其他结构件等组成，由于它们的结构和材料特性不同，所以其体积变化受压力和温度的影响程度也不同。需要分别考虑环境压力和温度造成的浮力材料、耐压舱和结构框架排水体积的变化，进而计算自主水下机器人水下浮力的变化。

2. 压力造成排水体积的变化

对于浮力材料，设自主水下机器人浮力材料在空气中（水面）的体积为 V_{BUO}（dm^3），工作压力为 P（MPa），则有体积变化量：

$$\Delta V_{\text{BUO-P}} = P \times V_{\text{BUO}} / e \tag{3.58}$$

式中，e为体积弹性模量，GPa；$\Delta V_{\text{BUO-P}}$为压力造成的浮力材料体积变化，dm^3。

对于金属结构件，设自主水下机器人结构件在空气中（水面）的体积为V_{STRU}（dm^3），工作压力为P（MPa），$\Delta V_{\text{STRU-P}}$为压力造成的结构件体积变化，则结构件（材料大部分为铝合金6061、5A06和少量的非金属材料）的体积变化为

$$\Delta V_{\text{STRU-P}} = 3 \times \frac{1-2\mu}{E} \times P \times V_{\text{STRU}} \tag{3.59}$$

式中，μ为泊松比，$\mu = 0.33$；E为弹性模量，GPa。

对于耐压舱，压力引起排水体积的变化可由压力下其外形尺寸的变化量来计算。

耐压舱由圆柱体和两端半球体封头（或近似）组成，两种几何体受压力影响的体积变化可由下面公式计算得到。

圆柱筒体的体积变化量可由式（3.60）计算：

$$\Delta V_{\text{c}} = \pi(2r_{\text{co}}\Delta r_{\text{co}}L_{\text{c}} + r_{\text{co}}^2\Delta L_{\text{c}}) \tag{3.60}$$

式中，

$$\Delta r_{\text{co}} = -\frac{r_{\text{co}}P}{E(r_{\text{co}}^2 - r_{\text{ci}}^2)} \times [(1-2\mu)r_{\text{co}}^2 + (1+\mu)r_{\text{ci}}^2] \tag{3.61}$$

$$\Delta L_{\text{c}} = -\frac{r_{\text{co}}^2 P}{E(r_{\text{co}}^2 - r_{\text{ci}}^2)} \times (1-2\mu) \times L \tag{3.62}$$

半球体封头的体积变化量可由式（3.63）计算：

$$\Delta V_{\text{s}} = 4\pi r_{\text{so}}^2 \Delta r_{\text{so}} \tag{3.63}$$

式中，

$$\Delta r_{\text{so}} = -\frac{r_{\text{so}}P}{E(r_{\text{so}}^3 - r_{\text{si}}^3)} \times \left[(1-2\mu)r_{\text{so}}^3 + \frac{1+\mu}{2}r_{\text{si}}^3\right] \tag{3.64}$$

式（3.60）～式（3.64）中，ΔV_{c}为圆柱体体积变化；ΔV_{s}为球体体积变化；r_{co}为圆柱体耐压舱外半径；r_{ci}为圆柱体耐压舱内半径；L_{c}为圆柱体长度；r_{so}为球体封头外半径；r_{si}为球体封头内半径；Δr_{co}为圆柱体耐压舱外半径增量；ΔL_{c}为圆柱体长度增量；Δr_{so}为球体封头外半径增量。

3. 温度造成排水体积的变化

对于深海自主水下机器人，水面、水下温度相差超过20℃，会因为热胀冷缩造成一定的排水体积变化，包括温度造成浮力材料、耐压舱和结构件排水体积的变化。

温度造成浮力材料体积的变化可表示为

$$\Delta V_{\text{BUO-t}} = 3\alpha_{\text{BUO}}\Delta t V_{\text{BUO}} \tag{3.65}$$

式中，$\Delta V_{\text{BUO-t}}$为温度造成的材料体积变化，dm^3；α_{BUO}为浮力材料的温度收缩系

数，“潜龙一号”自主水下机器人浮力材料的温度收缩系数为24×10^{-6}；Δt为工作深度与水面的海水温度差，℃。

温度造成耐压舱和结构件排水体积的变化计算方法与式（3.65）相似。“潜龙一号”自主水下机器人的耐压舱和结构件的材料几乎全是铝合金，其温度造成的体积变化$\Delta V_{\text{Al-t}}$可由式（3.66）计算：

$$\Delta V_{\text{Al-t}}=3\alpha_{\text{Al}}\Delta tV_{\text{Al}} \tag{3.66}$$

式中，$\Delta V_{\text{Al-t}}$为温度造成的体积变化，dm^3；α_{Al}为铝合金材料的温度收缩系数，取$\alpha_{\text{Al}}=22\times10^{-6}$；$\Delta t$为工作深度与水面的海水温度差，℃。

4. 不同深度海水密度的变化

不同深度下的海水密度可以通过船载CTD probe进行测量，通过绞车将CTD probe下放至海底，获取整个水深剖面的温度、盐度、密度等数据。根据实际测量值，6000m下水的密度约为1.57kg/dm^3。不同深度下水的密度差用$\Delta\gamma$表示。

5. 总浮力变化的计算

设自主水下机器人在水面（空气中）的（排水）总体积为V_{Surf}，水面的海水密度为γ_{Surf}；自主水下机器人在工作深度D（m）时的排水体积为V_{Depth}，海水密度为γ_{Depth}，则自主水下机器人从深度D（m）上浮至水面处的浮力变化为

$$\Delta Q=V_{\text{Depth}}\gamma_{\text{Depth}}-V_{\text{Surf}}\gamma_{\text{Surf}} \tag{3.67}$$

式中，V_{Depth}可以根据水面排水体积、压力和温度引起的排水体积变化量得到。

6. “潜龙一号”自主水下机器人深海浮力的变化

“潜龙一号”自主水下机器人于2013年4月20日至5月2日在中国南海进行了海上试验，试验区域水深约为4200m，共进行了7次下潜试验。在海上试验取得令人满意的结果后，又在2013年10月的第29次大洋科考中进行了试验性应用，海域水深约为5200m，实际下潜最大深度为5080m，其有效性和可靠性得到了进一步的验证。

在两次海上试验过程中，以水下40m的密度为基准密度，试验人员对潜水器进行了配平。通过配平，当工作水深为4100m和5100m时，分别需要增加13.2kg和15.2kg铅块，此时水下工作浮力状态和水下40m时的浮力状态基本相同[20]。

参 考 文 献

[1] Teledyne Gavia. Autonomous Underwater Vehicle[EB/OL]. [2018-3-10]. http://www.teledynemarine.com/Lists/Downloads/Gavia_AUV_4_Page_Brochure_2017_PAGES_lo.pdf.

[2] 沈国鉴, 张晓桐, 刘泽民. 关于水滴型潜艇数学型线设计问题——用流线型回转体数学模型对经验设计的

逼近研究[J]. 舰船科学技术, 1987 (3): 11-19.

[3] 闫茹. 小型 AUV 壳体流线型优化设计方法研究[D]. 青岛: 中国海洋大学, 2014.

[4] Myring D F. A theoretical study of body drag in subcritical axisymmetric flow[J]. Aeronautical Quarterly, 1976, 27 (3): 186-194.

[5] 张洪彬, 徐会希, 陈仲, 等. 6000m 级探测型 AUV 优化设计与阻力分析[J]. 海洋技术学报, 2017, 36 (1): 47-51.

[6] de Sousa J V N, de Macêdo A R L, de Amorim Junior W F, et al. Numerical analysis of turbulent fluid flow and drag coefficient for optimizing the AUV hull design[J]. Open Journal of Fluid Dynamics, 2014, 4 (3): 263-277.

[7] 闻邦椿. 机械设计手册 (第一卷)[M]. 5 版. 北京: 机械工业出版社, 2010.

[8] Osse T J, Eriksen C C. The deepglider: A full ocean depth glider for oceanographic research[C]//Oceans, 2007: 1-12.

[9] Asakawa K, Takagawa S. New design method of ceramics pressure housings for deep ocean applications[C]//Oceans, 2009: 1-3.

[10] Osse T J, Lee T J. Composite pressure hulls for autonomous underwater vehicles[C]//Oceans, 2007: 1-14.

[11] Weston S, Stachiw J, Merewether R, et al. Alumina ceramic 3.6in flotation spheres for 11km ROV/AUV systems[C]//Oceans, 2005: 172-177.

[12] NAUTILUS Marine Service GmbH. Overview[EB/OL]. [2018-4-10]. https://www.vitrovex.com/overview-2.

[13] 施德培, 李长春. 潜水器结构强度[M]. 上海: 上海交通大学出版社, 1991.

[14] 蒋新松, 封锡盛, 王棣棠. 水下机器人[M]. 沈阳: 辽宁科学技术出版社, 2000: 292-392.

[15] Young W C, Budynas R G. Roark's Formulas for Stress and Strain[M]. 8th ed. New York: McGraw-Hill, 2003: 592-593, 683-684, 736-737.

[16] 中国船级社. 潜水系统和潜水器入级规范 (2018)[EB/OL]. [2018-11-28]. http://www.ccs.org.cn/ccswz/font/fontAction!article.do？articleId = 4028e3d666135c3901667564845100fe.

[17] Mcphail S, Furlong M, Huvenne V, et al. Autosub 6000: Results of its engineering trials and first science missions[C]//UUVS, 2008: 9.

[18] 中华人民共和国质量监督检验检疫总局, 中国国家标准化管理委员会. 液压气动用 O 形橡胶密封圈 沟槽尺寸：GB/T 3452.3—2005[S]. 北京：中国标准出版社，2005.

[19] 国防科学技术工业委员会. 楔环联接：GJB 819—1990[S]. 北京: 国防科学技术工业委员会, 1990.

[20] 武建国, 徐会希, 刘健, 等. 深海 AUV 下潜过程浮力变化研究[J]. 机器人, 2014, 36 (4): 455-460.

4 自主水下机器人能源与推进

能源是决定自主水下机器人在水下能否长时间持续工作的关键性因素。当前自主水下机器人大多采用的是蓄电池类的能源形式，但该类能源的能量密度不大，能源技术仍是自主水下机器人水下续航时间的瓶颈。不同任务的自主水下机器人的推进方式各不相同，推进方式与任务紧密联系。本章重点介绍自主水下机器人的能源和推进技术。

4.1 自主水下机器人能源

4.1.1 能源选择原则

自主水下机器人的能源主要是指驱动自主水下机器人各单元工作的电力源。除少数不用电力能源而用压载或抛载完成下潜和上浮动作之外，自主水下机器人都靠电力能源来推进和运动，实现通信、照明、操纵、运动控制和导航等。目前自主水下机器人多用蓄电池类化学式能源、热能或者核能类的物理式能源。而电力能源已成为自主水下机器人水下工作的主要能源，是确保其功能的基础。由于自主水下机器人工作在高压、低温以及工作介质本身（海水）是良导体等特殊环境下，所以其能源的产生和分配要比水面船舶或陆上用电设备复杂得多。选择不同类型自主水下机器人的电力源主要考虑以下几点：

（1）电力源总需求量；

（2）重量和体积；

（3）使用管理；

（4）维护和修理；

（5）成本。

1. 电力源总需求量

自主水下机器人对电力的总需求量取决于它的主要使命及水下航行或工作任务。水下机器人主要的用电设备是推进装置，其次是外部照明、任务载荷设备等，有时这部分的耗电量会超过推进装置，其中通信、声呐、监控仪表灯的用电要作为连续性耗电来考虑。通常还需留有约25%的备用电量。

为了确定自主水下机器人的用电总需求量，应在确定主要使命后，将总的使命分成若干阶段，分析在执行各阶段任务时可能有哪些电气设备投入使用。然后，估算出各种电气设备的工作时间，用工作时间乘以电气设备所需的功率，将每项功率相加并给予一定余量，从而得到自主水下机器人完成使命所需的总电量，以此作为能源选型的参考。

2. 重量和体积

由于自主水下机器人本身结构紧凑，外部是流线型，所以对电力系统的重量和尺寸都有严格的限制。为了减小自主水下机器人的重量和体积，增加其水下作业时间，通常要选用比能量（单位重量的能量）和能量密度（单位容积的能量）高的电力能源。在自主水下机器人设计过程中，重量太重会影响水下机器人的正浮力调节或整体的设计，体积太大又影响自主水下机器人其他设备的安装。

3. 使用管理

除有缆水下机器人外，自主水下机器人无论使用哪种能源，都有一定的寿命和连续工作时间，因此都存在更换能源和补充能源的问题。以电池为电源的供电系统，它们的再充电和周转时间是一个重要因素。有些电池的充电时间往往等于或超过工作时间，为了减少自主水下机器人的电源周转时间，可考虑每次作业后，用已经充好的电池组替换已用完的电池组。因此，在设计自主水卜机器人时，无论电池组是放在耐压壳内或放在耐压壳外，都要考虑使电池组的成组结构更好，以便于操作与更换。同时母船应设有电池充电设备或备有柴油发电机组进行充电。

4. 维护和修理

为了减小体积和重量，自主水下机器人用的电池，应保证不受海水和压力的破坏，即采用压力补偿办法，把电池放在密封的装有通气阀的箱内，而且电池箱内充满介电液体（通常是油），这些介电液体与压力补偿气囊相连，使油箱内的油压等于或稍大于外面海水压力；或把电池放在水下机器人耐压壳体内，电池处于干燥的大气压环境中，使电池不受海水及压力的损坏。因此，每次换装电池时，要仔细拆装密封油箱或耐压壳体，以保证密封的可靠性。同时要检查导线连接和绝缘的可靠性，电池间互连导线的路径也要规范，以防止短路。

各种电池的充放电以及存放，应按产品厂家有关说明操作，值得注意的是，有的电池在充放电过程中会放出氢气和氧气。当空气中含有4%的氢气时，遇到火花或火焰会引起爆炸，因此一般要避免氢气体积分数大于4%。为此，充电的区域应通风良好，装有电池的耐压壳体或油柜应装设“氢帽”，在氢帽内装有钯催化剂，可使排放出的氢气同周围的氧气合成水蒸气。有的电池在充放电过程中会有温升变化，散热不好或温升变化过快也会引起电池的爆裂，甚至发生爆炸等，因此一定要确保合理正确地使用电池组。

5. 成本

自主水下机器人的能源是确保其功能的基础，它的主要使命和水下作业时间决定了其总能量需求。在满足总能量需求的条件下，采用何种能源以及能源的成本是最需要关注的两个重要因素。自主水下机器人多用蓄电池，少数采用核动力、燃料电池、柴油机等。由于能量密度直接影响自主水下机器人的重量和结构，所以选用能源不能只考虑其成本，还应考虑其对自主水下机器人总造价的影响。

自主水下机器人目前大多使用电池作为能源。电池是化学式电源，是通过在电介质中的正负电极间电子的流动产生电能的。电池经过一段时间的使用，从阳极到阴极的电子流（放电）会减弱，必须通过充电，使电子反向流动，将电池恢复到其额定的电流强度。通常把可以多次充电的电池称为二次电池，而把不能充电的电池称为一次电池。

锂离子电池有很高的能量密度，在电池周期内任意一点均可充电，没有电池记忆问题。随着技术的发展，其成本将不断下降。定制的锂离子电池如果充电和放电不正确，会引起爆炸和火灾蔓延。因此，需要为自主水下机器人设计一个定制的锂离子电池系统。如果采购一个现货供应的电池系统，则选择带有综合监视电路的电池系统是非常重要的，它能防止过充电和由放电引起的爆炸及工作停止。有些电池电路可以将电压和其他电池信息传输给自主水下机器人的控制计算机，该信息可用于监视电池的健康状态和负荷状态。锂离子电池可靠、价格适中、安全，目前已经在无人机、水下机器人中广泛使用。

聚合物锂离子电池的充放电行为很像锂离子电池，但能量密度比锂离子电池高约20%。聚合物锂离子电池使用一个类似于聚丙烯腈的固态聚合物代替锂离子内的有机化合物。这些电池很难燃烧且可以根据特殊应用成型。单个电池的电压范围为 2～4V，因此需要电池组合以提供高系统电压。

镍金属氢化物电池便宜、安全，但是其能量密度比锂离子电池低 30%，而且镍金属氢化物电池有一些记忆效应。镍镉电池除了在充电前应完全放电外，与镍金属氢化物电池有相似的属性。镍镉电池的主要优势在于可用性好，可以有大的放电率，适合为电机供电。

锂亚硫酰氯（$Li/SOCl_2$）电池是比能量较高的一种一次电池，比能量可达 590W·h/kg，这一高的比能量值是由其大容量、低放电率型大尺寸电池提供的。$Li/SOCl_2$ 电池被制作成各种各样的尺寸和结构，容量范围从低至 400mA·h 的圆柱形碳包式和卷绕式电极结构电池，到高达 10 000A·h 的方形电池，还有许多可满足特殊要求的特殊尺寸和结构的电池。随着科技的进步、加工制造生产工艺的提高，目前 $Li/SOCl_2$ 电池已经在自主水下机器人上广泛使用，如“潜龙”系列自主水下机器人。

自主水下机器人能源系统应体积小、重量轻、能量密度高、安全可靠和成本低等。早期自主水下机器人能源系统多采用铅酸电池和银锌电池。20 世纪 90 年代后，可充电的锂离子电池得到广泛应用，新型能源、绿色能源的兴起，为水下机器人能源系统提供了更多选择[1, 2]。

4.1.2 能源种类

自主水下机器人的能源种类繁多，随着科技的进步，新兴能源的崛起，越来越多不同种类的能源可供选用，包括化学能转换成电能的装置即化学电池，热能转换成电能的综合热动力装置或热力机，还有燃料电池、太阳能电池（光伏电池）以及核能源装置等。以下针对自主水下机器人常用的或可选择使用的能源进行概述。

将化学能直接转换为电能的装置，一般简称为电池，其主要组成部分是电解质溶液，以及浸在溶液中的正、负电极和连接电极的导线。电池依据能否充电复原，分为一次电池（原电池）和二次电池（可充电电池或蓄电池）两种。

电池按工作性质可分为一次电池、二次电池、铅酸蓄电池和燃料电池。其中，一次电池可分为糊式锌锰电池、纸板锌锰电池、碱性锌锰电池、扣式银锌电池、扣式锂锰电池、扣式锌锰电池、锌空气电池、一次锂锰电池等。二次电池可分为镉镍电池、氢镍电池、锂离子电池、锌锰电池等。铅酸蓄电池可分为开口式铅酸蓄电池、全密闭铅酸蓄电池。

二次电池可充电重复使用，也称为蓄电池，是将化学能直接转换成电能的一种装置，是按可再充电设计的电池，通过可逆的化学反应实现再充电即存储化学能量，必要时放出电能的一种电气化学设备。所以，二次电池存储能量，而不是产生能量。

另外一种不可充电电池或原电池又称一次电池，从电池单向化学反应中产生电能，放电时导致电池化学成分永久和不可逆的改变。

1. 铅酸蓄电池

1859 年，法国普兰特（Plante）发明铅酸蓄电池，其由正极板、负极板、电解液、隔板、容器（电池槽）5 个基本部分组成。铅酸蓄电池用 PbO_2 作正极活性物质，铅作负极活性物质，硫酸作电解液，微孔橡胶、烧结式聚氯乙烯、玻璃纤维、聚丙烯等作隔板。我们使用的铅酸蓄电池是用硬橡胶或透明塑料制成长方形外壳，用含锑 5%～8%的铅锑合金铸成隔板，在正极板上附着一层 PbO_2，负极板上附着海绵状金属铅，两极均浸在一定浓度的硫酸溶液（密度为 1.25～1.28g/cm^3）中，且两极间用微孔橡胶或微孔塑料隔开。铅酸蓄电池的电压正常情况下保持在 2V，当电压下降到 1.85V，即当放电进行到硫酸浓度降低、溶液密度达 1.18g/cm^3 时，停止放电，需要对蓄电池充电；当溶液密度增加至 1.28g/cm^3 时，应停止充电。由于铅酸蓄电池的性能良好，价格低廉，目前汽车上使用的电池有很多是铅酸蓄电池。早期和近期的自主水下机器人设备中一直使用这类铅酸蓄电池，尤其在调试阶段。由于铅酸蓄电池的电压稳定，使用方便、安全、可靠，又可以循环使用，所以广泛应用于国防、科研、交通、生产和生活中。这种电池的缺点是比较笨重，比能量不高，处理不当会严重污染环境。

2. 银锌电池

银锌电池一般用不锈钢制成小圆盒形，圆盒由正极壳和负极壳组成，形似纽扣（俗称纽扣电池）。盒内正极壳端填充由氧化银和石墨组成的正极活性材料，负极壳端填充锌汞合金组成的负极活性材料，电解质溶液为 KOH 浓溶液。电池的电压一般为 1.59V，使用寿命较长，电极反应式如下。

负极：

$$Zn + 2OH^- - 2e^- = ZnO + H_2O$$

正极：

$$Ag_2O + H_2O + 2e^- = 2Ag + 2OH^-$$

电池的总反应式：

$$Ag_2O + Zn = 2Ag + ZnO$$

银锌电池的主要特点是：容量高，放电电压高，获得单位电量所消耗的活性物质少，极板利用率高，导电零件和容器的重量轻，自放电小，无有害气体逸出，具有比较稳定的放电电压。

银锌电池的缺点是：在循环工作中使用期短，操作可靠性差，充气的电流密度小，注入电解液后保存时间短，并且必须是优质电解液。当充电时，正极板孔隙中的氧化锌电解液会形成锌的树状晶体，损害负极板的板栅，造成正极板孔隙短时间的闭合，而且形成的树状晶体不能进行可逆反应，所以充电时必须仔细观察，以避免产生树状晶体。

20世纪80年代至今，美国"AUSS""NMRS""Odyssey""金枪鱼"系列，俄罗斯的"MT-88"，加拿大的"Theseus"，韩国的"OKPL-6000"等自主水下机器人均采用了银锌电池。

3. 镍镉电池

镍镉电池可重复500次以上的充放电，经济耐用。其内阻很小，可快速充电，又可为负载提供大电流，且放电时电压变化很小，是一种非常理想的直流供电电池。与其他类型的电池相比，镍镉电池可耐过充电或过放电。镍镉电池的放电电压根据其放电装置有所差异，每个单元单体电池电压大约是1.2V，电池容量单位为A·h（安·时）、mA·h（毫安·时），放电终止电压的极限值称为"放电终止电压"，镍镉电池的放电终止电压为1/cell（cell为每一单元电池，1C）。自放电率低，镍镉电池在长时间放置的情况下，特性也不会劣化，充分充电后可完全恢复原来的特性，并可在–20～60℃的温度范围内使用。单元电池采用金属容器，坚固耐用；采用完全密封的方式，不会出现电解液泄漏现象，故无须补充电解液。

镍镉电池最致命的缺点是：在充放电过程中如果处理不当，会出现严重的"记忆效应"，使得使用寿命大大缩短。"记忆效应"就是在充电前，电池的电量没有被完全放尽，久而久之将会引起电池容量的降低。在电池充放电过程中（放电较为明显），会在电池极板上产生小气泡，日积月累这些气泡会减小电池极板的面积，也间接影响电池的容量。当然，可以通过掌握合理的充放电方法来减轻"记忆效应"。此外，镉是有毒的，因而镍镉电池不利于生态环境的保护。

镍镉电池的包装分为零售用的正极凸头包装和组装用的正极平头包装两种，在容量上没有差异。其充电回路也和下面所介绍的镍氢电池类似，采用1.6倍电压充电。通常镍镉电池的充电次数为300～800次，在充放电达500次后电容量会下降至原来的80%左右。镍镉电池的记忆效应比镍氢电池严重，因此应在完全没电时再充电，以确保其使用寿命。

4. 镍氢电池

镍氢电池由氢离子和金属镍合成，电量储备比镍镉电池高30%，重量比镍镉电池更小，使用寿命也更长，并且对环境无污染。镍氢电池的缺点是价格比镍镉电池高很多，性能比锂电池差。

镍氢电池是20世纪90年代发展起来的一种新型绿色电池，具有高能量、长寿命、无污染等特点，因而成为世界各国竞相发展的高科技产品之一。

镍氢电池的诞生应该归功于储氢合金的发现。早在20世纪60年代末，人们就发现了一种新型功能材料——储氢合金，储氢合金在一定的温度和压力条件下可吸收大量的氢，因此被人们形象地称为“吸氢海绵”。其中有些储氢合金可以在强碱性电解质溶液中反复充放电并长期稳定存在，为人们提供了一种新型负极材料，在此基础上，人们发明了镍氢电池。

镍氢电池中的储氢合金实际上是金属互化物。许多种类的金属互化物都已被运用在镍氢电池的制造上，它们主要分为两大类。最常见的是AB5一类，A是稀土元素的混合物再加上钛（Ti），B则是镍（Ni）、钴（Co）、锰（Mn），还有铝（Al）。而一些高容量电池“含多种成分”的电极则主要由AB2构成，这里的A是钛（Ti）或者钒（V），B则是锆（Zr）或镍（Ni），再加上一些铬（Cr）、钴（Co）、铁（Fe）和锰（Mn）。所有这些化合物扮演的都是相同的角色：可逆地形成金属氢化物。电池充电时，氢氧化钾（KOH）电解液中的氢离子（H^+）会被释放出来，由这些化合物将它吸收，避免形成氢气（H_2），以保持电池内部的压力和体积。当电池放电时，这些氢离子便会经由相反的过程回到原来的地方。

储氢合金的主要来源是稀土，而我国稀土资源储量占世界稀土资源总储量的70%以上，发展镍氢电池具有得天独厚的优势。因此，我国镍氢电池的研制与开发，受到国家863计划的大力支持，被列为“重中之重”的项目。在国家863计划“镍氢电池产业化”项目的推动下，我国的镍氢电池及相关材料产业实现了从无到有。目前也有自主水下机器人设备在使用这种电池。

5. 锂电池

锂电池是一类由锂金属或锂合金为负极材料、使用非水电解质溶液的电池。锂电池最早由G. N. Lewis于1912年提出并研究。锂金属的化学特性非常活泼，使得锂金属的加工、保存、使用对环境要求非常高，所以锂电池长期没有得到应用。随着科学技术的发展，现在锂电池已经成为主流。

锂电池大致可分为两类：锂离子电池和锂金属电池。20世纪70年代时，M. S. Whittingham提出并开始研究锂离子电池。锂离子电池不含有金属态的锂，并且是可以充电的。锂金属电池在1996年诞生，其一般使用二氧化锰作为正极材料，金属锂或其合金为负极材料，使用非水电解质溶液。其安全性、比容量、自放电率和性能价格比均优于锂离子电池。由于其自身的高技术要求限制，现在只有少数几个国家在生产锂金属电池。

6. 锂离子电池

锂离子电池主要依靠锂离子在正极和负极之间移动来工作。在充放电过程中，锂离子在两个电极之间往返嵌入和脱嵌：充电时，锂离子从正极脱嵌，经过电解质嵌入负极，负极处于富锂状态；放电时则相反。锂离子电池一般采用含有锂元素的材料作为电极，是现代高性能电池的代表。

锂离子电池以碳素材料为负极，以含锂的化合物为正极，没有金属锂存在，只有锂离子。锂离子电池是以锂离子嵌入化合物为正极材料电池的总称。

当对电池进行充电时，电池的正极上有锂离子生成，生成的锂离子经过电解液运动到负极。而作为负极的碳呈层状结构，它有很多微孔，到达负极的锂离子就嵌入碳层的微孔中，嵌入的锂离子越多，充电容量越高。同样，当对电池进行放电时（即使用电池的过程），嵌在负极碳层中的锂离子脱出，又运动回正极。回正极的锂离子越多，放电量越高。

锂离子电池化学反应原理虽然很简单，然而在实际的工业生产中，需要考虑的实际问题很多：正极材料需要添加剂来保持多次充放电的活性，负极材料需要在分子结构级设计以容纳更多的锂离子；填充在正负极之间的电解液，除了保持稳定，还需要具有良好的导电性，以减小电池内阻。

锂离子电池虽然几乎没有记忆效应，但是在多次充放后容量仍然会下降，其主要原因是正负极材料本身的变化。从分子层面来看，正负极上容纳锂离子的空穴结构会逐渐塌陷、堵塞；从化学角度来看，正负极材料活性钝化，出现副反应生成稳定的其他化合物；物理上还会出现正极材料逐渐剥落等情况。总之，以上因素最终减少了充放电过程中可以自由移动的锂离子的数目。

过度充电和过度放电，将对锂离子电池的正负极造成永久的损坏，从分子层面看，可以直观地理解，过度放电将导致负极碳过度释出锂离子而使得其层状结构出现塌陷，过度充电会把过多的锂离子硬塞进负极碳结构中，而使得其中一些锂离子再也无法释放出来。这也是锂离子电池通常配有充放电控制电路的原因。

对于锂离子电池安全性能的考核指标，国际上规定了非常严格的标准，一只合格的锂离子电池在安全性能上应该满足以下条件。

（1）短路：不起火，不爆炸。

（2）过充电：不起火，不爆炸。

（3）热箱试验：不起火，不爆炸（150℃恒温 10min）。

（4）针刺：不爆炸（用ϕ3mm 钉穿透电池）。

（5）平板冲击：不起火，不爆炸（10kg 重物自 1m 高处砸向电池）。

（6）焚烧：不爆炸（煤气火焰烧烤电池）。

锂离子电池的优点如下。

（1）电压高：单体电池的工作电压高达 3.7～3.8V（磷酸铁锂电池的电压是 3.2V），是镍镉电池、镍氢电池的 3 倍。

（2）比能量大：能达到的实际比能量为 555W·h/kg 左右，即材料能达到 150mA·h/g 以上的比容量（是镍镉电池的 3～4 倍，镍氢电池的 2～3 倍），已接近于其理论值的约 88%。

（3）循环寿命长：一般均可达到充放电 500 次以上，甚至 1000 次以上，磷酸铁锂电池的充放电次数可以达到 2000 次以上。对于小电流放电的电器，电池的使用期限可以使电器的竞争力倍增。

（4）安全性能好：无公害，无记忆效应；锂离子电池中不含镉、铅、汞等对环境有污染的元素；部分工艺（如烧结式）的镍镉电池存在的一大弊病，即“记忆效应”，会严重束缚电池的使用，但锂离子电池不存在这方面的问题。

（5）自放电小：室温下充满电的锂离子电池存储 1 个月后的自放电率为 2% 左右，大大低于镍镉电池的 25%～30%、镍氢电池的 30%～35%。

（6）快速充电：1C 充电 30min 容量可以达到标称容量的 80%以上，磷酸铁锂电池充电 10min 可以达到标称容量的 90%。

（7）工作温度：工作温度为–20～60℃，随着电解液和正极的改进，期望能拓宽到–40～70℃。

锂离子电池的缺点如下。

（1）衰退：与其他充电电池不同，锂离子电池的容量会缓慢衰退，这与使用次数有关，也与温度有关。这种衰退现象可以用容量减小表示，也可以用内阻升高表示，由于与温度有关，在工作电流高的电子产品体现更明显。用钛酸锂取代石墨可以延长锂离子电池的使用寿命。存储温度与容量永久损失速度的关系如表 4.1 所示。

表 4.1　存储温度与容量永久损失速度的关系

充电电量	存储温度 0℃	存储温度 25℃	存储温度 40℃	存储温度 60℃
40%～60%	2%/年	4%/年	15%/年	25%/年
100%	6%/年	20%/年	35%/年	80%/6 月

（2）回收率：大约有 1%的出厂新品因各种原因需要回收。

（3）不耐受过充：过充电时，过量嵌入的锂离子会永久固定于晶格中，无法再释放，缩短电池使用寿命。

（4）不耐受过放：过放电时，电极脱嵌过多锂离子，会导致晶格坍塌，从而缩短其使用寿命。

锂离子电池容易与下面两种电池混淆：

（1）锂金属电池，其以金属锂为负极。

（2）聚合物锂离子电池，其用聚合物或者全固态电解质来凝胶化液态有机溶剂，而锂离子电池一般以石墨类碳材料为负极。

表 4.2 列举了一些常用的锂离子电池的主要参数。

表 4.2　常用的锂离子电池的主要参数

序号	按化学成分分类	正极	电解液	负极	标称电压	备注
1	锂-氟化石墨电池	氟化石墨（一种氟化碳）	非水系有机电解液	锂	3.0V	
2	锂-二氧化锰电池	热处理过的二氧化锰	高氯酸锂非水系有机电解液	锂	3.0V	最常见的一次性 3V 锂离子电池，常简称锂锰电池
3	磷酸铁锂电池	磷酸铁锂	非水系有机电解液	碳（石墨）	3.2V	
4	锂-亚硫酰氯电池	亚硫酰氯	四氯铝化锂非水系有机电解液	锂	3.6V 或 3.5V	
5	锂-硫化铁电池	硫化铁	非水系有机电解液	锂	1.5V	可用来替代一般 1.5V 碱性电池，常简称锂铁电池
6	锂-氧化铜电池	氧化铜	非水系有机电解液	锂	1.5V	

通常，自主水下机器人的电池装在一个耐压舱里密封。但是随着设计深度的增加，耐压舱结构的重量相应增加，制造一个基于耐压锂离子的电池，对于深潜自主水下机器人是一个极具吸引力的方案。20 世纪 90 年代，挪威对单体电池进行了试验，完成了耐压电池制造和安全性能测试。第一批电池在 2003 年秋季生产，2004 年春季用于“HUGIN 1000”试验。该电池由 1～3 个 6kW·h 的电池模块组成，每个模块电压为 48V，容量为 120A·h。电池外壳内部用油来填充，以补偿外部海水压力。另外，美国的“REMUS 100”和远期水雷侦察系统、法国的“Alister 3000”、日本的“URASHIMA”都采用了锂离子电池。

7. 聚合物锂离子电池

根据锂离子电池所用电解质材料不同，锂离子电池可以分为液态锂离子电池（liquefied lithium-ion battery，LIB）和聚合物锂离子电池（polymer lithium-ion battery，PLB）两大类。聚合物锂离子电池所用的正负极材料与液态锂离子都是相同的，电池的工作原理也基本一致。它们的主要区别在于电解液的不同，液态锂离子电池使用的是液体电解液，而聚合物锂离子电池则以胶态聚合物电解液来代替。

聚合物锂离子电池，又称高分子锂电池，也是锂离子电池的一种，但是与液态锂离子电池相比，其具有能量密度高、更小型化、超薄化、轻量化以及高安全性等多种明显优势，是一种新型电池。在形状上，聚合物锂离子电池具有超薄化特征，可以配合各种产品的需要，制作成任何形状与容量的电池。该类电池可以达到的最小厚度为0.5mm，它的标称电压与锂离子电池一样，也是3.7V，没有记忆效应。

液态锂离子电池在过充、短路等情况发生时，电池内部可能出现升温、正极材料分解、负极和电解液材料氧化等现象，进而导致气体膨胀和电池内压加大，当压力达到一定程度后就可能出现爆炸。而聚合物锂离子电池因为使用了胶态电解质，不会因为液体沸腾而产生大量气体，从而杜绝了剧烈爆炸的可能。

目前，国内的聚合物锂离子电池多数仅仅是软包电池，采用铝塑膜作为外壳，但电解液并没有改变。这种电池同样可以薄型化，其低温放电特性比液态锂离子电池更好，而材料能量密度与液态锂离子电池、普通聚合物电池基本一致，但由于其使用了铝塑膜，比普通液态锂离子电池更轻。安全方面，当液体刚沸腾时软包电池的铝塑膜会自然鼓包或破裂，但不会爆炸。需要注意的是，聚合物锂离子电池依然可能燃烧或膨胀裂开，安全方面并非万无一失，其低温放电性能还有提升的空间。

2000年以后，挪威的“HUGIN 1000”和德国的“海獭MK2”等自主水下机器人设备都采用了聚合物锂离子电池作为能源。国内，中国科学院沈阳自动化研究所在2008年也首次将这种聚合物锂离子电池应用于自主水下机器人能源系统。

8. 燃料电池

燃料电池是指利用燃料（如氢气或含氢燃料）和氧化剂（如纯氧或空气中的氧）直接连接发电的装置，它具有效率高、电化学反应转换效率可达40%以上、无污染气体排出等特点。

燃料电池是一种化学电池，它直接将物质发生化学反应时释出的能量转换为电能。从这一点看，它和其他化学电池如锌锰干电池、铅酸蓄电池等是类似的。但是，燃料电池工作时需要连续能源供给——燃料和氧化剂，这又和其他普通化学电池不一样。

具体地，燃料电池是利用水电解逆反应的“发电机”，由正极、负极和夹在正负极中间的电解质板组成。最初，电解质板是利用电解质渗入多孔的板而形成的，2013年发展为直接使用固体的电解质。

1）氢氧燃料电池

氢氧燃料电池是将氢和氧经过化学反应产生的热量转变成电能的装置，一般以氢气、碳、甲醇、硼氢化物、煤气或天然气为燃料并作为负极，用空气中的氧作为正极。燃料电池的活性物质（燃料和氧化剂）是在反应的同时源源不断地输入的，因此，燃料电池实际上只是一个能量转换装置，工作时向负极供给燃料（氢），向正极供给氧化剂（氧）。氢在负极分解成正离子（H^+）和电子（e^-）。氢离子进入电解液中，而电子则沿外部电路移向正极。用电的负载就接在外部电路中。在正极，氧同电解液中的氢离子吸收抵达正极上的电子形成水。这正是水的电解反应的逆过程，如图 4.1 所示。利用这个原理，燃料电池便可在工作时源源不断地向外部输电，所以也可称它为一种“发电机”。为维持电池的正常运转，必须持续供应氢和氧，及时排除反应产物（水）和废热。电池组由以下几部分组成：氢氧供给分系统、排水分系统、排热分系统、自动控制分系统等。氢氧燃料电池具有能量转换效率高、容量大、比能量高、功率范围广、不用充电等优点，但由于成本高，系统比较复杂，仅限于一些特殊用途，如飞船、潜艇、灯塔和浮标等方面。自主水下机器人使用的氢氧燃料电池需要携带液氧和液态氢或金属氢化物，并要考虑电池反应物水的存储和废热的排放等问题。国际燃料电池公司开发的质子交换膜推进系统就以液态氢和液态氧为燃料。

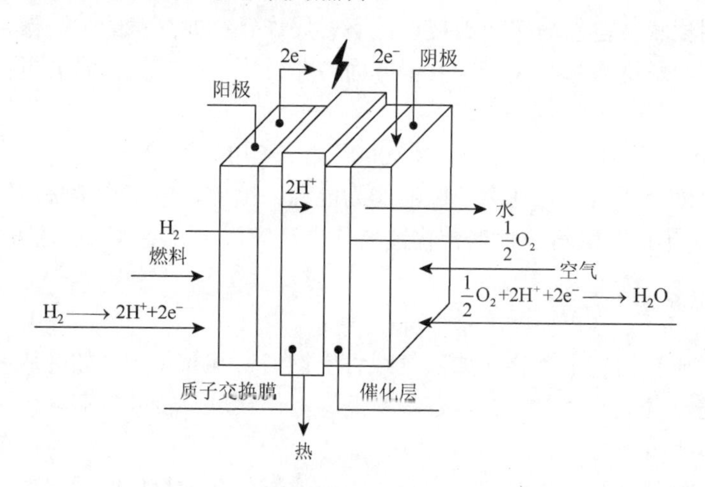

图 4.1　氢氧燃料电池工作原理示意图[1]

2）磷酸燃料电池

磷酸燃料电池（phosphoric acid fuel cell，PAFC）是当前商业化发展得最快的一种燃料电池。正如其名字所示，这种电池使用液体磷酸作为电解质，通常位于碳化硅基质中。磷酸燃料电池的工作温度要比氢氧燃料电池的工作温度略高，为150～200℃，但仍需电极上的白金催化剂来加速反应。其阳极和阴极上的反应与氢氧燃料电池相同，但由于其工作温度较高，所以其阴极上的反应速度要比氢氧燃料电池阴极上的反应速度快。

磷酸燃料电池的能量转换效率比其他燃料电池低约为40%，其加热的时间也比氢氧燃料电池长。虽然磷酸燃料电池具有上述缺点，但是也拥有许多优点，如构造简单、稳定、电解质挥发度低等。磷酸燃料电池可用作公共汽车的动力，而且有许多这样的系统正在运行。在过去的20多年中，大量的研究使得磷酸燃料电池有固定的应用，且已有许多发电能力为0.2～20MW的工作装置安装在世界各地，为医院、学校和小型电站提供动力。

3）铝氧燃料电池

铝氧燃料电池采用铝阳极为燃料，不需要存储和产生氢，以外部氧化剂（氧）为反应剂，氢氧化钾为电解液。铝氧燃料电池安全性好，使用寿命长，具有比氢氧燃料电池更高的能量密度。水下机器人使用铝氧燃料电池，有两种提供氧化物的方式：一种是来自可分解成过氧化氢的压缩空气；另一种是低温液态氧燃料舱。铝氧燃料电池的使用需要电解液管理系统。

挪威于20世纪90年代开展铝氧燃料电池在自主水下机器人上的应用研究。该电池工作在耐压船体之外的海水压力环境下，超过3000m的海水深度，使用铝氧燃料电池的潜水器续航时间在2～3天。“HUGIN 3000”自主水下机器人总能量为45kW·h，续航时间为60h；“HUGIN 4500”自主水下机器人总能量为60W·h，续航时间为80h。

9. 物理电池

化学电池会严重污染环境，而物理电池利用直流电动机有电时可作为电动机，无电时让电动机旋转可变成发电机这一原理设计而成，无污染、无废弃物；充电时用电动机转动的能量带动发条转动产生机械能，用电时再用发条带动电动机旋转发电，将机械能转换为电能，在无电的地方也可用手拧充电，可为多种用电器如应急灯、手机、摄像机、汽车蓄电池等供电。

物理电池依靠风能、水能、潮汐能、热能等发电，不需要进行内部化学反应，也就是说，内部是不牵扯元素反应的，不会生成新物质，也不会消耗原物质，只是依靠物质本身所产生的能量产生电能。目前国内外已经开始研究利用温差变化的热能、潮汐能、风能等为自主水下机器人提供能源或为自主水下机器人自身携带的电池进行充电等。

10. 太阳能电池

太阳能电池又称“太阳能芯片”或“光电池”，是一种利用太阳光直接发电的光电半导体薄片。它只要被满足一定照度条件的光照到，瞬间就可输出电压并在有回路的情况下产生电流。太阳能电池在物理学上称为太阳能光伏（photo voltaic，PV）电池，简称光伏电池。

太阳能电池是通过光电效应或者光化学效应直接把光能转换成电能的装置，以光电效应工作的薄膜式太阳能电池为主流，以光化学效应工作的太阳能电池还处于萌芽阶段。

太阳光照在半导体 PN 结上，形成新的空穴-电子对，在 PN 结内建电场的作用下，光生空穴流向 P 区，光生电子流向 N 区，接通电路后就产生电流。这就是光电效应太阳能电池的工作原理。

太阳能发电有两种方式，一种是光—热—电转换方式，另一种是光—电直接转换方式。

太阳能电池主要以半导体材料为基础，其工作原理是利用光电材料吸收光能后发生光电子转换反应，根据所用材料的不同，太阳能电池可分为：①硅太阳能电池；②以无机盐如砷化镓 III-V 化合物、硫化镉、铜铟硒等多元化合物为材料的电池；③功能高分子材料制备的太阳能电池；④纳米晶太阳能电池等。

11. 海水电池

海水电池是以铝、空气、海水为能源的新型电池，它是一种无污染、长效、稳定可靠的电源。海水电池以铝合金为电池负极，金属（Pt、Fe）网为正极，用海水作为电解质溶液，靠海水中的溶解氧与铝反应产生电能。海水电池本身不含电解质溶液和正极活性物质，不放入海水，铝极不会在空气中被氧化，可以长期存储。使用时，把电池放入海水中便可供电。电池设计使用周期可长达一年以上，避免了经常更换电池的麻烦。即使更换，也只是换一块铝板，铝板的大小可根据实际需要而定。海水电池没有怕压部件，在海水下任何深度都可以正常工作。但是，海水电池的比功率较低，在自主水下机器人上使用时很难获得大功率的电能输出。

1991 年，我国科学家首创以铝、空气、海水为材料组成的新型电池，用于航海标志灯电源。该电池以海水为电解质，靠海水中的氧气使铝不断氧化而产生电流。这种海水电池的能量比“干电池”高 20～50 倍。该新型电池用于航海标志灯已投入使用，只要把灯放入海水中数秒，就会发出耀眼的白光。

12. 微生物电池

微生物电池是一种利用微生物将有机物中的化学能直接转换成电能的装置。

燃料电池可以用氢、联氨、甲醇、甲醛、甲烷、乙烷等为燃料，以氧气、空气、双氧水等为氧化剂。可以利用微生物生命活动产生的“电极活性物质”作为电池燃料，然后通过类似于燃料电池的办法，把化学能转换成电能，制成微生物电池。

作为微生物电池电极活性物质的主要是氢、甲酸、氨等。例如，人们已经发现不少能够产氢的细菌，其中属于化能异养菌的有三十多种，它们能够发酵糖类、醇类、有机酸等有机物，吸收其中的化学能来满足自身生命活动的需要，同时把另一部分能量以氢气的形式释放出来。有了这种氢作燃料，就可以制造出氢氧型微生物电池。

早期就有将微生物发酵的产物作为电池燃料的研究，例如，1910 年，英国植物学家马克・比特首次发现了细菌的培养液能够产生电流，他用铂作为电极成功制造出世界上第一个微生物燃料电池。

20 世纪 60 年代，微生物发酵和产电过程合为一体；

20 世纪 80 年代，电子传递中间体广泛应用；

1984 年，美国制造出一种能在外太空使用的微生物电池，它的燃料为宇航员的尿液和活细菌，但放电率极低；

2002 年后，无须使用电子传递中间体；

2016 年，英国巴斯大学、伦敦大学玛丽皇后学院及布里斯托尔生物能源中心的研究人员共同推出了一款以尿液为燃料的微生物电池。

尽管微生物电池还处在试验研究阶段，但不久的将来，它将为人类提供更多的能源。

13. *核动力装置*

核聚变发电是目前正在研究中的重要技术，主要是把聚变燃料加热到 1 亿℃以上高温，让它产生核聚变，然后把核聚变释放的热能转换成电能。由于放射性物质的半衰期达数年或数十年，所以将核动力装置用于自主水下机器人能源系统，可不考虑燃料补给的问题，自主水下机器人的潜航时间可以“不受限制”。利用核聚变发电，装置小型化及高昂造价问题很难解决，所以核聚变发电目前在自主水下机器人中很难实际应用，其最终实现还需一定的时间[1, 3]。

4.1.3 锂电池成组应用

目前国内外水下机器人使用的锂电池成组设计应用较多。国外如美国的“REMUS 100”“REMUS 600”“REMUS 6000”“金枪鱼”系列，法国的“Alister 3000”，日本的“URASHIMA”等AUVs都采用了锂电池[4,5]。国内如“潜龙一号”“潜龙二号”以及“探索4500”等AUVs也都使用了锂电池。

锂亚硫酰氯电池（Li/$SOCl_2$）是锂离子电池重要的体系之一，其负极为金属锂片，正极为乙炔黑多孔碳电极，电解液为无水四氯铝酸锂（$LiAlCl_4$）的亚硫酰氯（$SOCl_2$）溶液，溶剂$SOCl_2$同时也是正极的活性物质。

锂亚硫酰氯电池体系具有比能量高、工作电压平稳、使用温度范围宽广和储存寿命长等优点，成为水中兵器动力能源的发展方向。

“潜龙一号”“潜龙二号”AUVs都采用了锂亚硫酰氯ER48660单体电池进行成组设计，该单体电池的主要性能参数如下。

开路电压：≥3.64V。

负载电压（电流）：≥3.2V（10A）。

终止电压：3V。

额定容量：30A·h（连续工作电流10A）。

额定放电电流：2A，最大5A。

质量：≤290g。

最大外形尺寸：ϕ48.5mm×67mm。

以“潜龙一号”AUVs为例，依据单体电池特性，其主电池组由10串9并共计90只单体电池组成。考虑到结构布置、装配要求和电池舱体的结构特点，电池模块分5个相同的单元，每个单元排列18只单体电池，累计90只单体电池，各单元之间采用串联方式连接，这样就组成了整个电池模块即一组电池组，每组质量不大于32kg，储存寿命为5年，并免维护，实际应用情况良好。

4.2 自主水下机器人推进

4.2.1 概述

水下机器人的推进方式多种多样，有普通的螺旋桨推进、泵喷式推进，还有采用浮力调节方式提供推进力，人们还模仿水中的动物发展了仿生推进方式。泵喷推进器主要由导管、定子、转子等组成[6]，如图4.2所示。

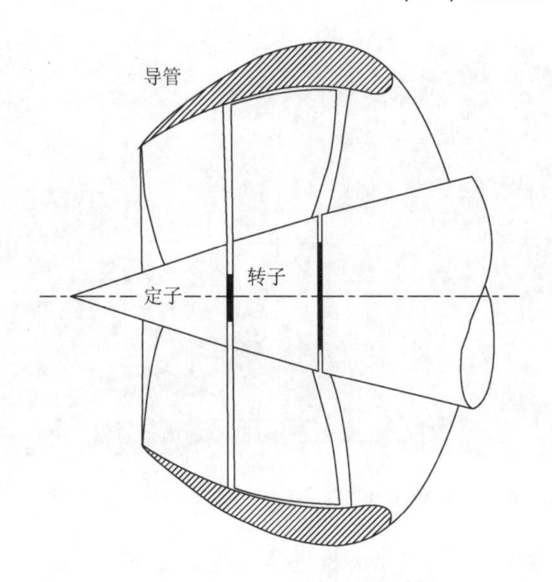

图 4.2 泵喷推进器结构图[6]

AUVs 推进器的布置多种多样，强调航速、航程的多采用单个主推进器，布置于潜水器艉部，与潜水器外形融合，便于降低阻力，提高推进效率。采用单个主推进器的 AUVs 如图 4.3 所示[7]。

图 4.3 美国“蓝鳍金枪鱼”AUVs 采用的三叶导管桨[7]

强调机动能力、实现悬停等操纵能力时，常采用多推进器、可旋转推进器等特殊布置，如图 4.4 所示[4]。

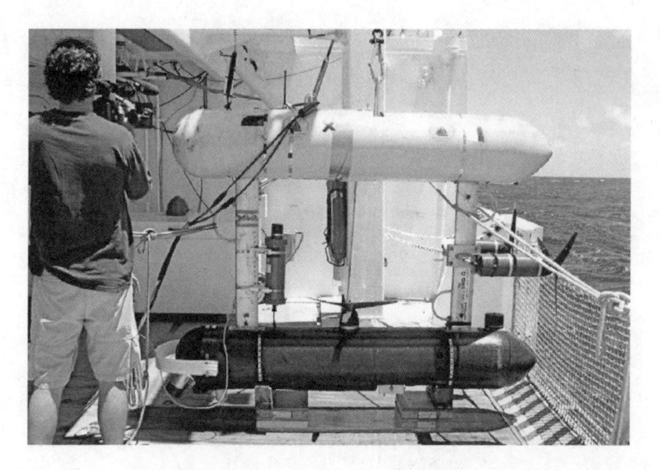

图 4.4　美国 WHOI“SeaBED”AUVs 采用三个三叶桨[4]

“潜龙一号”AUVs 采用四个艉推进器、两个槽道推进器，可实现三维坐标下五个自由度的连续运动控制，具有定向、定深、定高、垂向移动、横向移动等功能，如图 4.5 所示。“潜龙二号”AUVs 水平面采用四个可旋转推进器，另外艏部布置一水平槽道螺旋桨，也具有定向、定深、定高、垂向移动、横向移动等功能。当水平航行时，四个可旋转推进器处于水平位置，当需要悬停、上浮、下潜时将推进器旋转至垂直位置。“潜龙二号”AUVs 采用的推进布置方式具有更强的机动和操纵能力，更适合深海热液区海山地形。

图 4.5　“潜龙一号”AUVs 采用多个三叶桨

4.2.2　推进系统

1. 推进器

AUVs 在水中航行时承受阻力，阻力大小与 AUVs 的尺度、形状及航行速度有关。为了使 AUVs 能保持一定的速度向前航行，必须提供一定的推力，以克服其所承受的阻力。AUVs 为了获得推力必须消耗一定的能源，而将能源转换为AUVs 所需推力的机构称为推进器。一般把主机即电机包含在内构成 AUVs 的推进系统。

推进系统是 AUVs 的重要组成部分，主要包括电机、驱动器、传送装置、螺旋桨等。推进系统的效率对 AUVs 的能源核算至关重要，是体现 AUVs 性能的重要装置。

2. 推进器效率

设 AUVs 以速度 V 前进时，主机的转速为 n，发出的功率为 P_S，主机带动螺旋桨发出的推力为 T，克服 AUVs 在航速 V 时所承受的阻力为 R。在这一平衡系统中，功率的传递及各种效率成分可分析如下。

1）主机功率与效率

电机运行时，内部总有一定的功率损耗，这些损耗包括绕组上的铜（或铝）损耗、铁心上的铁损耗以及各种机械损耗等。因此，输入功率等于损耗功率与输出功率之和，也就是说，输出功率小于输入功率。

电机从电源吸收的有功功率称为电机的输入功率，一般用 P_1 表示；电机转轴上输出的机械功率称为输出功率，一般用 P_S 表示。电机输出功率与电机输入功率的比值称为电机效率，并以 η_J 表示，见式（4.1）。在额定负载下，P_S 就是额定功率 P_N。

$$\eta_J = P_S / P_1 \tag{4.1}$$

2）传送效率

推进 AUVs 所需的功率由主机供给，主机发出的功率经过减速装置、推力轴承及主轴等传送至螺旋桨，在主轴尾端与螺旋桨连接处所得功率称为螺旋桨的收到功率，以 P_D 表示，由于轴系的摩擦损耗等，螺旋桨的收到功率总是小于机械功率，两者之比称为传送效率或轴系效率，以 η_S 表示，即

$$\eta_S = P_D / P_S \tag{4.2}$$

若主机直接带动螺旋桨，则螺旋桨的转速也为 n。在有减速装置的情况下，螺旋桨的转速 $n_T = jn$，j 为齿轮箱的减速比。此时应考虑减速装置的效率 η_G，故螺旋桨实际的收到功率为

$$P_D = \eta_S \eta_G P_S \tag{4.3}$$

式中，η_S、η_G 纯粹是机械性的传送效率，与 AUVs 及螺旋桨的水动力性能无关。

螺旋桨的收到功率为 P_D，而最后克服 AUVs 阻力的功率是有效功率 P_E。由于螺旋桨本身在操作时有一定的能量损耗，且 AUVs 与螺旋桨之间相互影响，所以有效功率总是小于螺旋桨的收到功率，两者之比称为螺旋桨敞水效率，并以 η_0 表示，即

$$\eta_0 = P_E / P_D \tag{4.4}$$

3）有效功率

设 AUVs 以匀速直线运动（速度为 V）时承受的阻力为 R，为了使 AUVs 维持此运动，必须对 AUVs 供给有效推力 T。对于自航 AUVs，有效推力 T 与 AUVs 所承受的阻力 R 大小相等，方向相反，即

$$T = R \tag{4.5}$$

则阻力 R 在单位时间内所消耗的功为 RV，而有效推力 T 在单位时间内所做的功为 TV，两者在数值上是相等的，故 TV（或 RV）称为有效功率 P_E，表示螺旋桨所产生的实际有效功率。

4）推进系统总效率

综上所述，各个功率和效率成分组成了推进系统的总效率 η，可以把推进系统总效率 η 表示为

$$\eta = \frac{P_E}{P_1} = \frac{P_S}{P_1}\frac{P_D}{P_S}\frac{P_E}{P_D} = \eta_J \eta_S \eta_0 \tag{4.6}$$

注：若有减速机系统时还要考虑减速装置的效率 η_G。

实际螺旋桨是在 AUVs 后工作的，螺旋桨与 AUVs 成为一个系统，两者之间必然存在相互作用。在实际工程应用中，如果要求不高，可以不考虑螺旋桨与 AUVs 之间的相互作用，直接使用螺旋桨的敞水效率即可。然而，对于较为精细的计算，需要考虑两者之间的相互作用。下面分析螺旋桨与 AUVs 之间的相互作用对推进系统总效率的影响。

3. 螺旋桨与 AUVs 之间的作用

1）伴流分数

AUVs 在水中以某一速度 V 向前航行时，附近的水受到 AUVs 的影响而产生运动，其表现为 AUVs 周围伴随着一股水流，这股水流称为伴流或迹流。由于伴流的存在，螺旋桨与其附近水流相对速度和潜水器速度不同，桨盘处伴流的平均轴向速度为 u，则螺旋桨与该处水流的相对速度（即进速）$V_A = V - u$。伴流的大小通常用伴流速度 u 对船速 V 的比值 ω 来表示，ω 称为伴流分数，即

$$\omega = \frac{u}{V} = 1 - \frac{V_A}{V} \tag{4.7}$$

2）伴流不均匀性

AUVs 后伴流的速度场是很复杂的，它在螺旋桨盘面各点处的大小和方向是不同的，伴流的轴向速度在盘面上的分布也是不均匀的，因此以平均伴流来估计潜水器后螺旋桨的速度场是近似的。如果把同一螺旋桨分别在敞水中和 AUVs 后进行试验，在转速和进速相同时，两者的推力和转矩是不同的。如以带下标“0”

者表示敞水中测得的数值，带下标“B”者表示 AUVs 后相应的数值，则：$i_1 = \dfrac{T_B}{T_0}$ 为伴流不均匀性对推力的影响系数；$i_2 = \dfrac{Q_B}{Q_0}$ 为伴流不均匀性对转矩的影响系数；$i = \dfrac{i_1}{i_2}$ 为伴流不均匀性对效率的影响系数，表示在同一进速系数下敞水螺旋桨效率 η_0 和 AUVs 后螺旋桨效率 η_B 之间的关系，即

$$\frac{\eta_B}{\eta_0} = \frac{T_B V_A / (2\pi n Q_B)}{T_0 V_A / (2\pi n Q_0)} = \frac{T_B}{T_0}\frac{Q_0}{Q_B} = \frac{i_1}{i_2} \tag{4.8}$$

$$\eta_B = \eta_0 \frac{i_1}{i_2} \tag{4.9}$$

目前广为采用的是以等推力法来确定实效伴流，故 $T_0 = T_B$，而 $Q_0 \neq Q_B$。

$$\eta_B = \eta_0 \frac{i_1}{i_2} = \eta_0 \eta_R \tag{4.10}$$

式中，$\eta_R = \dfrac{i_1}{i_2}$ 称为相对旋转效率。

据此可以建立螺旋桨敞水效率和 AUVs 后螺旋桨实际效率之间的关系。

3）推力减额

螺旋桨在 AUVs 后工作时，由于它的抽吸作用，桨盘前方的水流速度增大。根据伯努利定理，水流速度增大，压力必然下降，故在螺旋桨吸水作用所及的整个区域内压力都要降低，其结果改变了 AUVs 艉部的压力分布情况。艉部压力减小，导致 AUVs 阻力增加。

螺旋桨在 AUVs 后工作时引起的 AUVs 附加阻力称为阻力增额。若螺旋桨发出的推力为 T，则其中一部分用于克服 AUVs 的阻力 R（不带螺旋桨时的阻力），而另一部分为克服螺旋桨引起的附加阻力，称为推力减额，用 ΔR 表示。在实用上，常以推力减额分数来表征推力减额的大小，推力减额 ΔR 与推力的比值称为推力减额分数 t，即

$$t = \frac{\Delta R}{T} = \frac{T - R}{T} \tag{4.11}$$

推力减额分数的大小与 AUVs 形状、螺旋桨尺度、螺旋桨负荷以及螺旋桨与 AUVs 之间的相对位置等因素有关。

4）推进效率成分

通过上述分析，螺旋桨与 AUVs 之间相互作用，使得螺旋桨的推进效率并不是单纯的螺旋桨敞水效率，还包含 AUVs 对螺旋桨的影响。下面对螺旋桨推进效率成分进行分析。

AUVs 后螺旋桨收到功率 P_{DB} 发出推力 T，其进速为 V_A，故螺旋桨所做的功率为推功率 P_T，螺旋桨推功率 P_T 与收到功率 P_{DB} 之比称为 AUVs 后螺旋桨的效率，即

$$\eta_B = \frac{P_T}{P_{DB}} = \frac{TV_A}{2\pi n Q_R}\frac{Q_0}{Q_R} = \eta_0 \eta_R \tag{4.12}$$

式中，$\eta_R = \dfrac{Q_0}{Q_R}$ 为相对旋转效率；$\eta_0 = \dfrac{TV_A}{2\pi n Q_R}$ 为螺旋桨敞水效率。

η_R 也可写成螺旋桨敞水收到功率 P_{D0} 与 AUVs 后螺旋桨收到功率 P_{DB} 之比，即

$$\eta_R = \frac{P_{D0}}{P_{DB}} \tag{4.13}$$

目前可供计算相对旋转效率 η_R 的经验公式不多，通常借助自航试验等方式获得。普通单桨 AUVs 的相对旋转效率为 0.98～1.05，在缺少资料时，一般可以近似地取为 $\eta_R = 1$。

AUVs 的有效功率 P_E 与螺旋桨推功率 P_T 之比称为船身效率 η_H，即

$$\eta_H = \frac{P_E}{P_T} = \frac{RV}{TV_A} = \frac{1-t}{1-\omega} \tag{4.14}$$

由式（4.14）可见，船身效率 η_H 表示伴流与推力减额的合并作用。潜艇伴流分数 ω 的范围为 0.1～0.25，推力减额分数 t 的范围为 0.1～0.18。

伴流及推力减额与 AUVs 外形、螺旋桨尺度以及螺旋桨与 AUVs 间的相对位置等因素有关，故决定伴流和推力减额比较可靠的办法是进行专门的模型试验。但在无法进行模型试验的情况下可以应用经验公式进行估算。这些近似公式根据某类或某几类船型的实船或模型试验结果归纳而成，其适用性有一定的范围，用不同公式计算得到的结果往往相差很大，因此难以笼统确定哪个公式最正确。目前这些经验公式都是船的归纳结果，对 AUVs 并不适用，目前较为常见的做法是根据潜艇的伴流、推力减额来确定。

通过上述分析，可以把推进系统总效率表示为

$$\eta = \frac{P_E}{P_1} = \frac{P_E}{P_T}\frac{P_T}{P_{D0}}\frac{P_{D0}}{P_{DB}}\frac{P_{DB}}{P_S}\frac{P_S}{P_1} = \eta_H \eta_0 \eta_R \eta_S \eta_J \tag{4.15}$$

为了便于了解组成推进系数的各效率成分及功率的传递，给出如图 4.6 所示的各种效率成分与功率关系的示意图。

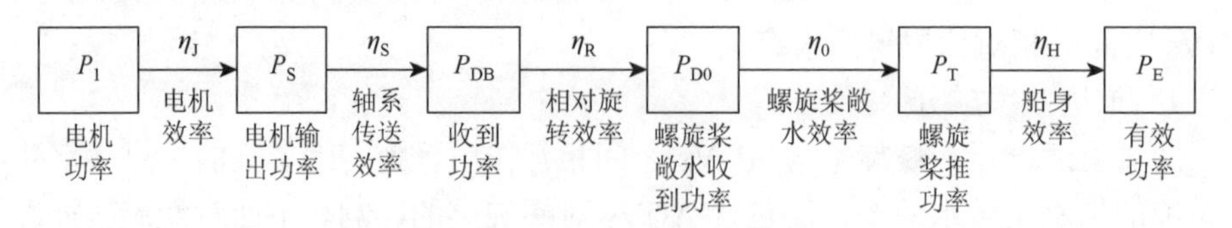

图 4.6　推进系统各效率成分与功率关系图

按上述效率成分分析的思路，可以把孤立的 AUVs 与敞水螺旋桨联系起来，并使 AUVs、螺旋桨和主机三者相配合。通过有效功率求得主机功率的程序人体是：设已知 AUVs 航速 V 时承受的阻力为 R，则先估计伴流分数 ω 以及推力减额分数 t，设计或选择一个螺旋桨，要求它在进速 $V_A = V(1-\omega)$ 时发出的推力 $T = R/(1-t)$。假定该螺旋桨的敞水效率为 η_0、转速为 n、转矩为 Q_0，则估计相对旋转效率 η_R，求出该螺旋桨在 AUVs 后时的扭矩 Q_B 及收到功率 P_{DB}，考虑到轴系传送效率 η_S 后，即可得出所需的发出电机输出功率 P_S。

通过上述分析，在考虑螺旋桨与 AUVs 之间的作用时，需要对螺旋桨的敞水效率 η_0 进行修正，需要乘以相对旋转效率 η_R 和船身效率 η_H，以回转体外形、单桨主推的 AUVs 为例，相对旋转效率 η_R 的取值范围为 0.98～1.05，船身效率 η_H 的取值范围为 0.91～1.2。

4. 推进器设计

以 AUVs 上常用的电机驱动螺旋桨形式的推进器为例，推进器的设计流程可描述如下。

首先应对 AUVs 航行阻力进行计算，在利用水动力仿真软件进行阻力计算时，所得到的航行阻力比真实 AUVs 航行阻力偏小，根据设计经验、与实航数据比对和不同 AUVs 结构，应当对所计算阻力进行修正以得到更接近真实阻力的数值。

将修正后的航行阻力和航行速度作为螺旋桨设计输入，对螺旋桨进行初步的理论设计，从而得出一系列在不同转速、直径下螺旋桨的扭矩与效率，选出一组合理的螺旋桨参数作为螺旋桨设计初值，然后对螺旋桨进行进一步的详细设计，根据所设计的螺旋桨效率是否满足设计要求，决定是否重新设定螺旋桨设计初值。

将所设计的螺旋桨工况数据，即螺旋桨转速和扭矩作为电机选型的依据或设计输入，进行电机匹配。首先在货柜产品中进行选型，查看电机的转速与扭矩是否满足设计要求。一方面，由于安装空间限制，所选电机应满足潜水器空间尺寸要求；另一方面，由于潜水器的工作特性，其推进螺旋桨通常具有低转速、大扭矩的特点。这些给电机的选型带来一定的困难。为了能匹配到合适的电机，在设计螺旋桨时，可适当地牺牲螺旋桨效率，减小螺旋桨直径以提高转速、降低扭矩，使电机与螺旋桨的最佳工作点相匹配。当使用上述措施也无法选择到合适的电机时，就需要对电机进行定制，根据螺旋桨的最佳工作点工况，设计符合要求的电机。

推进器设计主要流程如图 4.7 所示。

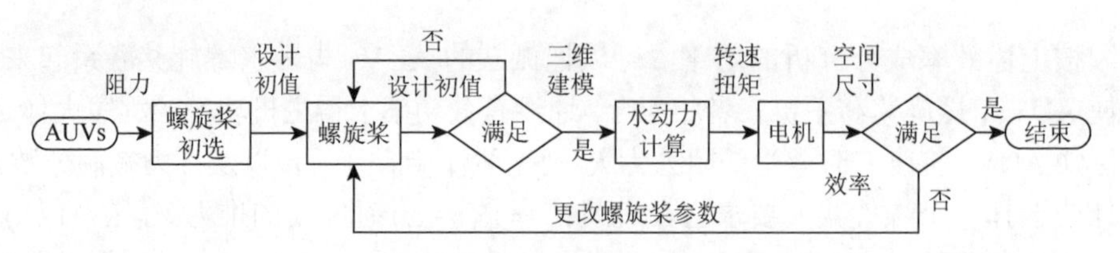

图 4.7　推进器设计主要流程

4.2.3　螺旋桨

1. 螺旋桨结构和基本概念

螺旋桨主要由桨毂和桨毂上的桨叶构成。

桨毂：理想情况是，桨毂应尽可能小，以获得更大的推力。

桨叶：桨叶形状和驱动的转速决定给定螺旋桨能传递的扭矩。

叶根：桨叶和桨毂相接处。

叶梢：桨叶的最外端（梢部）。

叶面：压力高的一面，或压力面，前进时这一面推水。

叶背：压力低的一面，或吸力面。

导边：螺旋桨的导边是切割水的一边。

随边：螺旋桨的随边是顺流的一边。

螺旋桨的主要结构如图 4.8 所示。

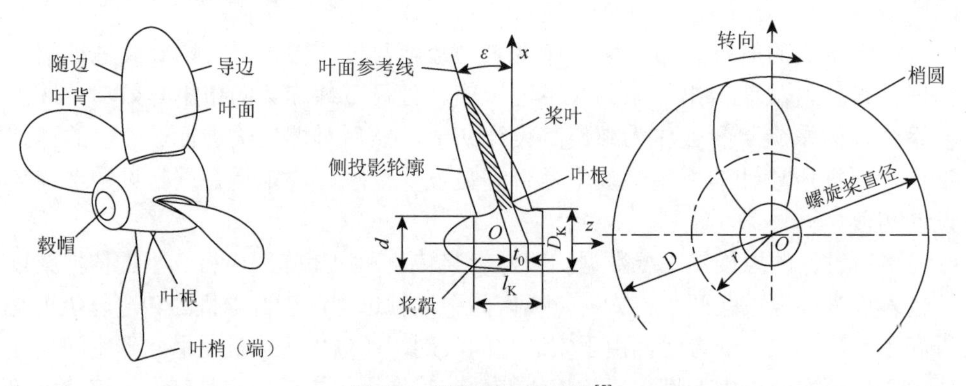

图 4.8　螺旋桨主要结构[5]

右旋与左旋：右旋桨顺时针旋转推动潜水器向前航行（从艉部看）；左旋桨逆时针旋转向前航行（从艉部看）。导边总是比随边远，如果导边在右，那么螺旋桨顺时针旋转，且是右旋桨。螺旋桨的旋向是固定的，右旋桨与左旋桨之间不能互换。

多数单桨潜水器采用右旋桨和右旋驱动轴。单桨驱动前向航行时会使艇体向一侧倾斜。右旋桨驱动向前时会推动潜水器向右舷（反转时向左舷）。双桨潜水器有两个相同规格不同旋向的螺旋桨。左舷通常采用左旋桨，右舷采用右旋桨。

直径 D：直径是决定螺旋桨吸收和传递功率非常重要的结构参数。直径与螺旋桨的效率成正比（直径越大，效率越高），但更大的直径会造成更大的阻力。通常，直径增加一点就会带来推力和扭矩的极大增加，因此直径越大转速越低，螺旋桨直径的大小会受结构载荷和电机功率的限制。

转速：自主水下机器人航速通常较低，螺旋桨转速过高可能导致推进效率降低。因此，自主水下机器人推进螺旋桨常采用较低转速。螺旋桨转速低，在相同航速和推力条件下，其直径和所需扭矩相对较大。采用普通电机作为推进电机时，可能需要增加减速器，以获得所需的转速和扭矩。

螺距 P：螺旋桨旋转一圈沿轴向前进的距离，一圈前进 10mm 则名义螺距为 10mm。由于桨叶与桨毂相连，桨叶不可能沿桨毂移动，实际上是螺旋桨连同潜水器一起向前航行。桨转一圈潜水器航行的实际距离小于螺距。名义螺距与螺旋桨转一圈潜水器实际航行的距离的差值称为滑脱。通常桨叶是扭转的，保证桨叶从叶根到叶梢的螺距角相等，如图 4.9 所示。

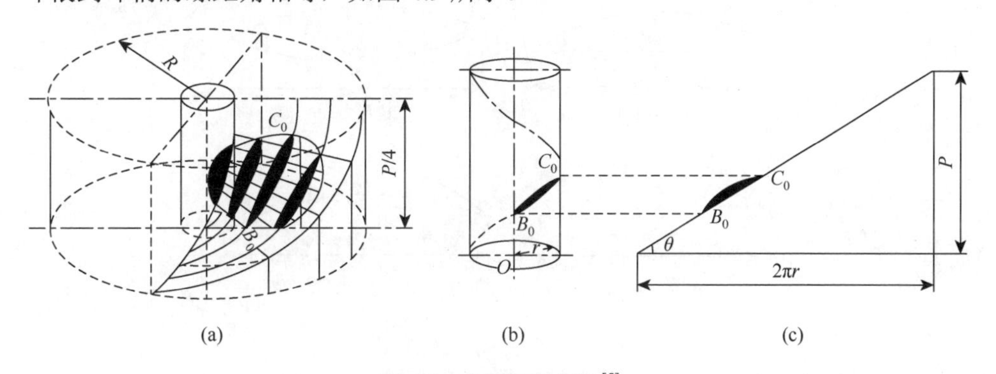

图 4.9　螺旋桨的螺距[5]

螺距比 P/D：螺距与直径的比值，通常为 0.5～2.5，多数螺旋桨的螺距比为 0.8～1.8。螺距将螺旋桨轴的扭矩有效地转化为推力，螺旋桨旋转时将海水转向，沿桨轴方向加速推向桨后，海水对螺旋桨的反作用力即螺旋桨产生的推力。

螺旋桨桨叶切面：以某一直径的环面切割螺旋桨得到的截面为螺旋桨桨叶的切面，如图 4.10 所示。将螺旋桨桨叶的切面展开后可得到如图 4.11 所示桨叶的切面形状。

中线：桨叶切面上、下边距离的一半。

弦线：连接导边中点与随边中点的直线。

舷长：艏艉连线的长度。

拱度：弦线和中线的垂向距离。

最大拱度：截面上拱度的最大值。

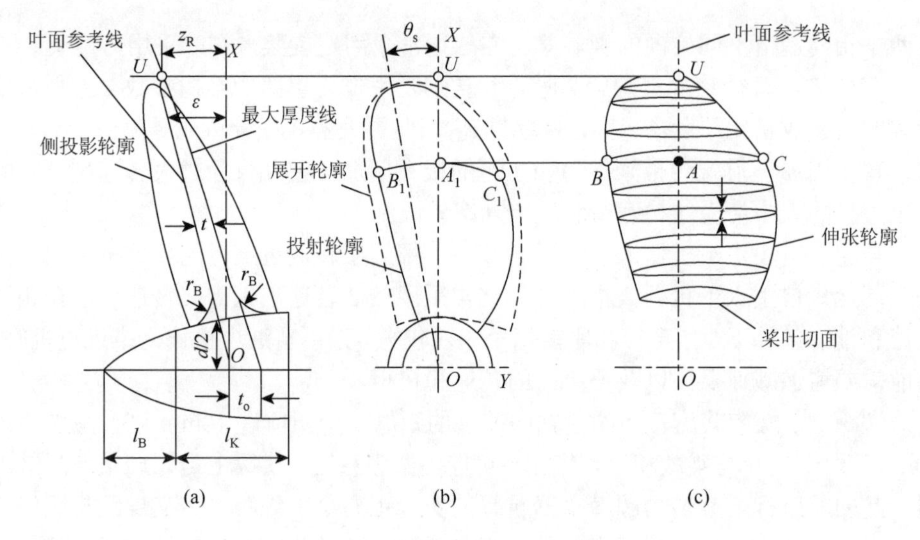

图 4.10　螺旋桨桨叶切面[5]

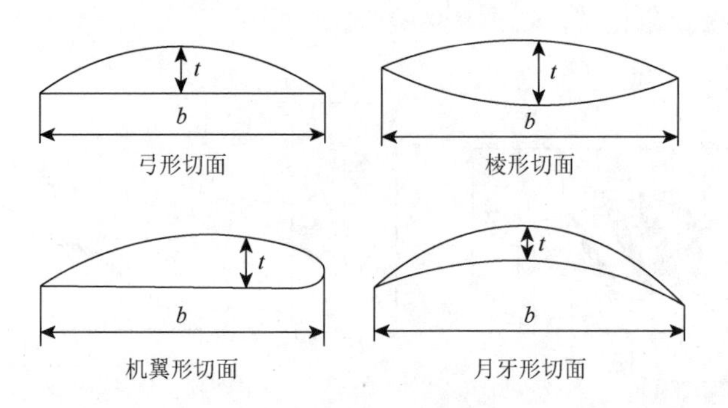

图 4.11　桨叶的切面形状[5]

中线分布：拱度的标准分布是以弦线上从导边开始的位置的函数，通常采用表格的形式，如 NACA $a = 0.8$ 的中线，可以通过标准翼型库获得。

厚度：垂直于弦线的翼型截面的厚度，随弦线位置变化。

最大厚度：截面上厚度的最大值。

厚度分布：厚度的标准分布是弦线位置的函数，通常采用表格形式，如 NACA 66 厚度，可以通过标准翼型库获得。

以下参数用于定义整个螺旋桨的结构，是半径的函数。

螺距：转一圈沿轴向移动的距离。

中弦线：桨叶每个截面上舷线中点构成的线。

侧斜（rake）：指定截面舷长中点与毂截面弦线中点的轴向距离。

侧斜角：通过毂弦线中点和截面弦线中点的径向线与其投影的轴向角度。

2. 螺旋桨性能特征

1）有因次参数

直径 D：整个螺旋桨的直径。

转速 n：螺旋桨转速。

密度 ρ：流体密度。

推力 T：螺旋桨轴向推力。

扭矩 Q：螺旋桨轴扭矩。

航速 V：航速。

进流速度 V_{A}：平均进流速度。

2）螺旋桨性能无因次特征

进速系数：

$$J = \frac{V_{\mathrm{A}}}{nD}$$

推力系数：

$$K_{\mathrm{T}} = \frac{T}{\rho n^2 D^4}$$

扭矩系数：

$$K_{\mathrm{Q}} = \frac{Q}{\rho n^2 D^5}$$

螺旋桨效率：

$$\eta_0 = \frac{TV_{\mathrm{A}}}{2\pi nQ}$$

3. 螺旋桨设计

目前设计螺旋桨主要有两种方法，即图谱设计法和环流理论设计法。图谱设计法就是根据螺旋桨模型敞水系列试验，将试验数据绘制成专用的各类图谱来进行设计。用图谱设计法设计螺旋桨不仅计算方便，易于为人们所掌握，而且如果选用的图谱适宜，其结果也较为满意，是目前应用较为广泛的一种设计方法。

下面以图谱设计法为例，简述螺旋桨的设计。

1）主要参数确定

（1）螺旋桨参数。

取轴系传递效率为 0.98。

（2）叶片数选择。

一般来说，螺旋桨的叶片数目并不会对水动力性能造成明显的影响。叶片数的选择主要考虑 AUVs 主体及其零部件的共振问题。从叶片间流场相互干扰考虑，一般认为，若螺旋桨的直径及展开面积相同，则叶片数目多者因叶栅干扰作用增大，螺旋桨的效率会有所降低。从振动和稳定性来讲，叶片数越多，推进器的运转更加稳定，振动幅度下降，对壁面空泡越有利。

AUVs 常用 2 叶桨、3 叶桨或 4 叶桨。

（3）直径选择。

直径的选择一般考虑 AUVs 本身对推进器尺寸的限制。一般情况下，增大推进器的直径，并适当减小转速，推进器的效率会有所增加。但推进器尺寸过大，会导致推进器的质量和黏性摩擦阻力增大，桨盘处的平均伴流减小，使船身效率下降，因此对总的推进效率未必有利。

（4）相关推进因子。

根据常用单桨船的相对数据考虑如下：伴流分数 $\omega = 0.2$；推力减额分数 $t = 0.2$；相对旋转效率 $\eta_{\mathrm{R}} = 1$；船身效率 $\eta_{\mathrm{H}} = \dfrac{1-t}{1-\omega} = 1$。

2）查图谱

计算伴流速度，通过前面可以得知，AUVs 伴流速度为

$$V_{\mathrm{A}} = V(1-\omega)$$

对于选定的一组直径 D，可以得到直径系数 $\delta = \dfrac{nD}{V_{\mathrm{A}}}$，查图谱，由 δ 等值线与最佳效率曲线的交点得到螺距比 P/D、最佳效率 η_0、$\sqrt{\beta_{\mathrm{P}}}$。根据以上数据计算，得到收到功率为

$$P_{\mathrm{D0}} = \frac{\beta_{\mathrm{P}}^2 V_{\mathrm{A}}^5}{n^2}$$

有效功率为

$$P_{\mathrm{E}} = P_{\mathrm{D0}} \eta_0 \eta_{\mathrm{H}}$$

综上所述，得到螺旋桨设计参数，如表 4.3 所示。

表 4.3　螺旋桨设计参数表

序号	名称	单位
1	螺旋桨转速 n（给定）	r/min
2	$\eta_{\mathrm{H}} = \dfrac{1-t}{1-\omega} = 1$	

续表

序号	名称	单位
3	$V_{\mathrm{A}} = V(1-\omega)$	kn
4	P_{E} （给定）	W
5	假定一组直径 D	m
6	直径系数 $\delta = \dfrac{nD}{V_{\mathrm{A}}}$	
7	查图谱，由 δ 等值线与最佳效率曲线的交点得到 P/D 、η_0 、$\sqrt{\beta_{\mathrm{P}}}$	
8	$P_{\mathrm{D0}} = \dfrac{\beta_{\mathrm{P}}^2 V_{\mathrm{A}}^5}{n^2}$	W
9	有效推进功率 $P_{\mathrm{E}} = P_{\mathrm{D0}}\eta_0\eta_{\mathrm{H}}$	W

根据表 4.3 中不同直径的计算结果，可以插值得到设计航速下的最佳直径，以及最佳直径下所对应的螺旋桨最佳要素 P/D、δ、η。相应地，也可以得到螺旋桨的桨叶结构参数。

除了桨叶，还需要对桨毂进行设计，主要包括：桨毂长度、桨毂各截面直径以及桨毂与桨叶之间的过渡。通过上述对螺旋桨的设计，得到的桨叶外形尺寸和桨毂尺寸等，可在绘图软件中生成螺旋桨三维模型。图 4.12 为某 AUVs 的推进螺旋桨模型。

图 4.12　采用图谱设计法设计的某 AUVs 推进螺旋桨模型

3）螺旋桨性能分析

进行初步的螺旋桨图谱设计之后，可采用 CFD 技术进行流体动力学分析。

推进装置模型单独地在均匀水流中试验称为敞水试验。由推进装置敞水试验得到的是推进装置的推力系数、扭矩系数和敞水效率相对于进速系数的变化规律，即推进装置敞水性能曲线。与此敞水试验相对应的基于 CFD 技术的仿真计算工作，称为推进装置敞水性能数值计算。

为了模拟敞水试验时流经推进装置的内外流场，将螺旋桨模型置于一与轮毂同轴线的圆柱流场内。为模拟推进器叶片的旋转，整个流场划分为两个计算域：叶片旋转域（内域）和外流场计算域（外域）。其中，叶片旋转域为旋转的计算域，旋转速度同叶片旋转速度，外流场计算域为静止计算域。螺旋桨模型和流场网格如图 4.13 所示。

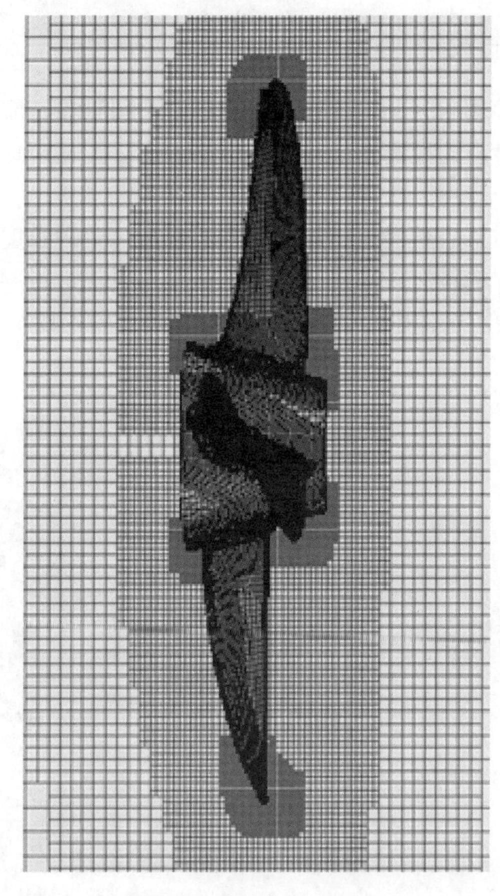

图 4.13　螺旋桨模型和流场网格（后附彩图）

对螺旋桨模型进行定常模拟，将来流速度、进速系数分别设定为不同值，确定多种工况，根据来流速度及进速系数确定螺旋桨转速，可计算得到不同工况下的推力、扭矩、效率值。据此，可以得到螺旋桨的敞水性能曲线，如图 4.14 所示。

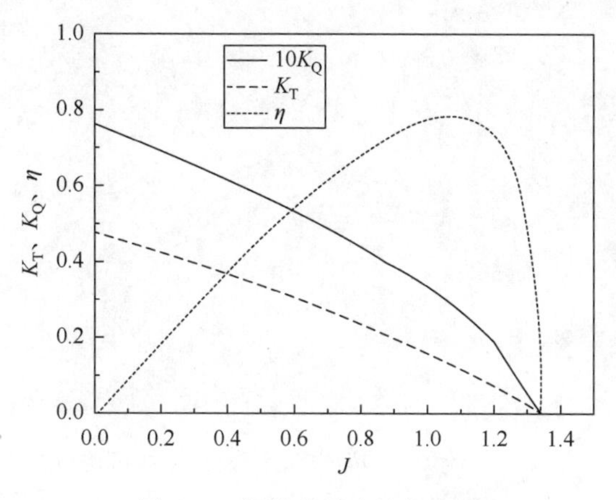

图 4.14　螺旋桨敞水性能曲线

推进器桨叶盘面处的压力分布显示，桨叶叶面的压力大，叶背的压力小，在桨叶之间的空隙进行平滑过渡。桨叶的页面和叶背的压力差促使叶片产生了推力，如图 4.15 所示。

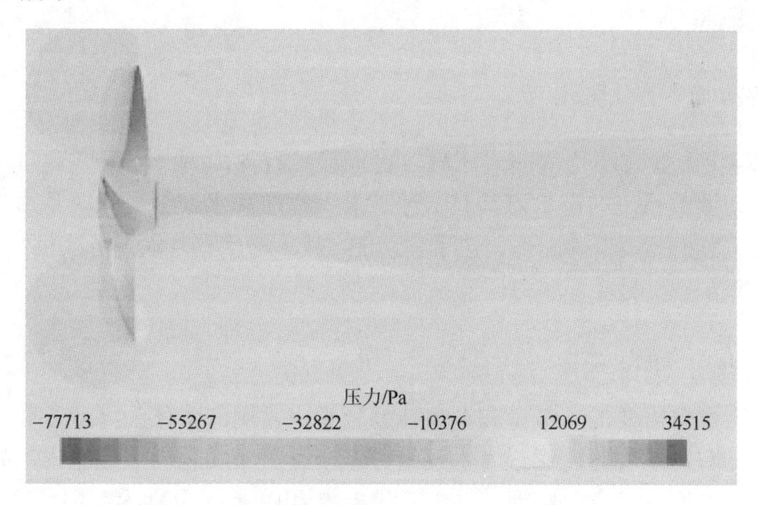

图 4.15　螺旋桨叶盘处压力分布（后附彩图）

流场纵切面速度云图显示，螺旋桨尾流场中出现了高速喷流现象，说明螺旋桨强烈加速了流场，推进作用明显，如图 4.16 所示。

通过敞水性能数值计算可以对图谱设计法设计螺旋桨的性能进行评估，是螺旋桨设计的有力工具。螺旋桨完成实际制造后，还可以通过敞水性能试验进行进一步验证。

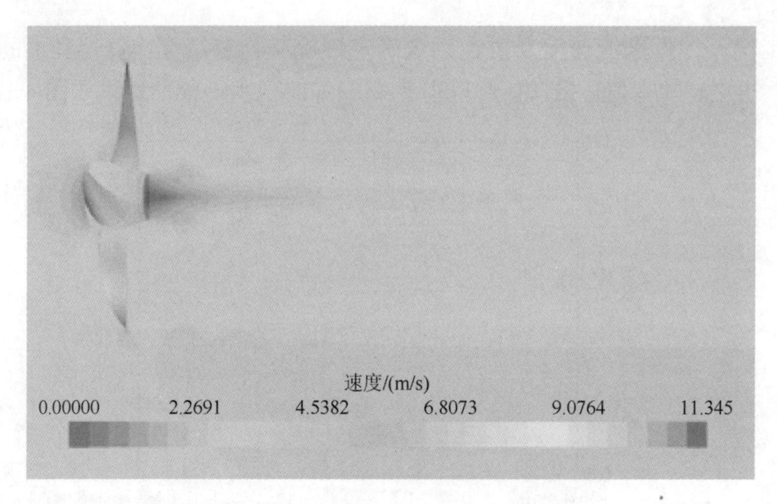

图 4.16　流场纵切面内速度分布（后附彩图）

4.3　自主水下机器人的浮力调节系统

4.3.1　概述

1. 浮力调节系统概述

AUVs 上配置有铅块等固定压载，也可以配置浮力调节系统实现可变压载。配置有浮力调节系统的潜水器具有上浮下潜、适应海水密度变化等基本功能，还可以实现节能航行、精确配平、悬浮等功能。载人潜水器、水下滑翔机、美国“海马号”AUVs 等均配置有浮力调节系统。

2. 现有浮力调节系统

载人潜水器需要的调节量和调节速度较大，常用海水作为可变压载。可调压载水舱内充有高压气体。通过海水泵结合多个开关阀实现向压载舱内、外排水，在任意工作深度下具有双向调节功能。图 4.17 和图 4.18 分别为美国“阿尔文”载人潜水器、日本“Shinkai 6500”载人潜水器上采用的浮力调节系统原理图[8-10]。“阿尔文”载人潜水器浮力调节系统工作过程海水的流向和阀的开关状态如表 4.4 所示。

水下滑翔机是 20 世纪 90 年代发展起来的新型 AUVs，它采用浮力驱动推进，依靠调整重心实现姿态控制，通过稳定翼提供的升力滑翔航行，可以实现数千千米的水平航行距离、数月的续航时间。电能滑翔机采用的浮力调节系统原理如

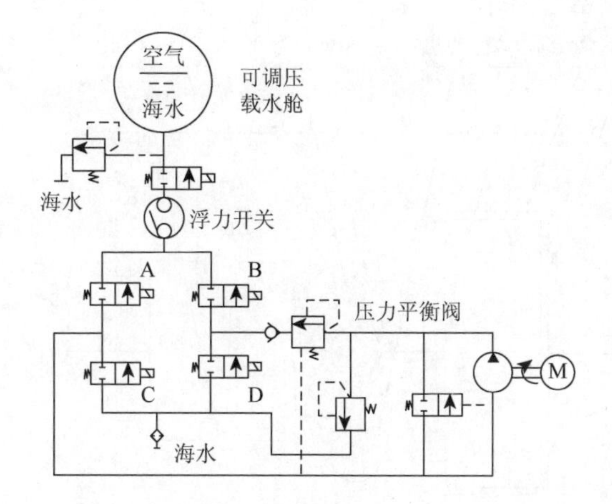

图 4.17　美国“阿尔文”载人潜水器上采用的浮力调节系统[8]

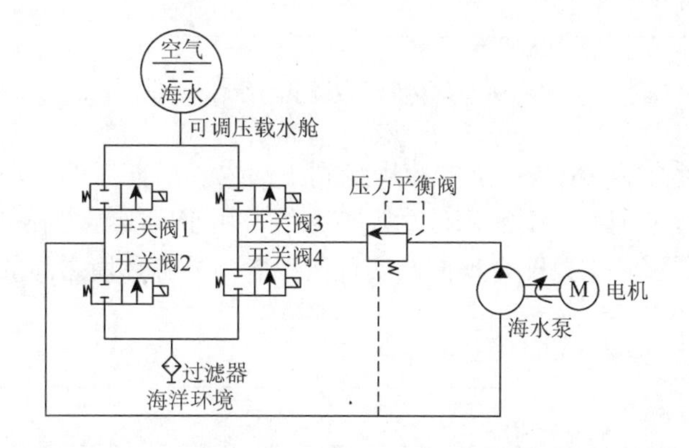

图 4.18　日本“Shinkai 6500”载人潜水器采用的浮力调节系统[8]

表 4.4　“阿尔文”载人潜水器浮力调节系统工作过程海水的流向和阀的开关状态

压力	流向	阀开启状态
$P_{海水}<P_{舱}$	泵向压载舱注水	B & C（阀 2 & 阀 3）
$P_{海水}<P_{舱}$	向舱外排水	A & C 或 B & D(阀 1 & 阀 2 或阀 3 & 阀 4）
$P_{海水}>P_{舱}$	泵向舱外排水	A & D（阀 1 & 阀 4）
$P_{海水}>P_{舱}$	向压载舱注水	A & C 或 B & D(阀 1 & 阀 2 或阀 3 & 阀 4）

图 4.19 所示。滑翔机位于水面需要下潜时，电磁阀打开，液压泵由外油囊向内油箱注油；滑翔机处于深水需要上浮时，液压泵由内油箱通过单向阀向外油囊注油，此时电磁阀保持关闭[11]。

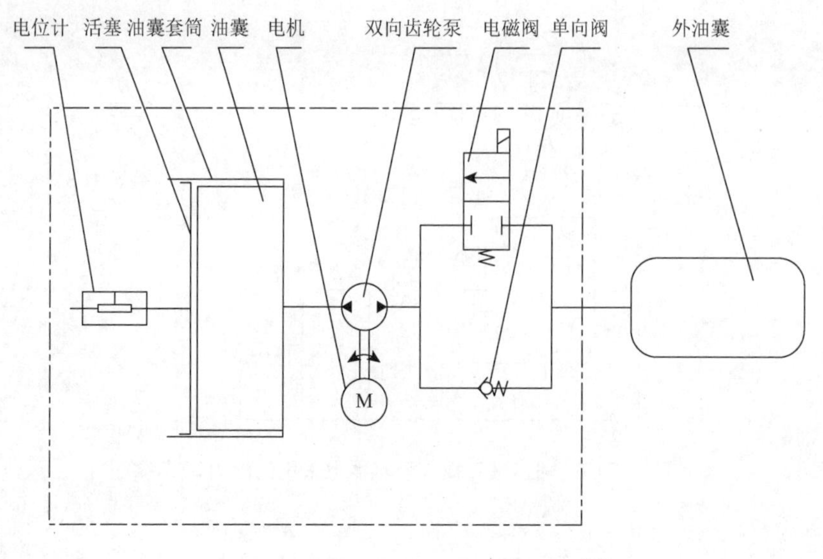

图 4.19　滑翔机浮力调节系统原理图[11]

浮力调节系统在 AUVs 上的应用受到了国内外研究者的关注。美国“海马号”AUVs 艏艉各配备一套海水浮力调节系统，用于实现浮力补偿、深度控制、纵倾控制等，通过海水泵配合换向阀实现压载舱与外部环境之间的转移[12]，其系统原理如图 4.20 所示。

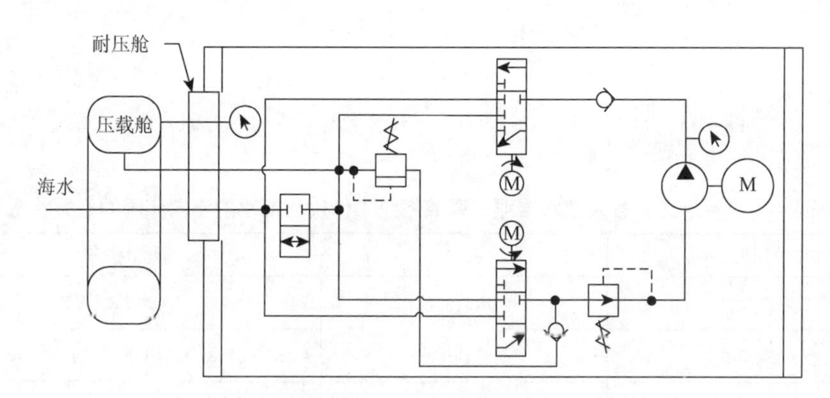

图 4.20　“海马号”AUVs 浮力调节系统原理图[12]

日本海洋科学和技术中心（Japan Marine Science and Technology Center，JAMSTEC）的长航程“URASHIMA”AUVs 配备如图 4.21 所示的吸排油浮力调节系统，通过可调节压载舱与外油囊之间油量变化实现 AUVs 的浮力改变[13]。其外部油囊容积达到 50L，能够补偿潜水器从水面到 3500m 的浮力变化。需要增大浮力时，1200m 以内由液压泵从压载舱向外油囊注油，超过 1200m 时通过增压器向外油囊注油。需要减小浮力时，深度小于 150m 的由液压泵向压载舱注油，超过 150m 时利用外部水压向压载舱注油。

国内研究机构也对浮力调节系统进行了广泛的研究。哈尔滨工程大学针对海洋探测型 AUVs 补偿海区变化、潜深变化等引起的剩余浮力变化补偿需求，研究了油囊式浮力调节装置[14]。其设计工作深度为 1000m，最大调节量为 60L，调节速度为 6L/min，其系统原理如图 4.22 所示。需要增大浮力时利用液压泵和电磁换向阀由内油箱向外油囊注油。减小浮力分为两种情况，当外部压力较小时，利用液压泵和电磁换向阀由外油囊向内油箱注油；当外部压力较大时，打开电磁换向阀，利用外部压力直接向内油箱注油。

图 4.21　日本“URASHIMA”AUVs 浮力调节系统[13]

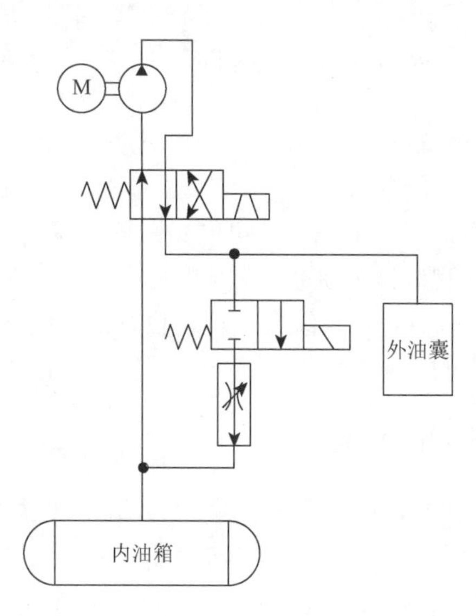

图 4.22　油囊式浮力调节原理图[14]

华中科技大学针对中小型 AUVs 上浮、下潜、姿态调整、配平等需求，研究了油囊式浮力调节系统[15]。其最大设计工作深度为 300m，最大调节量为 15L，调节速度为 3L/min，调节精度为量程的 0.5%，其系统原理如图 4.23 所示。调节量检测通过测量封闭内油箱的气压变化实现。

4.3.2　“潜龙一号”自主水下机器人浮力调节系统

对于深海 AUVs，由于潜深大，受体积压缩等因素影响，其在深海的剩余浮力状态难以准确计算。根据理论值配平后，AUVs 在水下工作深度的衡重状态可能不满足航行要求，会导致抛载上浮。这时就需要重新配平，通过再次下潜才能完成预定深度航行的配平要求。因此，“潜龙一号”AUVs 使用的单向浮力调节系

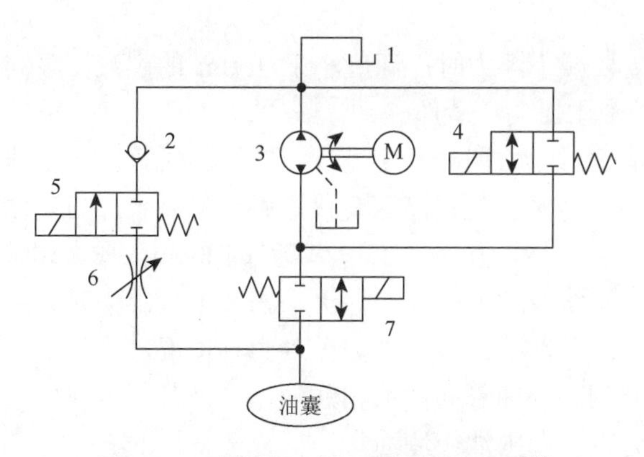

图 4.23　油囊式浮力调节系统原理图[15]

1-油箱；2-单向阀；3-双向阀压泵；4-空载启动阀；5-高压回油阀；6-回油节流阀；7-低流阻双向截止阀

统，在陌生水域进行初次下潜时，将浮力调节装置搭载于“潜龙一号”AUVs 外部，随航行深度进行自动浮力调节，通过浮力调节，单次便可实现预定下潜深度的最优化配平，并可同步开展该深度下的探测任务，实现了在未知海域、大潜深探测过程无须进行配平的目标，极大地提高了“潜龙一号”AUVs 使用的经济性和方便性。该系统具有功能独立、体积小、使用维护方便等优点，该单向浮力调节系统的研制对大潜深 AUVs 具有很高的工程应用价值和一定的开发理论指导意义[16]。

1. 原理

“潜龙一号”AUVs 浮力调节系统以外部海水压力为初始驱动力，当 AUVs 需要在一定深度下减小浮力时，开启二位二通电磁阀，海水压迫外部油囊中的油液经单向阀、节流单元和二位二通电磁阀流入耐压舱内部油囊，浮力调节系统整体浮力减小。当油液进入内部耐压舱油囊后，耐压舱内部的气体体积被压缩，压力升高，由于耐压舱内部气体总量不变，故其满足气体压缩定律，其压强随着进油量的增加而升高，通过测量耐压舱内部气体的压强和温度，便可根据气体压力定律计算得到进油量。单向浮力调节系统原理如图 4.24 所示。

为防止高压环境下进行浮力调节时系统出现控制精度低和射流切割破坏作用，需要将调节速度降到可控范围内，为降低大深度调节过程中的调节速度，安装具有微细孔的节流调节件。

2. 湖试验证

为进行湖上浮力调节的综合测试试验，首先将 AUVs 初始的正浮力调整到 91N，在千岛湖进行了综合浮力调节测试性试验。AUVs 最终的正浮力调节目的是达到最优航行的 25N。实验过程的调节规则是：当 AUVs 以最大能力不能保持定

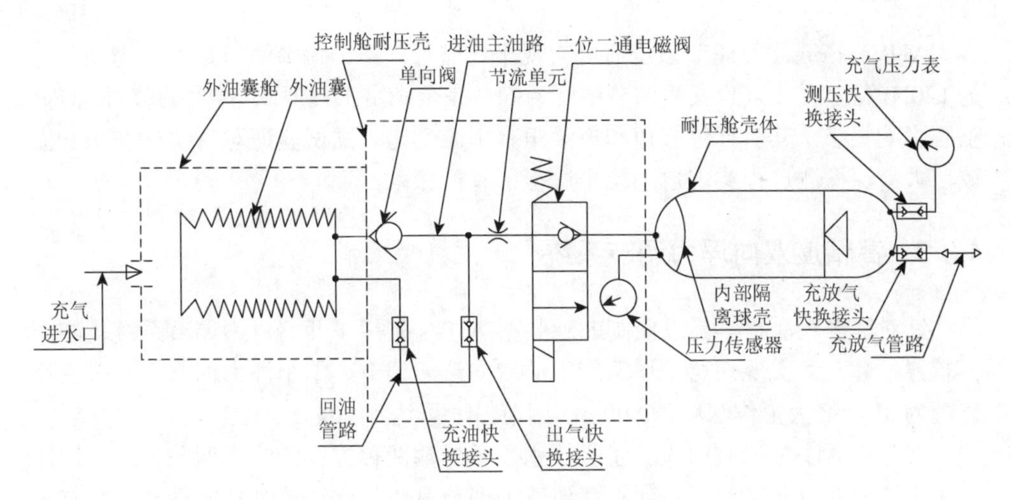

图 4.24　单向浮力调节系统原理图

深悬浮或无法下潜到水面以下时，认为AUVs的浮力大于80N，则将浮力减小30N；调节后AUVs进行定深悬浮和剩余浮力评估；然后根据剩余浮力评估值进行下一步的浮力调节；调节后再次进行剩余浮力评估，当评估值达到要求时则退出调节程序，进入航行程序，若没有达到规定要求，则继续进行上述的调节和评估过程，直到满足要求或调节过程超时。为保证调节过程的安全性，每步最大调节量为30N。调节后AUVs进行了定深8m航行10min，转定深15m航行10min，后转定深8m返航的航行试验。航行试验结束后，先在AUVs上配置一定重量的铅块，然后用弹簧秤测量了其水中净重力，根据测量数据和配置铅块重量，得到“潜龙一号”AUVs最终调节完毕后的浮力为19N，浮力调节量和预定规划调节量差为6N，调节精度完全满足要求。“潜龙一号”AUVs搭载浮力调节系统进行湖上试验照片如图4.25所示。

图 4.25　“潜龙一号”AUVs搭载浮力调节系统进行湖上试验照片[13]

AUVs 搭载浮力调节系统后可实现平稳航行。浮力调节系统最大浮力调节量为120N，湖上调节试验表明调节精度为6N，完全满足工程要求。浮力调节对AUVs重心影响很小，其航行纵倾角和横滚角基本无变化。湖试验证对AUVs在未知海域、大潜深探测过程实现自动配平进行了有益探索。

4.3.3 高精度双向浮力调节系统

针对黑潮观测科学需求研制的观测型AUVs采用了两套浮力调节系统，艏艉各布置一套，可实现任意工作深度下的双向浮力调节，单个浮力调节系统最大调节量为8L，最大工作深度为800m，调节精度可达到20g。

观测型AUVs研制时设计了吸排水、吸排油两种方案的浮力调节系统，均能实现高精度的双向调节。与现有其他浮力调节系统相比，控制精度更高，具有一定的特色。下面简要介绍其实现原理。

1. 吸排水浮力调节系统

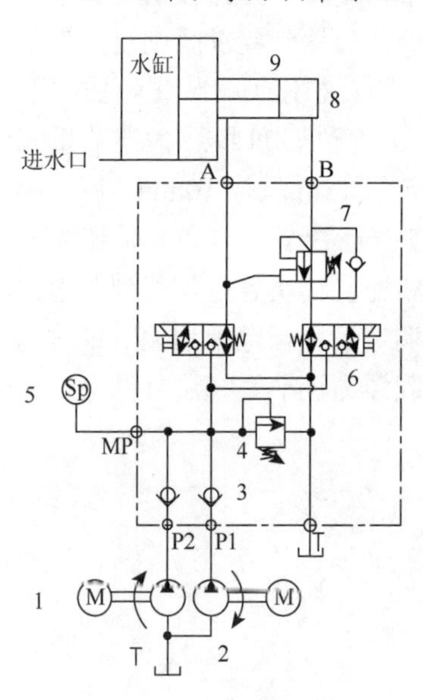

图4.26　吸排水浮力调节系统液压原理图

1-直流电机；2-高压柱塞泵；3-单向阀；4-溢流阀；5-压力传感器；6-电磁阀；7-平衡阀；8-直线位移传感器；9-缸体

吸排水浮力调节系统通过吸排海水来实现剩余浮力的变化。具体来说，就是利用高压液压系统来推动液压缸做往复运动，通过与液压缸串联的海水缸活塞位置变化进而实现吸排海水，改变AUVs剩余浮力大小。浮力调节系统通过电机驱动液压泵产生高压液压油，从而驱动液压缸的活塞运动。液压缸的活塞与海水缸的大活塞刚性连接，海水缸直接与海水连通，大活塞的往复运动吸排海水实现浮力调节。通过换向阀改变活塞的运动方向，实现浮力的双向调节。液压缸内直线位移传感器可精确检测活塞的行程，行程与吸排海水体积线性对应，从而可以实现浮力调节量的精确检测。吸排水浮力调节系统的液压原理如图4.26所示。

吸排水浮力调节系统结构设计主要包括耐压壳体、水密端盖、吸排水缸体、动力源、阀块、控制器等的设计。

设计海水缸时有两大难点：一方面，海水缸直径较大，在海水压力下其变形不可忽略；另一方面，海水黏度很小，传统的液压缸动密封方式很难保证密封性能。为保证缸体的强度和刚度，要对缸体局部进行加厚、加肋，减小其最大变形。为保证海水缸的动密封性能，采用了“格莱圈 + 星型圈 + 导向带”的复合动密封结构，其中格莱圈置于最外侧，兼做防尘圈使用。

2. 吸排油浮力调节系统

吸排油浮力调节系统的原理是：当需要增大浮力时，齿轮泵经过单向阀由内油箱向外油囊注油；当需要减小浮力且水深较浅时，阀块 2 电磁阀开，齿轮泵经过电磁阀由外油囊向内油箱注油；当需要减小浮力且水深较大时，阀块 1 电磁阀开，外油囊在外部水压下直接向内油箱注油，此时齿轮泵不工作，避免吸油口压力过大对泵造成损害。内油箱采用活塞缸，通过检测活塞位置来测量调节量。为克服活塞移动时动密封的摩擦力，对整个浮力调节段充 0.15MPa 压力，避免当齿轮泵从内油箱吸油时吸油口产生负压。吸排油浮力调节系统原理如图 4.27 所示。

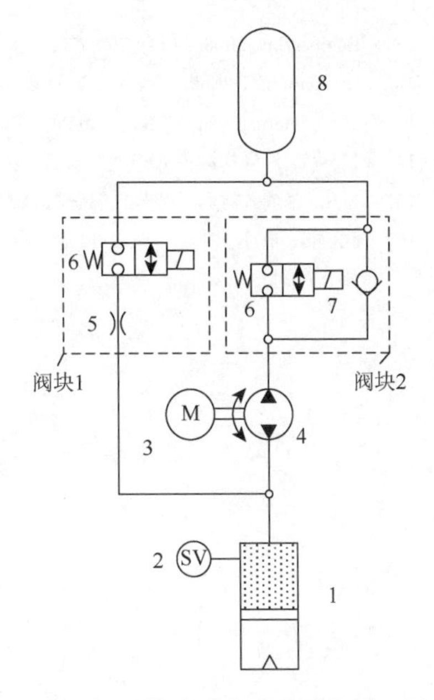

图 4.27 吸排油浮力调节系统原理图

1-活塞缸式内油箱；2-拉绳位移传感器；3-电机；4-双向齿轮泵；5-补压流量阀；6-电磁阀；7-单向阀；8-外油囊

参 考 文 献

[1] 陈强. 水下无人航行器[M]. 北京：国防工业出版社, 2014: 61-63.

[2] 蒋新松, 封锡盛, 王棣棠. 水下机器人[J]. 沈阳：辽宁科学技术出版社, 2000: 61-66.

[3] 中国新能源动力电池产业发展报告 (2016 版)[EB/OL]. [2018-3-10]. http://www.cbea.com/yjbg/201712/396984.html.

[4] Singh H, Eustice R M, Roman C, et al. The SeaBED AUV—A platform for high resolution imaging[C]//Unmanned Underwater Vehicle Showcase, 2010: 1-10.

[5] 盛振邦, 刘应中. 船舶原理 (下册)[M]. 上海: 上海交通大学出版社, 2004: 10-16.

[6] Carlton J S. Propeller Geometry—Marine Propellers and Propulsion[M]. 3rd ed. Oxford: Butterworth-Heinemann, 2012: 15.

[7] “蓝鳍金枪鱼-21”下水 12 次 完成搜寻九成区域[EB/OL]. [2018-3-10]. http://www.chinanews.com/tp/hd2011/2014/04-24/338867.shtml?f=360.

[8] 陈经跃, 刘银水, 吴德发, 等. 潜水器海水液压浮力调节系统的研制[J]. 液压与气动, 2012 (1): 79-83.

[9] 邱中梁. 海水液压技术在潜水器上的应用现状和发展趋势[J]. 流体传动与控制, 2009 (3): 1-4.

[10] 杨钢, 郭晨冰, 李宝仁. 浮力调节装置实验研究[J]. 机床与液压, 2008 (10): 52-53, 56.

[11] 俞建成, 张奇峰, 吴利红, 等. 水下滑翔机器人运动调节机构设计与运动性能分析[J]. 机器人, 2005 (5): 390-395.

[12] Tangirala S, Dzielski J. A variable buoyancy control system for a large AUV[J]. IEEE Journal of Oceanic

Engineering, 2008, 32 (4): 762-771.

[13] Hyakudome T, Aoki T, Maeda T, et al. Buoyancy control for deep and long cruising range AUV[C]//Proceedings of the International Offshore and Polar Engineering Conference, 2002: 325-329.

[14] 樊祥栋. 海洋探测型 AUV 载体设计与分析[D]. 哈尔滨: 哈尔滨工程大学, 2008.

[15] 方旭. 油囊式浮力调节装置的研制[D]. 武汉: 华中科技大学, 2012.

[16] 武建国, 石凯, 刘健, 等. 6000m AUV“潜龙一号”浮力调节系统开发及试验研究[J]. 海洋技术学报, 2014, 33 (5): 1-7.

5

自主水下机器人电气控制系统

自主水下机器人电气控制系统体系结构主要包括集中式控制系统、集散式控制系统以及分布式系统。随着科技发展的进步，开放式、集散式过程控制系统得到越来越多的关注，但真正的分布式系统的实现仍需时日。本章主要针对这几种电气控制系统体系结构和应用情况进行描述。

5.1 电气控制系统体系结构

5.1.1 集中式控制系统

集中式控制系统是使用直接数字控制方法分时控制大量回路的计算机控制系统，可以实现控制的高度集中。就好比在组织中建立一个相对稳定的控制中心，由控制中心对组织内外的各种信息进行统一的加工处理，发现问题并提出问题的解决方案。集中式控制的特点是所有的信息（包括内部、外部）都流入中心，由控制中心集中加工处理，且控制指令也全部由控制中心统一下达。但在实际应用中事故风险也集中在中央主控计算机上，中央主控计算机故障时会造成系统大面积瘫痪。

5.1.2 集散式控制系统

1. 集散式控制系统概述

分散式控制系统（distributed control system，DCS），国内一般习惯称为集散式控制系统，是相对于集中式控制系统的一种新型计算机控制系统，是在集中式控制系统的基础上发展、演变而来的。集散式控制系统是一个由过程控制级和过程监控级组成的以通信网络为纽带的多级计算机系统，综合了计算机（computer）技术、通信（communication）技术、阴极射线显像管（cathode ray tube,

CRT）显示技术和控制（control）技术，其基本思想是分散控制、集中操作、分级管理、配置灵活、组态方便。在特殊控制领域，如核电站控制系统，集散式控制系统被称为数字化控制系统（digital control system），其实质仍为集散式控制系统。集散式控制系统的特点如下。

1）高可靠性

由于集散式控制系统将系统控制功能分散在各台计算机上实现，系统结构采用容错设计，所以某一台计算机出现故障不会导致系统其他功能丧失。此外，由于系统中各台计算机所承担的任务比较单一，可以针对需要实现的功能采用具有特定结构和软件的专用计算机，从而系统中每台计算机的可靠性得到提高。

2）开放性

集散式控制系统采用开放式、标准化、模块化和系列化设计，系统中各台计算机采用局域网方式通信，实现信息传输。当需要改变或扩充系统功能时，可将新增计算机方便地连入系统通信网络或从网络中卸下，几乎不影响系统其他计算机的工作。

3）灵活性

通过组态软件根据不同的流程应用对象进行软硬件组态，即确定测量与控制信号及其相互之间的连接关系，从控制算法库选择适用的控制规律以及从图形库调用基本图形组成所需的各种监控和报警画面，从而方便地构成所需的控制系统。

4）易于维护

功能单一的小型或微型专用计算机，具有维护简单、操作方便等特点，当某一局部或某个计算机出现故障时，可以在不影响整个系统运行的情况下在线更换，迅速排除故障。

5）协调性

各工作站之间通过通信网络传送各种数据，整个系统信息共享、协调工作，以完成控制系统的总体功能和优化处理。

6）控制功能齐全

控制算法丰富，集连续控制、顺序控制和批处理控制于一体，可实现串级、前馈、解耦、自适应、预测控制和过程控制等先进控制，并可方便地加入所需的特殊控制算法。集散式控制系统的构成方式十分灵活，可由专用的管理计算机站、操作员站、工程师站、记录站、现场控制站和数据采集站等组成，也可由通用的服务器、工业控制计算机和可编程控制器构成。处于底层的过程控制级一般由分散的现场控制站、数据采集站等就地实现数据采集和控制，并通过数据通信网络传送到生产监控级计算机。生产监控级计算机对来自过程控制级的数据进行集中操作管理，如各种优化计算、统计报表、故障诊断、显示报警等。随着计算机技术的发展，集散式控制系统可以按照需要与更高性能的计算机设备通过网络连接来实现更高级的集中管理功能，如计划调度、仓储管理、能源管理等。

2. 集散式控制系统的硬件体系结构

考察集散式控制系统的层次结构，过程控制级和控制管理级是组成集散式控制系统的两个最基本的环节。

过程控制级具体实现信号的输入、变换、运算和输出等分散控制功能。在不同的集散式控制系统中，过程控制级的控制装置各不相同，如过程控制单元、现场控制站、过程接口单元等，但它们的结构形式大致相同，可以统称为现场控制单元（field control unit，FCU）。控制管理级由工程师站、操作员站、管理计算机等组成，完成对过程控制级的集中监视和管理，通常称为操作站。集散式控制系统的硬件和软件都是按模块化结构设计的，所以集散式控制系统的开发实际上就是将系统提供的各种基本模块按实际的需要组合成为一个系统，这个过程称为系统的组态。

1）现场控制单元

现场控制单元一般远离控制中心，安装在靠近现场的地方，其高度模块化结构可以根据过程监测和控制的需要配置成有几个监控点到数百个监控点的规模不等的过程控制单元。

现场控制单元的结构由许多功能分散的插板（或称卡件）按照一定的逻辑或物理顺序安装在插板箱中，各现场控制单元与控制管理级之间采用总线连接，以实现信息交互。

现场控制单元的硬件配置需要完成以下内容：

（1）插件的配置。根据系统的要求和控制规模配置主机插件（CPU 插件）、电源插件、输入输出插件、通信插件等硬件设备。

（2）硬件冗余配置。对关键设备进行冗余配置是提高集散式控制系统可靠性的一个重要手段，集散式控制系统通常可以对主机插件、电源插件、通信插件和网络、关键输入输出插件实现冗余配置。

（3）硬件安装。不同的集散式控制系统，对于各种插件在插件箱中的安装，会对逻辑顺序或物理顺序有相应的规定。另外，现场控制单元通常分为基本型和扩展型两种，基本型现场控制单元就是各种插件安装在一个插件箱中，但更多的时候需要可扩展的结构形式，即一个现场控制单元还包括若干数字输入输出扩展单元，相互间采用总线连成一体。

就本质而言，现场控制单元的结构形式和配置要求与模块化可编程逻辑控制器的硬件配置是一致的。

2）操作站

操作站用来显示并记录来自各控制单元的过程数据，是人与生产过程信息交互的操作接口。典型的操作站包括主机系统、显示设备、键盘输入设备、信息存储设备和打印输出设备等，主要实现强大的显示功能（如模拟参数显示、系统状态显示、多种画面显示等）、报警功能、操作功能、报表打印功能、组态和编程功能等。

另外，集散式控制系统操作站还分为操作员站和工程师站。从系统功能上看，前者主要实现一般的生产操作和监控任务，具有数据采集和处理、监控画面显示、故障诊断和报警等功能。后者除了具有操作员站的一般功能以外，还具备系统的组态、控制目标的修改等功能。从硬件设备上看，多数系统的工程师站和操作员站合在一起，仅用一个工程师键盘加以区分。

3. 集散式控制系统的软件系统

集散式控制系统的软件系统通常可以为用户提供相当丰富的功能软件模块和功能软件包，控制工程师利用集散式控制系统提供的组态软件，将各种功能软件进行适当的“组装连接”（即组态），生成满足控制系统要求的各种应用软件。

1）现场控制单元的软件系统

现场控制单元的软件系统主要包括以实时数据库为中心的数据巡检、控制算法、控制输出等软件模块。

实时数据库起到了中心环节的作用，在其中进行数据共享，各执行代码都与它交换数据，用来存储现场采集的数据、控制输出以及某些计算的中间结果和控制算法结构等方面的信息。数据巡检模块用以实现现场数据、故障信号的采集，并实现必要的数字滤波、单位变换、补偿运算等辅助功能。集散式控制系统的控制功能通过组态生成，不同的系统需要的控制算法模块各不相同，通常会涉及以下模块：算术运算模块、逻辑运算模块、PID 控制模块、变型 PID 模块、手自动切换模块、非线性处理模块、执行器控制模块等。控制输出模块主要实现控制信号及故障处理的输出。

2）操作站的软件系统

集散式控制系统中的操作站用来完成系统的开发、生成、测试和运行等任务，这就需要相应的系统软件支持，这些软件包括操作系统、编程语言及各种工具软件等[1, 2]。一套完善的集散式控制系统，在操作站上运行的应用软件应能实现如下功能：实时数据库管理、网络管理、历史数据库管理、图形管理、历史数据趋势管理、数据库详细显示与修改、记录报表生成与打印、人机接口控制、控制回路调节、串行通信和各种组态控制等。

5.1.3 分布式系统

1. 分布式系统概述

当讨论分布式系统（distributed system）时，会面临以下这些形容词所描述的类型：分布式的、网络的、并行的、并发的和分散的。分布式处理是一个较新的领域，所以还没有一致的定义。与顺序计算相比，并行的、并发的和分布式的计算包括多个站点询问的集体协同动作。这些术语在一定范围内相互覆盖，有时也交换使用。

如果这个系统的部件局限在一个地方，它就是集中式的；如果它的部件在不同的地方，部件之间要么不存在或仅存在有限的合作，要么存在紧密的合作，它就是分散式的。当一个分散式系统不存在或仅存在有限的合作时，就称为网络的；否则为分布式的，表示在不同地方的部件之间存在紧密的合作。

在给出分布式系统具体定义的模型中，分布式系统可以用硬件、控制、数据这三个维度加以检验，即分布式系统 = 分布式硬件 + 分布式控制 + 分布式数据。

分布式系统有很多不同的定义，但其中没有一个是令人满意的或者能够被所有人接受的。例如："一个分布式系统是一些独立的计算机的集合，但是对这个系统的用户来说，系统就像一台计算机一样。"这个定义有两个方面的含义：第一，从硬件角度来讲，各个计算机都是自治的；第二，从软件角度来讲，用户将整个系统看成一台计算机。硬件和软件都是必需的，缺一不可。

也可以这么定义，即分布式系统是建立在网络之上的软件系统。正是因为软件的特性，所以分布式系统具有高度的内聚性和透明性。因此，网络和分布式系统之间的区别更多地在于高层软件（特别是操作系统），而不是硬件。内聚性是指每一个数据库分布节点高度自治，有本地的数据库管理系统。透明性是指每一个数据库分布节点对用户的应用来说都是透明的，看不出是本地还是远程。在分布式数据库系统中，用户感觉不到数据是分布的，即用户不需要知道关系是否分割、有无副本、数据存于哪个站点以及事务在哪个站点上执行等。例如，一个在世界各地有数百个分支机构的大银行，每个分支机构有一台主计算机存储当地账目和处理本地事务。此外，每台计算机还能通过串口服务器与其他分支机构的计算机及总部的计算机通信。如果不管顾客和账目在哪里交易都能够进行，而且用户也不会感到当前系统与被替代的、老的集中式主机有何不同，那么这个系统也被认为是一个分布式系统。

在一个分布式系统中，一组独立的计算机展现给用户的是一个统一的整体，就好像是一个系统。系统拥有多种通用的物理和逻辑资源，可以动态地分配任务，分散的物理和逻辑资源通过计算机网络实现信息交换。系统中存在一个以全局的方式管理计算机资源的分布式操作系统。通常，对用户来说，分布式系统只有一个模型或范型。在操作系统之上有一层软件中间件（middleware）负责实现这个模型。一个著名的分布式系统的例子是万维网（World Wide Web），在万维网中，所有的一切看起来就好像是一个文档（Web 页面）一样。

在计算机网络中，这种统一性、模型以及其中的软件都不存在。用户看到的是实际的计算机，计算机网络并没有使这些计算机看起来是统一的。如果这些计算机有不同的硬件或者不同的操作系统，那么这些差异对用户来说都是完全可见的。如果一个用户希望在一台远程计算机上运行一个程序，那么，他必须登录到远程计算机上，然后在那台计算机上运行该程序。

分布式系统和计算机网络系统的共同点是：多数分布式系统是建立在计算机网络之上的，所以分布式系统与计算机网络在物理结构上是基本相同的。

分布式系统和计算机网络系统的区别在于：分布式系统的设计思想和计算机网络系统是不同的，这决定了它们在结构、工作方式和功能上也不同。计算机网络系统要求网络用户在使用网络资源时首先必须了解网络资源，网络用户必须知道网络中各个计算机的功能与配置、软件资源、网络文件结构等，在网络中如果用户要读一个共享文件，那么他必须知道这个文件放在哪一台计算机的哪一个目录下；分布式系统是以全局方式管理系统资源的，它可以为用户任意调度网络资源，并且调度过程是“透明”的。当用户提交一个作业时，分布式系统能够根据需要在系统中选择最合适的处理器，将用户的作业提交到该处理程序，在处理器完成作业后，将结果传给用户。在这个过程中，用户并不会意识到有多个处理器的存在，这个系统就像是一个处理器一样。

2. 分布式软件系统

分布式软件系统（distributed software system，DSS）是支持分布式处理的软件系统，是在由通信网络互联的多处理机体系结构上执行任务的系统，包括分布式操作系统、分布式程序设计语言、分布式文件系统、分布式数据库系统和分布式邮件系统等。

1）分布式操作系统

分布式操作系统负责管理分布式处理系统资源和控制分布式程序运行，它和集中式操作系统的区别在于资源管理、进程通信和系统结构等方面。

2）分布式程序设计语言

分布式程序设计语言用于编写运行于分布式系统上的分布式程序，一个分布式程序由若干个可以独立执行的程序模块组成，它们分布于一个分布式处理系统的多台计算机上被同时执行。分布式程序设计语言与集中式的程序设计语言相比有三个特点，即分布性、通信性和稳健性。

3）分布式文件系统

分布式文件系统具有执行远程文件存取的能力，并以透明方式对分布在网络上的文件进行管理和存取。

4）分布式数据库系统

分布式数据库系统由分布于多个计算机节点上的若干个数据库系统组成，提供有效的存取手段来操纵这些节点上的子数据库。分布式数据库在使用上可视为一个完整的数据库，而实际上它是分布在地理分散的各个节点上。当然，分布在各个节点上的子数据库在逻辑上是相关的。

5）分布式邮件系统

分布式邮件系统即同一域名下跨地域部署的邮件系统，适用于在各地设有分部的政府机构或者大型集团，有效管理各地的人员结构，同时提高邮件服务器的应用效率。分布式邮件系统由多个数据中心组成，大量分支机构或较小的分散站点与数据中心连接。分支机构需要建立自己的邮件服务器，来加快处理当地分支机构的邮件，承载相应的数据处理量，以提高邮件处理能力、邮件收发速度、邮件功能模块化程度。

3. 分布式系统的优点

系统倾向于分布式发展的真正驱动力是经济。二十多年前，计算机权威评论家 H. Grosch 指出，CPU 的计算能力与它的价格的平方成正比，即后来的 Grosch 定理。也就是说，如果付出 2 倍的价钱，就能获得 4 倍的性能。这一论断与当时的大型计算机技术非常吻合，因此许多机构都尽其所能购买最大的单个大型机。

随着微处理机技术的发展，Grosch 定理不再适用。到 21 世纪初期，人们只需花几百美元就能买到一个 CPU 芯片，这个芯片每秒钟执行的指令比 20 世纪 80 年代最大的大型机的处理机每秒钟所执行的指令还多。如果你愿意付出 2 倍的价钱，将得到同样的 CPU，但它却以更高的频率运行。因此，最节约成本的办法通常是在一个系统中使用集中在一起的、大量的廉价 CPU。所以，人们倾向于分布式系统的主要原因是它可以潜在地得到比单个大型集中式系统好得多的性价比。实际上，分布式系统是通过较低廉的价格来实现相似的性能的。

与这一观点稍有不同的是，微处理机的集合不仅能产生比单个大型主机更好的性能价格比，而且能产生单个大型机无论如何都不能达到的绝对性能。例如，按 21 世纪初期的技术，能够用 10 000 个现代 CPU 芯片组成一个系统，每个 CPU 芯片以 50MIPS（每秒百万指令）的速率运行，那么整个系统的性能就是 500 000MIPS。而如果单个处理机（即 CPU）要达到这一性能，就必须在 2×10^{-12}s（0.002ns）的时间内执行一条指令，然而没有一个现存的计算机能接近这个速度，从理论上和工程上考虑都认为能达到这一要求的计算机是不可能存在的。理论上，爱因斯坦的相对论指出光的传播速度最快，它能在 0.002ns 内传播 0.6mm。实际上，一个在边长为0.6mm大小的立方体内的具有上面所说的计算速度的计算机产生大量的热量就能将它自己立即熔掉。所以，无论是要以低价格获得普通的性能还是要以较高的价格获得极高的性能，分布式系统都能够满足。

另外，一些作者对分布式系统和并行系统进行了区分。他们认为分布式系统是设计用来允许众多用户一起工作的，而并行系统的唯一目标就是以最快的速度完成一个任务，就像我们的速度为500 000MIPS的计算机那样。我们认为，上述区别是难以成立的，因为实际上这两个设计领域是统一的。我们更愿意在最广泛的意义上使用“分布式系统”一词来表示任何一个有多个互连的CPU协同工作的系统。

建立分布式系统的另一原因在于一些应用本身是分布式的。一个超级市场连锁店可能有许多分店，每个商店都需要采购当地生产的商品（可能来自本地的农场）、进行本地销售，或者要对本地的哪些蔬菜因时间太长或已经腐烂而必须扔掉做出决定。因此，每个商店的本地计算机能明了存货清单是有意义的，而不是集中于公司总部。毕竟，大多数查询和更新都是在本地进行的。然而，连锁超市的高层管理者也会不时地想要了解他们还有多少甘蓝。实现这一目标的一种途径就是将整个系统建设成多 CPU 协同的管理系统，这个管理系统就像一台计算机一样，但是在实现上它是分布的，像前面所描述的一个商店有一台机器。这就是一个商业分布式系统。

另一种固有的分布式系统是通常被称为计算机支持下的协同工作（computer supported cooperative work，CSCW）系统。在这个系统中，一组相互之间在物理上距离较远的人员可以一起工作，如写出同一份报告。就计算机工业的长期发展趋势来说，人们可以很容易地想象出一个全新领域——计算机支持的协同游戏（computer supported cooperative game，CSCG）。在这个游戏中，不在同一地方的游戏玩家可以实时地玩游戏。可以想象，在一个多维迷宫中玩电子捉迷藏，甚至是一起玩一场电子空战，每个人操纵自己的本地飞行模拟器去试着击落别的游戏玩家，每个游戏玩家的屏幕上都显示出其飞机外的情况，包括其他飞入其视野的飞机。

同集中式控制系统相比，分布式系统的另一潜在优势在于它的高可靠性，即把工作负载分散到众多的计算机上，单个芯片故障最多只会使一台计算机停机，而其他计算机不会受任何影响。理想条件下，某一时刻如果有5%的计算机出现故障，系统将仍能继续工作，只不过损失5%的性能。对于关键性的应用，如核反应堆或飞机的控制系统，采用分布式系统主要是考虑到它可以获得高可靠性。

最后，渐增式的增长方式也是分布式系统优于集中式控制系统的潜在原因。通常，一个公司会买一台大型主机来完成所有的工作，而公司规模扩充，主机工作量就会增大，当增大到某一程度时，这个主机就不能再胜任了。解决办法要么是用更大型的机器（如果有）代替现有的大型主机，要么再增加一台大型主机。这两种做法都会引起公司运转混乱。相比之下，如果采用分布式系统，仅给系统增加一些处理机就可以解决这个问题，而且这也允许系统在需求增长时逐渐进行扩充。

从长远的角度来看，主要的驱动力将是大量个人计算机的存在和人们共同工作与信息共享的需要，这种信息共享必须是以一种方便的形式进行的，而不受地理或人员、数据、机器物理分布的影响。

既然使用微处理机是一种节省开支的办法，那么为什么不给每个人一台个人计算机，让他们各自独立地工作呢？

原因之一是许多用户需要共享数据。例如，机票预订处的工作人员需要访问存储航班以及现有座位信息的主数据库。假如给每个工作人员都备份整个数据库，那么在实际中这是无法工作的，因为没有人知道其他工作人员已经卖出了哪些座位。共享的数据是上例和许多其他应用的基础，所以计算机间必须互联，而计算机互联就产生了分布式系统。

原因之二是共享并不只是涉及数据。昂贵的外设，如彩色激光打印机、照相排版机以及大型存储设备（如自动光盘点唱机）都是共享资源。

把一组孤立的计算机连成一个分布式系统的第三个原因是它可以增强人与人之间的沟通，电子邮件比信件、电话和传真有更多的诱人之处。它比信件快得多，不像电话需要两人同时都在，也不像传真，它所产生的文件可在计算机中进行编辑、重排和存储，也可以由文本处理程序来处理。

最后，分布式系统可能比给每个用户一个独立的计算机更灵活。尽管一种可能的模式是给每个人一台个人计算机并把它们通过局域网（local area network，LAN）连接在一起，但这种方式并不是唯一的。另外，还存在一种模式是将个人计算机和共享计算机混合连接在一起（这些机器的型号可能并不完全相同），使工作能够在最合适的计算机上完成，而并不总是在自己的计算机上完成。这种方式可以使工作负荷能更有效地在计算机系统中进行分配。系统中某些计算机的失效也可以通过使其工作在其他计算机上进行而得到补偿。

4. 分布式系统的缺点

尽管分布式系统有许多优点，但也有缺点。我们前面已经提到了最棘手的问题：软件。就目前的最新技术发展水平，在设计、实现及使用分布式系统上都没有太多的经验。什么样的操作系统、程序设计语言和应用适合这一系统，用户对分布式系统中分布式处理应该了解多少，系统应当做多少而用户又应当做多少，专家的观点不一（这并不是因为专家与众不同，而是因为对于分布式系统，他们也很少涉及)。随着更多研究的进行，这些问题将会逐渐减少。但是我们不应该低估这些问题。

第二个潜在的问题是通信网络。由于它会损失信息，所以就需要专门的软件进行恢复。同时，网络还会产生过载。当网络负载趋于饱和时，必须对它进行改造，替换或加入另外一个网络扩容。在这两种情况下，一个或多个建筑中的某些部分必须花费很高的费用进行重新布线，或者更换网络接口板(如用光纤)。一旦系统依赖于网络，那么网络的信息丢失或饱和将会抵消通过建立分布式系统所获得的大部分优势。

尽管存在这些潜在的问题，许多人还是认为分布式系统的优点多于缺点，并且普遍认为分布式系统在未来几年中会越来越重要。实际上，在几年之内许多机构会将它们的大多数计算机连接到大型分布式系统中，为用户提供更好、更廉价和更方便的服务。而在十年之后，中型、大型商业或其他机构中可能将不再存在一台孤立的计算机了[3, 4]。

5.2 双总线系统混合组网

“潜龙”系列 AUVs 的控制系统采用以太网与控制器局域网（controller area network，CAN）总线混合组网的设计方式，将各单元组部件联系在一起。各单元组部件之间若有较大数据传输量，则采用以太网通信方式，若仅是控制指令发送与状态数据反馈，则主要由 CAN 总线来完成。这样既解决了大量数据的传输，又解决了航行控制实时性要求严的问题。混合组网的设计结构示意图如图 5.1 所示。

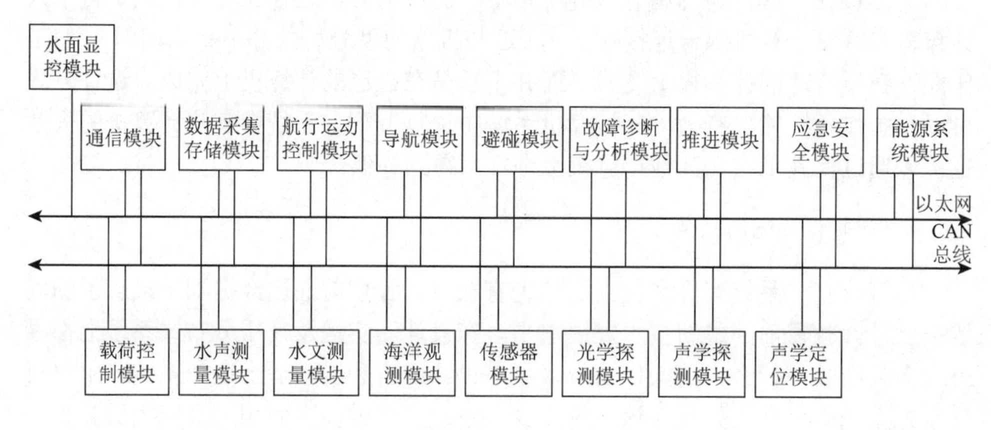

图 5.1　混合组网的设计结构示意图

以“潜龙一号”自主水下机器人为例，每个功能模块中都有各自功能独立的单元节点，实现各自的功能，再通过这个节点挂接到总线上，其中自主水下机器人运动控制、指令传输等单元节点挂接到 CAN 总线上，大数据量的交互与传输通过内部局域网进行。这样设计既解决了自主水下机器人运动控制的实时性，又解决了各设备之间大数据量的快速传输和及时处理。

自主水下机器人某一个单元节点出现故障不会影响整个设备状态，并且可以根据故障设备的等级、严重性采取相应的决策或处理措施。该设计方案在“潜龙一号”自主水下机器人中得以验证，效果良好。

5.3 自主水下机器人通信

5.3.1 概述

水下机器人通信包括以太网通信、光纤通信、水声通信、无线电通信和卫星通信等，主要用于水下机器人与水下机器人之间、水下机器人与其他平台之间通信，实现信息的双向传输。

按照有无通信线路的物理连接，通信技术可以分为有线通信技术和无线通信技术。其中有线通信技术包括光纤通信技术、以太网通信技术；无线通信技术包括水声通信技术、无线电通信技术、卫星通信技术。

通信技术又称通信工程，研究的是以电磁波、声波或光波的形式把信息通过电脉冲，从发送端（信源）传输到一个或多个接收端（信宿）。接收端能否正确辨认信息，取决于传输中的损耗高低。

1. 通信系统基本模型

通信是将信息从发送端（信源）传输到一个或多个接收端（信宿）。以不同形式把信息传递的媒介称为信道。这样就构成了信息传递的必要条件，也就是构成了通信系统，这个信息传递过程可以用图 5.2 表示。

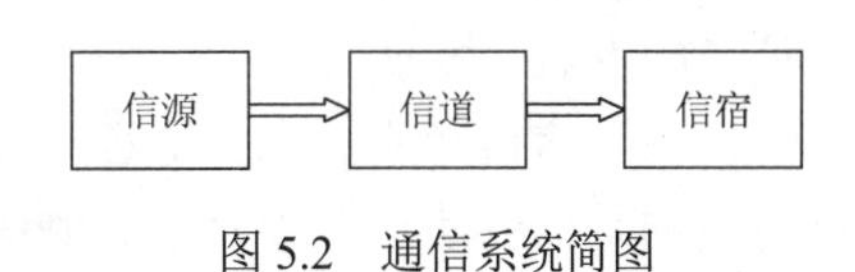

图 5.2 通信系统简图

对无线电通信而言，如语音、报文、图像等信息，首先要将其转换成电量，因此在发送端要加入变换器，为使变换器产生的电量能适合信道传送的要求，在发送端还必须有发送设备。在接收端要完成相反的过程，因此接收设备和输出变换器是必不可少的。由于发送、接收设备的信道不可避免地会引入噪声，通常把所有可能产生的噪声归结到信道中。图 5.3 为通信系统的基本模型。

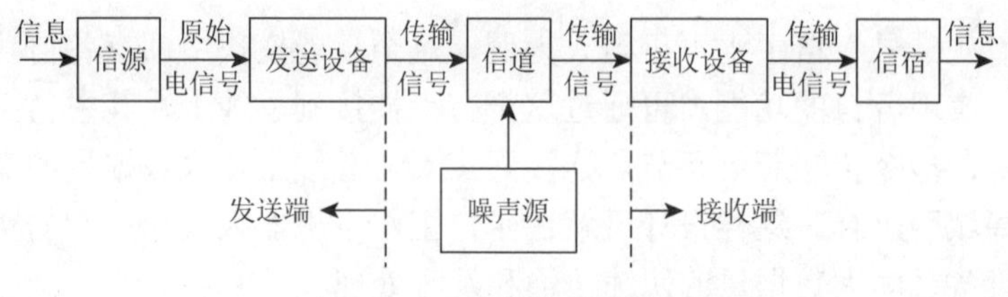

图 5.3　通信系统基本模型

（1）信源（或输入变换器）：信源是信息的来源，通常信息是非电的，因此必须把来自信源的信息变成随时间变化的电量，这个电量称为信息信号或基带信号。这个过程是由输入变换器完成的，如语音激励的送话器、电视摄像机、光电输入机等就属于这类输入变换器。

（2）发送设备：把输入信号连接到信道上。虽然有时发送设备的输入信号直接加到信道上是可行的，但为了加工信号，使信号满足信道传送的各项要求，发送设备常常是必要的。由发送设备完成的信号加工工作主要包括放大、滤波和调制。在这些加工中最重要的工作是调制。通过调制，使发送信号的特性与信道的要求相匹配，即将信源产生的信息信号变换成适合在信道中传输的信号。对数字通信系统来说，发送设备常常包括信源编码、信道编码、波形设计以及数字调制方式；对于多路传输系统，还包括多路复用设备。

（3）信道：信息的通道。信源与信宿在物理上往往是分开的，信道提供了信源与信宿之间在物理上的联系。信道具有许多不同的形式，如自由空间的短波无线电信道、水声信道、双导线、电缆或光纤、卫星或微波机理等，都是常见的实际信道。

（4）接收设备：用于从来自信道的各种微弱传输信号和噪声中选择所需要的信号。接收设备主要是通过解调过程来完成这个功能，而解调是发送设备调制过程的逆过程。由于存在噪声和有用信号的畸变，接收设备不一定能完全再现信号。接收设备研究的重要课题就是采用何种解调方式才能有效地克服和减小噪声及其他信号的影响。接收设备除了完成解调任务之外，还对信号进行放大和滤波。

（5）信宿（或输出变换器）：信宿是信息的归宿，也是信息的接收者。例如，传送的是语音信息，接收者是用耳朵听，人耳接收的是声波的振动，因此还需要把接收设备复制的电信号变换成接收者能接收的信息，如语音振动。这种设备就是输出变换器，输出变换器有许多种，如耳机、扬声器、电视屏幕、磁带记录仪、打印机等。

（6）噪声源：与上述部件不同，它不是人们有意加入的，而是通信系统中各种设备以及信道中固有的，并且是人们不希望有的。若噪声与信号功率相当，甚至超过信号，这样噪声将严重地降低通信系统的性能，通信系统设计的主要任务就是同噪声做斗争。

2. 信号调制

信号调制是使一种波形的某些特性按另一种波形或信号而变化的过程或处理方法。在无线电通信中，利用电磁波作为信息的载体。信息一般是待传输的基带信号（即调制信号），其特点是频率较低、频带较宽且相互重叠，为了适合单一信道传输，必须进行调制。调制就是将待传输的基带信号（调制信号）加载到高频振荡信号上的过程，其实质是将基带信号搬移到高频载波上，也就是频谱搬移的过程，目的是把要传输的模拟信号或数字信号变换成适合信道传输的高频信号。

调制的种类有很多，分类方法也不一致。

按调制信号的形式，调制可分为模拟调制和数字调制。用模拟信号调制称为模拟调制；用数据或数字信号调制称为数字调制。

按被调信号的种类，调制可分为脉冲调制、正弦波调制和强度调制（如对非相干光调制）等，调制的载波分别是脉冲、正弦波和光波等。正弦波调制有幅度调制［又称幅移键控（amplitude-shift keying，ASK）］、频率调制［又称频移键控（frequency-shift keying，FSK）］和相位调制［又称相移键控（phase-shift keying，PSK）］三种基本方式，后两者合称为角度调制。此外还有一些变异的调制，如单边带调幅、残留边带调幅等。脉冲调制也可以按类似的方法分类，此外还有复合调制和多重调制等。

但实际应用中，无论模拟信号还是数字信号，通常有三种最基本的调制方法：ASK、FSK 和 PSK。

ASK 是用调制信号去控制高频正弦载波的幅度，使其按调制信号的规律变化，如常规双边带调幅（bilateral band amplitude modulation，AM）、抑制载波双边带调幅（suppression carrier band amplitude modulation，DSB-SC）、单边带调制（single side band modulation，SSB）和残留边带调制（residual band modulation，VSB）等。

FSK 是使载波的瞬时频率按照所需传递信号的变化规律变化的调制方法，它是一种使受调波瞬时频率随调制信号而变的调制方法。

PSK 是载波相位受所传信号控制的一种调制方法。载波为正弦波时称调相（phase modulation，PM）；载波为脉冲序列时称脉冲调相（pulse phase modulation，PPM）；瞬时相位在两个或多个确定相角值上交替变化的称为二进制或多进制调相，它是数字通信中常用的一种调制方式。PSK 实现常见的有三种方法，分别是可变移相法调相、可变时延法调相、矢量合成法调相。

调制方式按照传输特性可分为线性调制和非线性调制。线性调制可以分为两种：广义的线性调制和狭义的线性调制。其中狭义的线性调制只改变频谱中各分量的频率，但不改变各分量振幅的相对比例，使上边带的频谱结构与调制信号的频谱相同，下边带的频谱结构则是调制信号频谱的镜像。狭义的线性调制有 AM、DSB-SC、SSB 和 VSB。非线性调制是调制技术的一种实现方式，与线性调制相对应。非线性调制与线性调制的本质区别在于：线性调制不改变信号的原始频谱结构，而非线性调制改变了信号的原始频谱结构。

3. 通信系统主要性能指标

通信系统主要性能指标包括通信距离、通信容量、信息传输差错概率等；通信收发设备的主要性能指标包括通信距离、通信容量、工作频率、收/发信机功率、连续工作时间等；通信天线性能指标包括尺寸、重量、样式、天线增益、天线效率。对于现代数字通信系统，系统的主要性能指标通常用通信距离、信息速率、误码率等表征，水声通信系统还应包括工作深度等。通信系统性能指标之间存在某种依赖和制约关系，通信信息容量与通信频带宽度及信噪比有关。

在给定的信道容量下，减小带宽则要求增加发送信号的功率，以获得较大的信噪比；而增加带宽可以降低对信噪比的要求；当信噪比太小不能保障通信质量时，常采用宽带系统，用增加带宽来改善通信质量。信息传输差错概率与信噪比、频带宽度及信息带宽之比（带宽比）有关，且信噪比与带宽比是可以互换的，即为了保证通信质量，采用带宽换功率的措施。

对于无线电通信和水声通信方式，通信距离与工作频率、发射功率、天线尺寸特性，以及通信信道特性紧密相关。通信频率越低，发射功率越大，天线尺寸越大，通信距离越远。在同样的通信方式下，衡量通信设备性能的主要指标包括通信距离、通信容量和通信可靠性。对于数字通信设备，则为通信距离、信息速率和误码率[5]。

5.3.2 自主水下机器人通信技术特点

自主水下机器人的通信主要是指母船或岸上指挥中心与自主水下机器人之间信息传输：一是母船或岸上指挥中心传给自主水下机器人的信息，包括初始自主水下机器人任务、控制指令码等；二是自主水下机器人传给母船或岸上指挥中心的信息，包括自主水下机器人当前的状态信息、向母船请示或报告的信息、目标信息、水下环境特征信息、水下机器人运动轨迹信息等。

自主水下机器人通信技术应用的基本要求是：通信距离远、通信容量大、通信质量好、抗干扰性强、保密性好。自主水下机器人通信技术既具有海上舰艇通信技术所共有的特点，也有其自身使用特定的要求。自主水下机器人由于尺寸小、空间狭窄、携带蓄电池能量较低、使用海况较差等限制，某些舰艇通信手段、陆地通信手段难以在自主水下机器人上使用，如甚长波通信、Ka 和 Ku 波段卫星通信等。自主水下机器人采用的通信手段主要是水声通信、卫星通信、短波或超短波无线电通信、光纤通信等。水声通信可采用扩频技术和先进的调制解调、编译码及自适应均衡措施以及水声组网通信方式；卫星通信可采用自动跟踪、瞬间通信方式；无线电通信可采用实时选频技术和先进的调制解调、编译码及自适应均衡等措施。现代的自主水下机器人还可以采用组合通信方式，实现自主水下机器人与支持母船或己方岸基保障部的双向通信。

5.3.3 以太网通信技术

自主水下机器人以太网通信通过超五类网线传输数据，主要用于母船监视自主水下机器人、下水前的检查和下载使命规划、根据使命规划修改相应故障表及数据。也可将自主水下机器人数据记录在系统上和将传感器获得的大量原始数据下载到母船上，使用人员利用专门的数据分析处理软件对原始数据进行后处理，以得到有价值的信息和结论，为使用提供决策参考。以太网通信的数据传输速率高，一般为100Gbit/s。采用以太网通信方式，自主水下机器人一般已经回收到母船上，并处在水面上的甲板或者在舱室内。美国的“Bluefin-12”自主水下机器人、挪威的“HUGIN”系列自主水下机器人都设有以太网通信系统。另外一种是自主水下机器人设备内部建立以太网通信的局域网，以实现大数据量的内部传输和传感器原始数据的采集[6]。

5.3.4 光纤通信技术

光纤通信是利用光缆中的光导纤维作为传输媒介的一种光通信方式，又称为光通信。光纤通信可传输电话、电报、数据和图像等信息。与无线电通信相比，其具有频带宽、通信容量大、损耗低、性能稳定、通信质量高、电磁辐射较少、所传信号不易被截获、无串话干扰、保密性较好、能抗电磁干扰和核辐射、能较好地保证信息的正常传输等优点，但存在机动性和抗毁性差、在高低温环境中传输性能变差等缺点。

光纤通信系统主要采用强度调制方式，即直接把信息调制到光强度上，让光功率随信息而变化，接收端则直接从光强度变化中用检测器提取信息。光纤通信系统主要由电端机、光端机、光缆、光检测器、中继器等设备和组件构成。电端机的作用是对信息源的电信号进行处理，如在数字通信时进行模数转换，在模拟通信时电端机包括模拟信号终端设备。发送光端机把电信号变成适于在光纤中传输的光信号，接收光端机的作用则相反。如果光纤太长，光信号经过传输后也会衰减变小和受干扰畸变，因而往往要加一个再生中继器，它的作用是先把光信号变成电信号，再对电信号进行均衡、放大、整形和再生，然后变为光信号继续传输。

光纤通信使用的波段一般为近红外线，波长为0.8～2.0μm。光纤芯直径很小，约为0.1mm，18芯光纤截面直径只有12mm。芯细体轻使光纤便于敷设，更使它在天上和水下运载工具上得到广泛的应用。光纤实质上是一种对其传输的光波有约束和引导作用的介质波导。约束，是指光纤能够将光能约束在光纤内部；引导，是指光纤能够引导光能量沿着轴线方向传输。光纤从外表上看是一根细细的圆柱形长丝，它的主体结构分为两部分，中央部分的实心圆柱体是纤芯，而紧包在纤芯外边的圆筒为包层。纤芯和包层同轴，构成裸光纤。为保护光纤不受水汽、杂质的损害和增加机械强度，要对光纤进行涂敷，包括一次涂敷和二次涂敷。

光纤通信具有通信容量大、抗电磁干扰、保密性好、体积小、重量轻、价格便宜，以及抗腐蚀能力强、抗辐射能力强、可绕性好、无电火花、泄漏小等优点。在海军方面的应用主要包括通过海底光缆进行岸-岛、岛-岛间通信，以及海军机关、基地、飞机、舰艇、导弹内部的数据传输和通信等。受自主水下机器人尺寸、能源限制，其发射机、接收机以及信号处理设备尺寸也不能太大。自主水下机器人光纤通信技术主要包括低功耗与通信发射机、接收机和信号处理设备等相关的技术，以及光缆释放和回收技术。自主水下机器人使用的光缆要耐海水压力和耐海水腐蚀，并具有足够的抗拉强度。意大利研发的“GIGAS”自主水下机器人配置有复合光缆，其长度为500～20 000m，可用于潜艇与自主水下机器人双向通信。

自主水下机器人光纤通信主要用于自主水下机器人与母船之间的远距离、大信息量和短时间快速水下信息传输，以实现数据、信息和情报的水下有线传输。自主水下机器人与母船上装备相应的光端发射机和接收机之间采用光纤通信。光纤通信传输数据量大，可以实时快速传输图像信息，传输距离较远，隐蔽性好，抗干扰能力强。采用光纤通信方式，自主水下机器人可以长期处于水下状态工作，但是，母船和自主水下机器人的机动性受到很大限制。在实施隐蔽作战任务时，一旦自主水下机器人被敌方发现，可能暴露母船的位置，危及母船的生存和安全。随着自主水下机器人自主能力的提高，光纤通信方式的使用会减少。美国的NMRS由潜艇鱼雷发射管布放，主要用于担负反水雷和情报收集、监视、侦察任务，与母船通信采用光缆通信方式。自主水下机器人上有56km长的光缆，在浮锚上还有37km长的光缆，所获得的全部数据都传送回母船处理，数据传输速率为30Gbit/s。法国“Alister”自主水下机器人也设有光纤通信方式[7-10]。

5.3.5 水声通信技术

水声通信技术是一项在水下收发信息的技术。水下通信有多种方法，但是最常用的是水声换能器。

水下通信非常困难，主要是由于信道的多径效应、时变效应、可用频带较窄、信号衰减严重，特别是在长距离传输中。

水声通信相比有线通信，速率非常低，因为水声通信采用的是声波而非无线电波。常见的水声通信采用的是扩频通信技术，水声通信技术发展得已经较为成熟，国外很多机构都已研制出水声通信调制解调器，通信方式主要有正交频分复用（orthogonal frequency division multiplexing，OFDM）、扩频以及其他调制方式。此外，水声通信技术已发展到网络化的阶段，即将无线电中的点对点“Ad-Hoc”（来源于拉丁语）网络技术应用于水声通信网络中，可以在海洋中实现全方位、立体化通信（可以与自主水下机器人等无人水下机器人设备结合使用），但只有少数国家试验成功。

水声通信利用声波进行水下通信，通常用于潜艇之间、潜艇与水面舰艇之间的水下通信。水声通信设备通常指通信声呐，由声呐基阵、发射机和接收机、信号处理设备等组成。通信声呐主要有语音、电报两种通信方式，有的还有编码通信、数字通信、敌我识别和合作测距等功能。

自主水下机器人水声通信主要用于自主水下机器人与母船、其他水下机器人、潜标或浮标之间通信，由于其体积、能源、背景噪声相差很大，自主水下机器人上配置的水声通信设备与舰艇和潜标或浮标上配置的水声通信设备在外形、尺度、能源消耗上可能不尽一致，两者之间的双向通信也可能是非对称的，水声通信设备载体可能只有单向水声通信设备。水声通信的数据传输速率按照使用要求可分为近程高数据传输速率通信和远程低数据传输速率通信。近程信息传输距离小于10km，数据传输速率为每秒几千到十几千比特，可传输黑白图像信息。远程信息传输距离在几十千米，数据传输速率在几至几十比特每秒，传输指令和控制信息。

“HUGIN 3000”型自主水下机器人装备了LinkQuest公司的UWM4010型声调制解调器，该声调制解调器工作频率为 12.75kHz 或 21.25kHz，工作深度为3000m或6000m，发射功率为7W，接收功率为0.8W，传输距离为4km，数据传输速率为8.5Kbit/s，误码率小于10^{-7}，直径14.4cm，长28.6cm，空气中质量为8.2kg，水中质量为4.6kg。美国的AUSS由水面船搭载，主要用于在深海搜索海底目标，配置有水声通信设备。通过水声通信，母船也可遥控 AUSS。其水声通信距离为10km，数据传输速率为 1.2～4.8Kbit/s。挪威的“HUGIN”系列自主水下机器人是通过水声链进行遥控的，遥控距离达110n mile[6]。

1. 水声信道的特点

声的传播受水文条件影响明显，水声信道不够稳定，近海、浅海尤其如此。此外，在浅海水域，海面和海底会造成声波的反射。水声换能器指向性越好，海面和海底对声传播的影响就越小。在浅海水域水平方向通信时，如果使用发射角大的发射阵，那么从发射阵出来的声波在海面和海底会多次反射。接收时，来自发射阵的直达波和多数反射波重叠，严重影响高速通信。水声信道是一个多途、时变和频散的信道，声波在其中的传输行为十分复杂，这给稳定的、高速的数字通信带来了很多障碍。

水声通信距离和工作频率呈反比关系，工作频率越低，传输距离越远。典型的水声通信工作频率为 1～50kHz。水声通信数据传输速率和带宽关系密切，带宽越大，数据传输速率越高。

2. 水声网络通信技术

计算机技术与现代数据通信技术发展相结合，使信息采集、传输、交换、存储与处理融为一体，组成了各类计算机网络。计算机与通信技术相结合，使数字计算机渗透到通信技术中，提高了网络服务质量及资源共享性能。同时，通信网络又为计算机间进行数据传输与交换提供了必要的手段。计算机网络是将分布于不同地点的计算机、终端及外围设备利用通信系统互联起来，在网络协议软件支持下，实现远程文件和数据传输，并进一步达到资源共享的系统。为了使计算机网络中各种设备在同一原则指导下相互协调，得到合理有效的利用，人们提出了网络体系结构。网络体系结构对整个网络系统的逻辑结构和功能以及相互间的通信与共享进行了合理的任务分配，并制定了若干共同遵守的规程。鉴于网络环境的复杂性，网络体系结构采用了模块化分层。1979 年，国际标准化组织提出开放系统互联参考模型，从而为网络业务和协议提供了标准，保证了符合参考模型和相应标准的任何两个系统均可相互连接进行通信。

近年来，水声网络通信技术发展很快，自主水下机器人之间，自主水下机器人与网管浮标、水下固定潜标之间等已经实现了水声网络通信。美国已经将水声网络通信系统应用于反水雷作战、濒海反潜战、港口防御、海洋测量等。北大西洋公约组织（北约）多次进行了水下机器人水声网络通信海上试验。

美国材料与试验协会为自主水下机器人通信发展制定了概念性的水声通信系统分层体系结构。该体系结构分为物理层、数据链路与控制层、网络层、传输层、描述与加密层、应用层六个层次。未来水声网络通信将能够实现异构网络通信[6]。

5.3.6 无线电通信技术

无线电通信（radio communication）是将需要传送的声音、文字、数据、图像等电信号调制在无线电波上经空间和地面传至对方的通信方式，是利用无线电磁波信号可以在自由空间中传播的特性进行信息交换的一种通信方式。在移动中实现的无线通信统称为移动通信，人们把二者合称为无线移动通信。

无线电通信的最大魅力在于，借助无线电波具有的波动传递信息的功能，人们可以省去铺设导线的麻烦，实现更加自由、快捷、无障碍的信息交流和沟通。无线电波同光波一样，可以反射、折射、绕射和散射传播。由于电波特性不同，有些电波能够在地球表面传播，有些能够在空间直线传播，有些能够从大气层上空反射传播，有些电波甚至能穿透大气层，飞向遥远的宇宙空间。无线电通信所用的频率（波长）分为 14 个频段（波段），如表 5.1 所示。

表 5.1　无线电通信所用的频率（波长）列表

频带号	频带名称	频率范围	波段名称	波长范围
–1	至低频（TLF）	0.03～0.3Hz	至长波或千兆米波	10 000～1 000Mm
0	至低频（TLF）	0.3～3Hz	至长波或百兆米波	1 000～1 00Mm
1	极低频（ELF）	3～30Hz	极长波	100～10Mm
2	超低频（SLF）	30～300Hz	超长波	10～1Mm
3	特低频（ULF）	300～3 000Hz	特长波	1 000～100km
4	甚低频（VLF）	3～30kHz	甚长波	100～10km
5	低频（LF）	3～300kHz	长波	10～1km
6	中频（MF）	300～3 000kHz	中波	1 000～100m
7	高频（HF）	3～30MHz	短波	100～10m
8	甚高频（VHF）	30～300MHz	米波	10～1m
9	特高频（UHF）	300～3 000MHz	分米波	10～1dm
10	超高频（SHF）	3～30GHz	厘米波	10～1cm
11	极高频（EHF）	30～300GHz	毫米波	10～1mm
12	至高频（THF）	300～3 000GHz	丝米波或亚毫米波	1～0.1mm

无线电业务分类经过百余年的不断发展，各种新的无线电业务不断涌现，无线电业务的种类日益增多。依据国际电信联盟《无线电规则》，《中华人民共和国无线电频率划分规定》共定义了 43 项无线电业务。根据频率和波长的差异，无线电通信大致分为长波通信、中波通信、短波通信、超短波通信和微波通信。

（1）长波通信（3～300kHz）。长波主要沿地球表面传播，又称地波，也可在地面与电离层之间形成的波导中传播，传播距离可达几千千米甚至上万千米。长波能穿透海水和土壤，因此多用于海上、水下、地下的通信与导航业务。

（2）中波通信（300～3000kHz）。中波在白天主要依靠地面传播，夜间可由电离层反射传播。中波通信主要用于广播和导航业务。

（3）短波通信（3～30MHz）。短波主要靠电离层发射的天波传播，可经电离层一次或几次反射，传播距离可达几千千米甚至上万千米。短波通信适用于应急、抗灾通信和远距离越洋通信。

（4）超短波通信（30～300MHz）。超短波对电离层的穿透力强，主要以直线视距方式传播，比短波天波传播方式稳定性高，受季节和昼夜变化的影响小。由于频带较宽，超短波通信被广泛应用于传送电视、调频广播、雷达、导航、移动通信等业务。

（5）微波通信（300MHz～300GHz）。微波主要以直线视距传播，但受地形、地物以及雨雪雾影响大。其传播性能稳定，传输带宽更宽，地面传播距离一般在几十千米。能穿透电离层，对空传播可达数万千米。微波通信主要用于干线或支线无线通信、移动通信和卫星通信。

无线电通信能与运动中的、方位不明的、受自然障碍阻隔的对象进行通信，建立迅速，便于机动。但信号容易被敌方截收、侧向和干扰，有的波段信道不够稳定，易受气候和各种干扰影响。海洋环境和使用条件对无线电通信设备和天线等提出了特殊的性能要求。

自主水下机器人无线电通信主要使用超短波通信，主要用于自主水下机器人与母船、飞机、其他自主水下机器人之间的空中信息传输，以实现数据、信息和情报的空中无线传输。由于舰艇、自主水下机器人和飞机的无线电通信设备使用环境差别很大，自主水下机器人上配置的无线电通信设备与舰艇、飞机上的通信设备在外形、尺度、能源消耗上可能不尽一致。无线电通信方式传输数据量很大，可以实时传输静止图像信息。数据传输速率为2.4～9.6Kbit/s，甚至更高，通信距离与通信频率和发射功率有关。采用超短波无线电通信时，通信距离为几千米到几十千米。采用无线电通信时，自主水下机器人必须上浮到水面工作，通常是在母船布放和回收水下机器人作业时使用。挪威的“HUGIN 3000”型自主水下机器人采用400MHz特高频无线电通信，通信距离为2～3km。美国的自主水下机器人还采用有WIFI 2.4GHz特高频无线电通信，国内“潜龙”系列自主水下机器人采用了200MHz甚高频无线电通信，通信距离为2～3km，同时采用了WIFI 2.4GHz特高频无线电通信，应用良好。

无线网络（wireless network）是无线电通信中的一种超高频无线电通信，是采用无线通信技术实现的网络。无线网络既包括允许用户建立远距离无线连接的全球语音和数据网络，也包括为近距离无线连接进行优化的红外线技术及射频技术，与有线网络的用途十分类似，最大的不同在于传输媒介的不同，利用无线电技术取代网线，可以和有线网络互为备份。

无线网络通信标准符合以太网IEEE 802.11a/b/g/n等标准协议。在无线局域网中，常见的接入设备有无线网卡、无线网桥、无线天线等。其中无线网桥从作用上来理解，可以用于连接两个或多个独立的网络段，这些独立的网络段通常位于不同的建筑内，相距几百米到几十千米，所以它可以广泛应用于不同设备间的互连。同时，根据协议不同，无线网桥又可以分为2.4GHz频段的802.11b、

802.11g 和 802.11n 以及采用 5.8GHz 频段的 802.11a 和 802.11n 的无线网桥。无线网桥有三种工作方式，如点对点、点对多点、中继桥接，特别适用于远距离通信[5]。

无线网桥不可能只使用一个，必须两个以上，而无线访问节点（access point，AP）可以单独使用。无线网桥功率大，传输距离远（最大约 50km），抗干扰能力强等，不自带天线，一般配备抛物面天线实现长距离的点对点连接。

无线局域网天线可以扩展无线网络的覆盖范围，把不同的设备连接起来。这样，用户可以随身携带笔记本电脑访问不同的设备。当计算机与无线 AP 或其他计算机相距较远时，随着信号的减弱，或者传输速率明显下降，或者根本无法实现与 AP 或其他计算机之间通信，此时，就必须借助无线天线对所接收或发送的信号进行增益（放大）。无线天线有多种类型，常见的有两种，一种是室内天线，优点是方便灵活，缺点是增益小，传输距离短；另一种是室外天线，室外天线的类型比较多，如栅栏式、平板式、抛物状等。室外天线的优点是传输距离远，比较适合远距离传输[6, 12]。

5.3.7 卫星通信技术

卫星通信技术是一种利用人造地球卫星作为中继站来转发无线电波而进行的两个或多个地球站之间的通信。卫星通信具有覆盖范围广、通信容量大、传输质量好、组网方便迅速、便于实现全球无缝链接等众多优点，被认为是建立全球个人通信必不可少的一种重要手段。

通信卫星按其业务涉及的范围可以分为三类：国际通信卫星、区域通信卫星和国内通信卫星。国际通信卫星是主要经营国际电信业务的通信卫星，其中最著名的是国际通信卫星组织所经营的国际通信卫星，它们代表着世界卫星通信产业发展的典型历程；区域通信卫星是某个地区的多个国家共同使用的通信卫星，如亚洲卫星、亚太卫星等。国内通信卫星是用于覆盖本国领土的通信卫星。由于国内通信卫星建造费用较低，投入运行周期短，是“快、好、省”地建立国家基础电信网络的重要手段，所以颇受发展中国家的青睐。截至目前，除发达国家外，已有许多发展中国家建立了自己的通信卫星系统。通信卫星按其运行轨道，可分为地球静止轨道通信卫星和非静止轨道通信卫星；按用途可分为电视广播卫星、海事通信卫星、航空通信卫星、跟踪和数据中继卫星、军用通信卫星等。随着卫星技术的不断发展，通信卫星家族也增添了新的成员，包括电视直播卫星、音频广播卫星、移动通信卫星、低轨道移动通信卫星等。

卫星通信是地球站之间利用人造地球卫星转发信号的无线电通信，按波段属微波通信，可传送电话、电报、传真、电视和数据等信息，是海上无线电通信的重要方式。卫星通信具有通信距离远、容量大、质量高、覆盖面广、受地形地貌影响小、组网灵活等特点，能在广阔的陆、海、空域实现全天候的多址通信，但是传播损耗大、时延长、卫星寿命有限，信号易被干扰、截获。

与其他通信手段相比，卫星通信具有许多优点：

（1）电波覆盖面积大，通信距离远，可实现多址通信。在卫星波束覆盖区内一跳的通信距离最远为 18 000km。覆盖区内的用户都可通过通信卫星实现多址连接，进行即时通信。

（2）传输频带宽，通信容量大。卫星通信一般使用 1000～10 000MHz 的微波波段，有很宽的频率范围，可在两点间提供几百、几千甚至上万条话路，提供每秒几十兆比特甚至每秒一百多兆比特的中高速数据通道，还可传输好几路电视。

（3）通信稳定性好、质量高。卫星链路大部分是在大气层以上的宇宙空间，属恒参信道，传输损耗小，电波传播稳定，不受通信两点间的各种自然环境和人为因素的影响，即便是在发生磁爆或核爆的情况下，也能维持正常通信。

但卫星通信也有不足之处，主要表现在：

（1）传输时延大。在地球同步卫星通信系统中，通信站到同步卫星的距离最大可达 40 000km，电磁波以光速（3×10^8m/s）传输，这样，经地球站→卫星→地球站（称为一个单跳）的传播时间约需 0.27s。如果利用卫星通信打电话，由于两个站的用户都要经过卫星，打电话者要听到对方的回答必须额外等待 0.54s。

（2）存在回声效应。在卫星通信中，由于电波来回转播需 0.54s，产生了讲话之后的“回声效应”。为了消除这一干扰，卫星电话通信系统中增加了一些设备，专门用于消除或抑制回声干扰。

（3）存在通信盲区。把地球同步卫星作为通信卫星时，由于地球两极附近区域“看不见”卫星，不能利用地球同步卫星实现对地球两极的通信。

（4）存在日凌中断、星蚀和雨衰现象。

参考文献

[1] 何衍庆, 俞金寿. 集散控制系统原理及应用[M]. 2 版. 北京：化学工业出版社, 2002: 8-11, 23-30, 187-198.

[2] 韩兵. 集散控制系统应用技术[M]. 北京: 化学工业出版社, 2011: 11-23.

[3] Tanenbaum A S, van Steen M. 分布式系统原理与范型[M]. 杨剑峰, 常晓波, 李敏, 等, 译. 北京: 清华大学出版社, 2008: 24-43.

[4] 付良瑞, 陈耀宏, 胡祥超, 等. 基于嵌入式以太网的分布式数据采集系统[J]. 电子技术应用, 2017, 43 (8): 58-61.

[5] 朱晓荣. 无线网络技术原理与应用[M]. 北京: 电子工业出版社, 2008: 5-10, 15-21.

[6] 陈强. 水下无人航行器[M]. 北京: 国防工业出版社, 2014: 85-90, 236-262.

[7] 石顺祥, 孙艳玲, 马琳, 等. 光纤技术及应用[M]. 武汉: 华中科技大学出版社, 2009: 31-39, 47-53.

[8] 邓大鹏. 光纤通信原理[M]. 北京: 人民邮电出版社, 2009: 6-11.

[9] 胡庆, 王敏琦. 光纤通信系统与网络[M]. 北京: 电子工业出版社, 2006: 5-12, 199-204.
[10] 朱昌平. 水声通信基本原理与应用[M]. 北京: 电子工业出版社, 2009: 6-13, 78-84.
[11] 田坦, 刘国枝, 孙大军. 声呐技术[M]. 哈尔滨: 哈尔滨工程大学出版社, 2000: 16-23.
[12] 王翔. 无线通信技术发展分析[J]. 数字通信世界, 2007, 40 (6): 62-64.

6 自主水下机器人导航技术

当前，自主水下机器人导航技术仍处于发展之中，水下导航问题一直以来是自主水下机器人发展过程中面临的一个重大挑战。无论对于军用还是民用的自主水下机器人，导航技术都至关重要，高精度的导航定位信息是自主水下机器人安全有效执行任务的前提保障。然而，在水下实现导航相比陆地和空中，具有环境结构复杂、工作时间长、通信实时性差、可用信源少以及隐蔽性要求高等难点，加之受自主水下机器人本身体积、质量、能源等多方面因素的限制，水下导航具有更高的难度。

Leonard和Durrant-Whyte用三个经典的问题总结了移动机器人的导航问题[1]。"Where am I？""Where am I going？"和"How do I get there？"分别表示机器人的定位、导航和路径规划问题。Makarenko 等对定位、地图构建和路径规划三个部分进行总结，给出三者的研究交叉域分布图[2]，关系如图 6.1 所示。

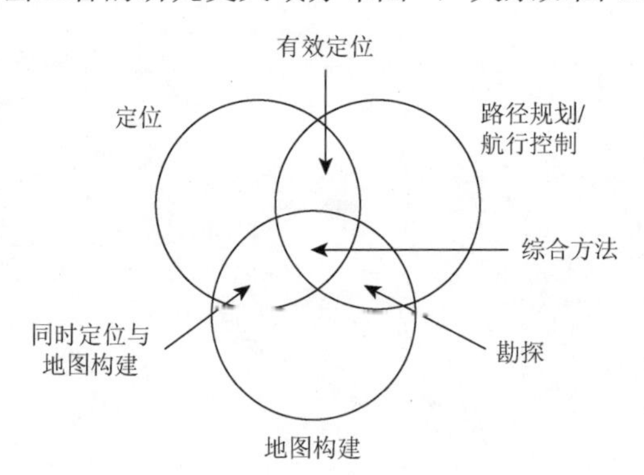

图 6.1　定位、地图构建与路径规划

目前常用于自主水下机器人的导航技术主要如下[3]：

（1）航位推算和惯性导航系统；

（2）无线电卫星导航；

（3）声学导航；

（4）地球物理导航；

（5）组合导航。

6.1 航位推算和惯性导航系统

航位推算（dead reckoning，DR）是应用最早的导航方法[4-6]。航位推算法通过将载体的速度对时间积分获得即时位置。对自主水下机器人而言，通常使用一个速度传感器测量自主水下机器人的航速，使用一个航向传感器测量自主水下机器人的航向。如果使用水速传感器测量自主水下机器人与海水的相对速度，海流会对自主水下机器人产生一个水速传感器无法测得的速度分量，从而使长时间低速航行的自主水下机器人的定位误差较大。对于靠近海底航行的自主水下机器人，使用多普勒速度计程仪测量自主水下机器人相对海底的速度，可以将海流对定位造成的影响消除，提高定位精度。

目前，国外常用的多普勒速度计程仪精度一般可以达到0.4%，由于多普勒速度计程仪的作用距离和体积正相关，在选择多普勒速度计程仪的类型时应充分考虑自主水下机器人的航程及使用环境。对于航向的测量，最早使用罗经作为航向传感器，在过去的十多年中科技的快速发展使航向传感器在精度、体积、能耗、接口和使用寿命方面大幅提高。惯性导航技术是20世纪60年代起发展起来的一种典型的自主式导航技术[7]，它基于牛顿第二定律，通过加速度和陀螺仪等惯性测量单元（inertial measurement unit，IMU）对载体相对于惯性空间的加速度和角速度参数进行自主测量。在惯性导航系统中，通过对自主水下机器人加速度积分可以得到自主水下机器人的速度信息，进行两次积分就可以获取位置信息。由于惯性导航系统无须接收任何外部信息，不受外界环境和天气的影响，自主性和隐蔽性极好，特别适合于自主水下机器人导航。目前，惯性导航系统主要有平台式和捷联式两种形式，与平台式惯性导航系统相比，捷联式惯性导航系统省去了结构复杂的实体平台，减少了系统中的精密机械零件，使体积、能耗、成本都得到控制，被广泛应用于自主水下机器人。

传统的惯性导航系统存在以下缺陷：

（1）商业级的惯性导航系统漂移速度高达几千米每小时数量级，其精度难以满足自主水下机器人长时间在水下工作的要求。

（2）成本和能耗偏高，通常用于捷联式惯性导航系统的IMU价格为十万美元以上，工作电压为12～30V。

（3）初始对准较为困难，尤其是对于动态发射的自主水下机器人。

不过近年来，随着新技术的引入和工艺水平的提高，光纤陀螺（fiber optic gyroscopes，FOG）、激光陀螺（laser gyroscopes，LG）等新型固态陀螺仪不断发展，使惯性导航系统的精度、体积、成本、稳定性等性能指标得到很大提升，这些新型惯性导航系统今后将会大量用于自主水下机器人。目前，国外自主水下机器人使用的光纤陀螺和环形激光陀螺的角度漂移率在 10^{-4}～$10^{-2}h^{-1}$。

航位推算和惯性导航系统最大的问题在于，定位误差会随着航行距离和时间的增长而逐渐累积，并且这种误差的累积速率是海流流速、传感器误差、航行速度的函数，因此要获得高精度的定位信息必须使用其他定位手段进行重调或修正。

6.2 无线电卫星导航

无线电卫星导航是一种历史悠久、应用广泛的导航方式，它主要利用无线电电波在均匀介质和自由空间中沿直线恒速（光速）传播的特性实现导航。其基本原理有两种：通过自主水下机器人携带的无线电收发设备主动发射电波，测量自身相对地面台站的距离、距离差或相位差定位；或者通过自主水下机器人上的接收系统接收地面台站发射的无线电信号，测量自主水下机器人相对于已知台站的方位角实现定位。卫星导航从本质来讲是一种无线电导航与多普勒雷达导航相结合的导航方式，它利用无线电电波传播的直线性和恒速性实现测距、定位，并利用自主水下机器人与卫星间的多普勒频移进行测速，实现整个导航过程。无线电卫星导航主要包括罗兰-C 导航系统（Loran-C navigation system）、GPS、全球导航卫星系统（global navigation satellite system，GLONASS）以及我国自主研发的北斗导航系统等[8-10]。这些导航技术都属于非自主导航方式，必须在接收机获得有效信号时才能实现导航。其中，罗兰-C 导航系统的信号基本覆盖整个北半球，而在南半球几乎没有信号覆盖，GPS 能够提供覆盖全球地表和天空的三维导航信息。这些基于无线电波的导航方式容易受天气、环境、障碍物等多方面因素的影响，更重要的是电波在水中的衰减速度很快，无法直接传到水下作业的自主水下机器人。

目前，无线电卫星导航在自主水下机器人中的应用方式主要是自主水下机器人定时浮出水面接收无线电信号对 INS、DVL 或声学导航信息进行修正，但这种方式具有以下缺陷：

（1）自主水下机器人浮出水面接收修正信号不利于隐蔽，安全性得不到保证。

（2）周期性浮出水面会消耗额外的时间和能源。

（3）这种方式在海面结冰或存在浮冰时无法实施。

6.3 声学导航

水是声信号的良导体，声信号在水中的传播距离比电波信号远得多，因此可以将声发射机作为水下信标为自主水下机器人提供导航信息，避免了使自主水下机器人浮出水面。水下声学导航起源于 20 世纪 60 年代，发展至今主要包括 LBL 和 USBL 两种导航方式，声学导航需要在海底布放位置已知的声学换能器或换能器阵。

LBL 导航有两种形式[11, 12]：一种是由自主水下机器人发出声信号，信号经换能器阵接收后再重新返回，根据各信标位置和当地声速剖面通过声信号传递时间（time of flight，TOF）确定自主水下机器人相对每个信标的位置；另一种是双曲线导航，改为由每个信标以其特有频率按规定顺序发射声脉冲，自主水下机器人根据收到的信号确定自身位置，这种方式适用于多自主水下机器人协同导航。大多数 LBL 导航系统的有效距离在几千米，其定位精度可达到 10m 以内。USBL 方式利用安装在自主水下机器人上由多个阵元组成的接收器阵测量自主水下机器人与母船的距离和角度信息，从而实现定位。由于 USBL 导航对所需设施的要求较低，近年来被广泛应用于科考、工业、军事等多种用途的自主水下机器人。LBL 导航系统虽然具有较高的定位精度，但是在深水环境中位置数据的更新频率较低，另外换能器的布放、校准和回收工作也存在较大难度，而且其水深定位仅能获取固定区域的导航定位信息[13]。对于 USBL 导航，很难确保换能器基阵中心与测量船重心二者的三个坐标轴完全重合，它们之间存在坐标轴平移、坐标轴旋转等多种系统误差，这些误差会影响导航定位精度[14]。上述两种声学导航系统中的误差主要与当地声速剖面误差和换能器阵几何位置误差有关。另外，由于声学导航需要首先布放位置已知的换能器阵，对于以军事应用为目的的自主水下机器人显然不适用。

6.4 地球物理导航

地球物理导航是指通过将传感器实时获得的地球物理参数（如重力场、磁场、深度等）数据与环境先验测绘信息进行匹配，实现自主水下机器人的定位。地球物理导航依据选取地球物理参数的不同可分为地磁导航、重力场导航和等深线导航[15-17]。

这些地球物理导航实质上是在声学导航的基础上发展起来的，只是将布放人工信标换为先验环境测绘图。虽然这种导航方式可以实现精度较高的全球定位，但是将实时测量数据与先验测绘信息或数据库进行匹配存在两个问题：一是获取自主水下机器人工作环境的先验测绘图具有较大的难度，而且这些测绘数据还存在更新问题；二是对于多维相关空间，寻找匹配峰值的计算复杂度随维数增加呈级数增长。此外，导航定位的精度与先验测绘图的分辨率直接相关，而分辨率的大小又会影响测绘图的制作成本和搜索空间的规模。综上，在实际工程应用中，将地球物理导航用于自主水下机器人需要花费高昂的成本。

6.5 组合导航

上述各种单一导航方式各有优劣，且具有各自适用的情况，都处于不断发展的状态，在实际应用中难以彼此取代，但单一的导航方式无法满足自主水下机器人快速发展对精度和可靠性的需求，因此，将各种导航方式进行合理组合、互相补足缺点的组合导航系统应运而生。组合导航就是以提高系统性能为目的，通过计算机技术将具有不同特点的导航设备与导航方法进行组合，对多种导航信息进行综合处理的导航系统。它是一种涉及数据融合、计算机技术、显示技术以及控制系统、数据处理等理论的综合工程技术[18]。目前广泛应用的组合导航系统主要有：捷联式惯性导航系统 + 多普勒速度计程仪（INS/DVL）组合导航系统，其精度可达航程的 0.1%[19]；美国海军研究生院的低成本捷联式惯性导航系统 + 多普勒速度计程仪 + GPS（INS/DVL/GPS）组合导航系统。同时，一些新型的组合导航技术也处于快速发展之中，主要有 GPS + 长基线（GPS/LBL）组合导航系统、惯性/地磁组合导航系统、惯性导航 + 多普勒速度计程仪 + 长基线（INS/DVL/LBL）组合导航系统等[20-22]。

同步定位与地图构建[23]（simultaneous localization and mapping，SLAM）问题从诞生以来一直是机器人领域的研究热点，并被认为是该领域最显著的成就之一。它可以描述为：处于未知环境中的机器人，由一个不确定的起始位置出发，在行驶过程中对环境增进式地构建一致地图，同时利用地图确定自身位置，SLAM 问题被认为是实现机器人真正自主的突破所在。Smith 等在 SLAM 问题方面进行了开创性工作，首次给出了 SLAM 的概念，并提出了一种随机地图解决方案[24]。

自主水下机器人的 SLAM 过程中始终存在不确定性，这是因为传感器自身的限制，感知信息存在不同程度的不确定性，感知信息的不确定性必然导致所创建的环境模型也是不完全精确的，而且传感器采集到的数据的精度不确定性一直存在，因此自主水下机器人环境建模研究的重点和难点是如何有效地描述和处理不确定性信息。SLAM 的关键是尽可能减少客观存在的不确定性引起的误差。

自主水下机器人所处的环境和自身携带的传感器类型决定特征的具体表达形式。自主水下机器人携带的传感器类型主要是声呐（包括前视声呐和侧扫声呐），通过使用声呐从外部自然环境中获得几何特征是较为困难的，而且水下的地形很有可能不是简单的几何形状。从声呐数据提取水下物体的特征，表达形式为特征的所处区域和自身周长。通过自主水下机器人的视觉系统提取目标特征是一种非常典型的情况，即基于声呐信息获得有特点的特征。

真正完全自主的自主水下机器人要求 SLAM 必须能够在线进行，实时获取地图并能存储地图，所以对计算的复杂度要求很高。但是目前仍然没有一种有效的方式来达到这个目的。

数据关联是对两个环境特征的检测进行匹配，确定它们是否对应环境中的同一个特征。数据关联在 SLAM 主要完成三个任务：新环境特征的检测、环境特征的匹配和地图的匹配。虽然在目标跟踪、传感器融合等领域数据关联已经得到了较好的应用，但是在 SLAM 中数据关联的计算量非常大。

6.5.1 地图表示和环境要素提取

用于机器人导航的地图表示方法[25]大致可以分为三类：栅格地图、特征地图以及拓扑地图。

栅格地图先将整个区域划分为相同面积的若干栅格，根据每个栅格被占据的可能性大小赋予其一个概率值。这种地图模型适用于自主导航，但当自主水下机器人所处环境结构复杂时，随着栅格的增多，用于生成、更新和维护栅格地图的存储空间和计算时间也急剧上升。

特征地图选取一组环境中具有代表性的特征或路标，并将每个路标近似为一个几何原型，最终将环境表示为一组精选特征的稀疏描述。这种地图模型具有结构紧凑、易于识别提取和位置估计等优点，但对于规模较大或复杂程度较高的环境，难以保证位置信息的精度，并且要使用特征地图需要特征提取过程作为前提。

拓扑地图将环境描述为一些关键节点及其之间的相互关系，这种表示方式的优点是地图所需存储量小、无须维持全局地图，缺点是当环境差异不明显时难以区分，导致定位精度不高，尤其是对于非结构化环境，节点的识别变得非常困难。

结合各种地图表示方法的特点，针对水下环境中特征空间分布分散、间隔距离可能很大等特点，特征地图是比较适当的表示方式。但对于需要长时间航行的自主水下机器人，地图涵盖范围可能非常大，仅采用特征地图难以获得全局一致的地图，若只采用拓扑地图又无法保证定位精度，而如果将二者进行有机结合，利用特征信息补偿拓扑信息，既能使局部地图保持一致，又能降低系统累积误差。

对于自主水下机器人的 SLAM 算法，环境特征提取是一个基本问题。自主水下机器人主要通过自身携带的多种传感器对自身运动信息及外部环境进行感知，其中内部传感器主要用于测量自主水下机器人自身的某些运动状态信息，包括陀螺仪、加速度计、计程仪等；外部传感器用于对自主水下机器人所处环境进行观测，由此可以获得自主水下机器人相对外部环境的运动状态，主要包括声呐、激光、视觉和红外等。目前，声呐是最适合用于水下探测的传感器。对于环境特征的选取有一个原则，即选取环境中能够在不同位置被反复观测到的特征，通过反复观测可以对过去和当前的信息进行修正，从而解算出自主水下机器人的运动状态。

6.5.2 状态估计问题

SLAM 问题通常表示为一个联合后验概率估计问题，所以也称为概率 SLAM 问题。要对 SLAM 问题进行求解，首先要建立适当的运动和观测模型，以此保证对状态先验和后验概率分布估计的有效性和一致性。目前，用于概率 SLAM 状态估计的模型主要有两种：一种是基于高斯噪声的状态空间模型，利用扩展卡尔曼滤波（extended Kalman filter，EKF）框架或其各种改进形式进行状态估计，可以将其称为基于 EKF 的 SLAM 方法以及改进的 UKF 的 SLAM 方法；另外一种是以贝叶斯（Bayes）估计理论为基础，将任意分布的运动模型表示为一组采样粒子，通过 Rao-Blackwellized 粒子滤波（particle filter，PF）实现状态估计，可以将其称为基于 PF 的 SLAM 方法。

1. 基于 EKF 的 SLAM 方法

Smith 和 Self 最早提出了基于扩展卡尔曼滤波的全状态 SLAM 估计架构，通过一个包含环境特征和机器人位姿的联合状态向量表示空间信息，利用协方差矩阵表达定位和特征估计的不确定性，假设机器人位姿和地图特征服从高斯分布，将 SLAM 问题转化为对状态向量均值和方差的估计，利用 EKF 框架完成对均值和方差的预测和更新。至今，EKF 算法因其较高的数学严谨性和适合于 SLAM 问题的算法结构仍被广泛使用。

此外，基于 EKF 的 SLAM 算法通过协方差矩阵记录机器人位姿与环境特征之间以及各特征之间的相关信息，随着加入地图的特征数目的增加，算法计算量上升很快，对于联合状态向量的维数为 n 的系统，算法时间复杂度为 $O(n^3)$，因而算法无法解决大范围复杂环境中的 SLAM 问题。基于 EKF 的 SLAM 算法结构简单，在处理不确定性信息方面具有独特的优势，但需要以准确的系统模型和噪声统计特性为基础，在实际应用中对初始误差比较敏感，缺乏在线调整的自适应能力。

2. 基于 UKF 的 SLAM 方法

无味变换（unscented）的思想是由 Julier 等[26]首先提出的。无味变换是用于经过非线性变换的随机变量统计的一种新方法，该方法不需要对量测模型和非线性状态进行线性化，而是对状态向量的概率密度进行近似化，近似化后的概率密度函数仍然是高斯的，但它表现为一系列选取好的采样点。

1）基于 UKF 算法的自主水下机器人定位

针对在未知环境中的自主水下机器人，惯性导航和航位推算用于预测机器人的位置，但考虑到误差会随时间累积的情况，要在定位过程中，应用前视声呐感知环境的信息并不断修正预测的机器人的位置。

但是自主水下机器人的运动模型和观测模型都是非线性的，而且传感器感知数据存在不确定性，因此无味变换卡尔曼滤波（unscented Kalman filter，UKF）算法是一种有效的机器人位置估计方法。

（1）运动模型。

自主水下机器人的运动模型描述了机器人的状态 x_k 在控制输入 u_k 和系统噪声 ω_k 作用下随时间变化的规律。

假设自主水下机器人沿着一个圆弧运动，如图 6.2 所示。将 k–1 到 k 时刻自主水下机器人运动信息 $u_k=(\Delta D_k,\Delta\varphi_k)$ 作为控制输入，则自主水下机器人的系统状态方程为

$$\begin{cases} x_k = x_{k-1} + \dfrac{\Delta D_k}{\Delta\varphi_k}(\cos(\varphi_{k-1}+\Delta\varphi_k) - \cos\varphi_{k-1}) \\ y_k = y_{k-1} + \dfrac{\Delta D_k}{\Delta\varphi_k}(\sin(\varphi_{k-1}+\Delta\varphi_k) - \sin\varphi_{k-1}) \\ \varphi_k = \varphi_{k-1} + \Delta\varphi_k \end{cases} \tag{6.1}$$

式中，ΔD_k 为自主水下机器人沿着圆弧移动的距离；$\Delta\varphi_k$ 为自主水下机器人艏向的转角。

（2）观测模型。

观测模型描述了传感器观测数据与自主水下机器人位置的相互关系：

$$z_i(k) = h(x(k), x_i) + \upsilon(k) \tag{6.2}$$

式中，$x_i=(x_i,y_i)$ 为环境特征 i 在全局坐标系中的坐标；$\upsilon(k)$ 为零均值高斯噪声。

自主水下机器人根据测距传感器的观测来修正自身的位置。观测是某个环境特征相对于传感器的距离和方向，因此测量函数 $h(x(k),x_i)$ 是机器人位置状态 $x(k)$

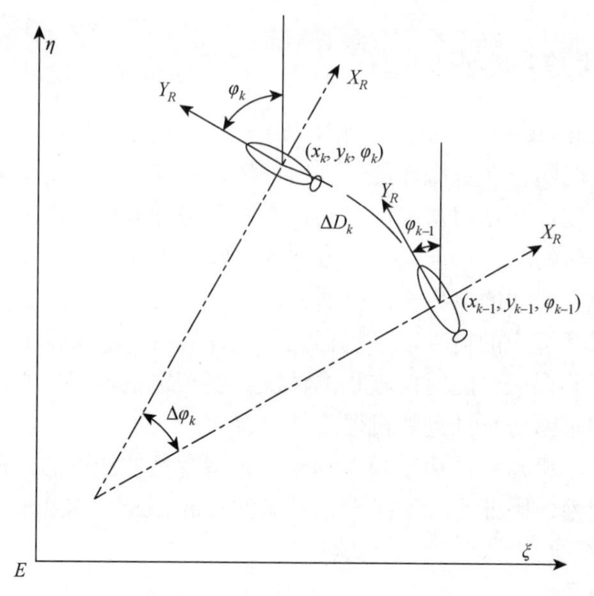

图 6.2　自主水下机器人运动模型

和观测目标坐标 x_i 的函数，表示从传感器到观测目标的一个测量值 $z(k)$ 。设环境特征 i 到传感器的距离和方向分别为 $\rho_i(k)$ 和 $\theta_i(k)$ ，并将传感器坐标系与自主水下机器人坐标系统一，则测量函数可以表示为

$$\boldsymbol{h}(x(k),x_i)=\begin{bmatrix}\rho_i(k)\\ \theta_i(k)\end{bmatrix}=\begin{bmatrix}\sqrt{(x_i-x(k))^2+(y_i-y(k))^2}\\ \arctan\left(\dfrac{y_i-y(k)}{x_i-x(k)}\right)-\varphi(k)\end{bmatrix} \tag{6.3}$$

（3）数据关联。

数据关联用于确定传感器的实际观测和预测观测之间的对应关系。在 UKF 算法中，数据关联是匹配当前观测与其所对应的环境特征的过程。如果一个观测与其所对应的环境特征不能正确关联，将引起滤波器发散，使以后的观测预测不正确，最终导致定位失败。

采用最近邻（nearest neighbour，NN）关联方法，把预测观测与对应的实际观测关联起来，计算对应的新息、新息协方差、卡尔曼增益，并对先验的自主水下机器人位置估计进行修正，从而得到后验的自主水下机器人位置估计。

传感器每次接收的量测可能有三种来源，即新特征、重复测量的特征和虚警信号，量测经过数据关联环节确定束源后，根据其产生途径的不同而采取不同的处理措施：地图中已有特征产生的量测用于更新载体和地图中已有特征的位置；新特征的量测用于扩充系统状态向量，向地图中加入新的特征以扩展地图；虚警或杂波信号则直接摒弃。

2）UKF 同时定位与地图构建算法

基于 UKF 的 SLAM 算法的执行过程大体可以分为三个阶段，即预测、观测和更新。

首先将载体的姿态和地图特征存储在一个独立的状态向量中，然后通过先预测再观测的迭代递推过程来估计系统状态，实现对自主水下机器人的定位和特征地图的构建。

预测通常是利用自身携带的角度、速度/力速度传感器等仪器对当前时刻自主水下机器人的姿态进行推位，由于推位的精度一般很低，所以在预测阶段，自主水下机器人姿态估计的不确定度会有所增加。在观测（也可称更新）阶段，利用测量传感器如声呐、水下照相机等成像仪器感知周围环境，对自主水下机器人周围环境中的特征进行再次观测，得到自主水下机器人坐标系下表示特征与自主水下机器人的相对位置量测值(ρ_1,θ_1)、(ρ_2,θ_2)等。再利用自主水下机器人当前的估计位置将地图中的特征与量测值转换到同一坐标系下，通过数据关联过程确定量测(ρ_1,θ_1)、(ρ_2,θ_2)与特征(x_1,y_1)、(x_2,y_2)的一一对应关系，将两者的位置偏差作为观测量，经过 UKF 处理后，可以同时改善自主水下机器人和特征的状态估计。

基于 UKF 的 SLAM 算法原理可以概括如图 6.3 所示。

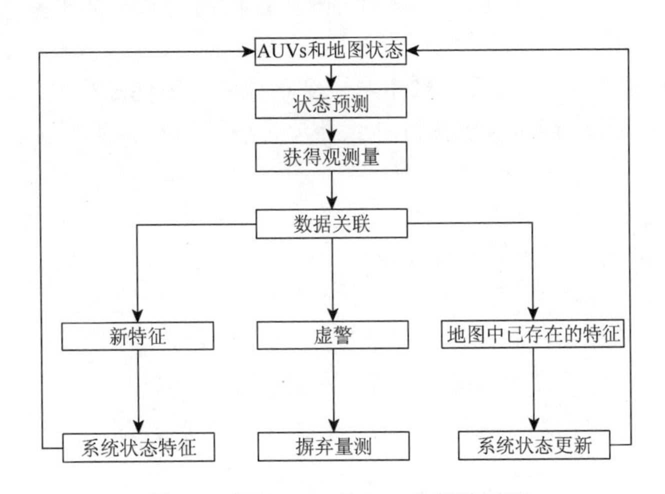

图 6.3　基于 UKF 的 SLAM 算法原理

3. 基于 PF 的 SLAM 方法

粒子滤波器是一种蒙特卡罗方法，利用一组采样粒子近似非线性分布来解决非线性问题。它通过建议分布函数随机产生大量粒子，利用非线性系统对这些粒子进行传递，再进行加权求和得到非线性系统的状态估计值。当粒子数趋于无穷时，粒子滤波能对任意形式的概率分布进行逼近，适用于解决多种非线性非高斯系统的估计问题，这点弥补了 EKF 算法的不足。

1）基于 RBPF 的 SLAM 算法

SLAM 是一个高维状态估计问题，应用普通粒子滤波算法效率很低，必须采用大量样本才能保证算法的性能。但是，随着样本数量的增多，算法的计算复杂度变得非常大。为了使粒子滤波算法能够有效地解决高维估计问题，Doucet 等[27]利用 Rao-Blackwellized 方法降低 PF 算法的复杂度，提出了 Rao-Blackwellized 粒子滤波（Rao-Blackwellized particle filter，RBPF）算法[28]。

根据文献[28]，可以清楚地知道基于 RBPF 的 SLAM 方法的基本思想：首先根据观测信息 $z^k=\{z_k \mid k,k=1,2,\cdots,k\}$ 和运动信息 $u^k=\{u_k \mid k,k=1,2,\cdots,k\}$ 估计机器人的可能路径 $s^k=\{s_1,s_2,\cdots,s_k\}$ 的后验概率密度 $p(s^k \mid z^k,u^k,n^k)$，然后利用该概率密度计算地图和机器人路径的联合后验概率密度 $p(s^k,m \mid z^k,u^k,n^k)$。根据 Markov 假设和贝叶斯规则有

$$\begin{aligned} p(s^k,m \mid z^k,u^k,n^k) &= p(m \mid s^k,z^k,u^k,n^k)p(s^k \mid z^k,u^k,n^k) \\ &= p(s^k \mid z^k,u^k,n^k)\prod_{i=1}^{K} p(m_i \mid s^k,z^k,u^k,n^k) \end{aligned} \tag{6.4}$$

因此，SLAM 问题就可以分解为机器人定位问题和一系列基于位姿估计的路标位置估计问题。RBPF 采用一个粒子滤波器来估计机器人路径的后验概率密度 $p(s^k \mid z^k,u^k,n^k)$，其中每一个样本与一个单独的环境地图相关。而地图的后验概率密度 $p(m \mid s^k,z^k,u^k,n^k)$ 可以利用机器人的路径 s^k 和传感器观测信息 z^k 解析计算。

考虑到自主水下机器人的路径是根据运动模型得到的，可以选择系统运动模型作为粒子滤波器的重要性采样函数。

RBPF 算法的具体步骤如下。

（1）采样。根据前一时刻的样本集 $\{s_{k-1}^{(i)}\}$，从重要性采样分布 $q(s^k \mid z^k,u^k,n^k)$ 中采集样本 $\{s_k^{(i)}\}$，用于描述当前时刻机器人的位姿。

（2）计算重要性权重。计算每一个样本的权重 $\omega_k^{(i)}$，即

$$\omega_k^{(i)} = \frac{p(s_k^{(i)} \mid z^k,u^k,n^k)}{q(s_k^{(i)} \mid z^k,u^k,n^k)} \tag{6.5}$$

（3）重采样。根据权重 $\omega_k^{(i)}$ 对样本集 $\{s_k^{(i)}\}$ 进行重采样，重采样的目的是去除权重较小的样本，使计算集中在权重较大的样本上，从而克服样本退化现象。

（4）地图估计。对于描述机器人位姿的每一个样本 $s_k^{(i)}$，其相应的地图估计 $m_k^{(i)}$ 可以利用 $p(m_k^{(i)} \mid s^{k,(i)},z^k,u^k,n^k)$ 计算。

和基于 EKF 的 SLAM 方法相比，RBPF 的 SLAM 方法主要有以下几方面的优点：

（1）算法复杂度低。一般情况下，RBPF 的计算量是 $O(N\log_2 K)$，而 EKF 的计算量是 $O(N^3)$，其中 N 为样本数。

（2）RBPF 可以处理后验概率为非高斯、多模型分布的情况；可以充分利用观测数据处理否定信息（negative information），但是在这种情况下，EKF 将导致数据关联失败。

（3）应用 RBPF 处理数据相关问题具有较强的鲁棒性。

2）FastSLAM2.0 算法

解决 SLAM 问题的两个主要途径是基于 EKF 和基于 RBPF 的方法。

前者被认为是解决 SLAM 的经典方法，但存在三点不足：

（1）随着路标数量的增加，会产生维数灾难问题。

（2）路标及机器人状态协方差在每步观测都需要全状态更新。

（3）状态矩阵要求系统模型为线性和单高斯分布，数据关联脆弱，收敛性不好。

后者将 SLAM 进行全状态解耦为机器人状态和路标分别估计，后来该算法被 Montmerlo 扩展为 FastSLAM2.0 算法[29, 30]作为解决 SLAM 问题的重要手段，采用粒子滤波器代替 EKF 近似理想递归贝叶斯滤波器估计机器人的状态，该算法有三个重要优点：

（1）机器人状态和路标解耦清晰，解决了机器人状态估计稳定性问题。

（2）由于路标单独更新，计算复杂度降低。

（3）在多假设数据关联方法中允许每个粒子执行自己的数据关联。

这使得该算法在同时定位和制图过程中精度有所提高。SLAM 的动态贝叶斯网络（dynamic Bayes network，DBN）结构如图 6.4 所示。

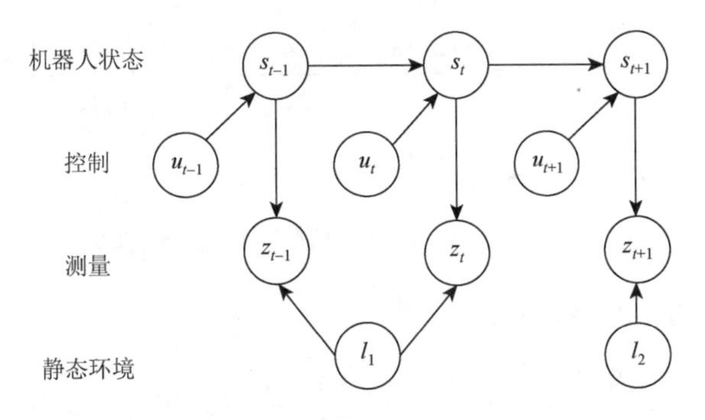

图 6.4　SLAM 的动态贝叶斯网络结构

3）FastSLAM2.0 算法分析

在世界坐标系下，定义自主水下机器人状态为$\boldsymbol{s}_t=(x_t,y_t,\theta_t)^{\mathrm{T}}$，其中$x_t$、$y_t$和$\theta_t$分别为 t 时刻自主水下机器人在世界坐标系的位置坐标和朝向角，$\boldsymbol{s}_{1:t}=\{\boldsymbol{s}_1,\boldsymbol{s}_2,\cdots,\boldsymbol{s}_t\}$为自主水下机器人 1～$t$ 时刻的状态集合。环境中路标的位置为$\boldsymbol{l}_i=(x^{(i)},y^{(i)},c_i)$，其中$x^{(i)}$、$y^{(i)}$为世界坐标系中的坐标，$c_i$ 为路标的关联序号。地图由$\boldsymbol{M}_t=\{\boldsymbol{l}_1,\boldsymbol{l}_2,\cdots,\boldsymbol{l}_N\}$表示，其中 N 为路标总数。1～t 时刻的控制量序列和观测量序列分别为$\boldsymbol{u}_{1:t}=\{\boldsymbol{u}_1,\boldsymbol{u}_2,\cdots,\boldsymbol{u}_t\}$和$z_{1:t}=\{z_1,z_2,\cdots,z_t\}$，其中$\boldsymbol{u}_t$表示 t 时刻自主水下机器人的控制向量，z_t 表示 t 时刻自主水下机器人的观测向量。$\boldsymbol{n}_{1:t}=\{\boldsymbol{n}_1,\boldsymbol{n}_2,\cdots,\boldsymbol{n}_t\}$表示 1～$t$ 时刻关联路标，其中$\boldsymbol{n}_t=\{\boldsymbol{c}_1,\boldsymbol{c}_2,\cdots,\boldsymbol{c}_k\}$为 t 时刻关联成功的路标[31]。

其中，路标代表自身的路标信息，SLAM 可以解耦为自主水下机器人路径后验估计与以路径为条件的 N 个路标后验估计：

$$\boldsymbol{p}(\boldsymbol{s}_{1:t},\boldsymbol{M}\mid z_{1:t},\boldsymbol{u}_{1:t},\boldsymbol{n}_{1:t})=\underbrace{\boldsymbol{p}(\boldsymbol{s}_{1:t}\mid z_{1:t},\boldsymbol{u}_{1:t},\boldsymbol{n}_{1:t})}_{\text{后验估计}}\underbrace{\prod_{i=1}^{N}\boldsymbol{p}(\boldsymbol{l}_1\mid \boldsymbol{s}_{1:t},z_{1:t},\boldsymbol{u}_{1:t},\boldsymbol{n}_{1:t})}_{\text{路标后验估计}}\tag{6.6}$$

式（6.6）证明如下，由 Bayes 准则分解路标因式有

$$\begin{aligned}\boldsymbol{p}(\boldsymbol{l}_{n_t}\mid \boldsymbol{s}_{1:t},z_{1:t},\boldsymbol{u}_{1:t},\boldsymbol{n}_{1:t})&=\frac{\boldsymbol{p}(z_t\mid \boldsymbol{l}_{n_t},\boldsymbol{s}_{1:t},z_{1:t-1},\boldsymbol{u}_{1:t},\boldsymbol{n}_{1:t})\boldsymbol{p}(\boldsymbol{l}_{n_t}\mid \boldsymbol{s}_{1:t},z_{1:t-1},\boldsymbol{u}_{1:t},\boldsymbol{n}_{1:t})}{\boldsymbol{p}(z_t\mid \boldsymbol{s}_{1:t},z_{1:t-1},\boldsymbol{u}_{1:t},\boldsymbol{n}_{1:t})}\\&\overset{\text{Markov}}{=}\frac{\boldsymbol{p}(z_t\mid \boldsymbol{l}_{n_t},\boldsymbol{s}_t,\boldsymbol{n}_{1:t})\boldsymbol{p}(\boldsymbol{l}_{n_t}\mid \boldsymbol{s}_{1:t},z_{1:t-1},\boldsymbol{u}_{1:t},\boldsymbol{n}_{1:t})}{\boldsymbol{p}(z_t\mid \boldsymbol{s}_{1:t},z_{1:t-1},\boldsymbol{u}_{1:t},\boldsymbol{n}_{1:t})}\end{aligned}\tag{6.7}$$

由于$\boldsymbol{l}_{n_t}$与$\boldsymbol{u}_t$、$\boldsymbol{s}_t$和$\boldsymbol{n}_t$无关，所以式（6.7）的分子右项整理为

$$\boldsymbol{p}(\boldsymbol{l}_{n_t}\mid \boldsymbol{s}_{1:t},z_{1:t-1},\boldsymbol{u}_{1:t},\boldsymbol{n}_{1:t})=\boldsymbol{p}(\boldsymbol{l}_{n_t}\mid \boldsymbol{s}_{1:t-1},z_{1:t-1},\boldsymbol{u}_{1:t-1},\boldsymbol{n}_{1:t-1})\tag{6.8}$$

式（6.8）变换得

$$\boldsymbol{p}(\boldsymbol{l}_{n_t}\mid \boldsymbol{s}_{1:t-1},z_{1:t-1},\boldsymbol{u}_{1:t-1},\boldsymbol{n}_{1:t-1})=\frac{\boldsymbol{p}(z_t\mid \boldsymbol{s}_{1:t},z_{1:t-1},\boldsymbol{u}_{1:t-1},\boldsymbol{n}_{1:t-1})\boldsymbol{p}(\boldsymbol{l}_{n_t}\mid \boldsymbol{s}_{1:t},z_{1:t},\boldsymbol{u}_{1:t},\boldsymbol{n}_{1:t})}{\boldsymbol{p}(z_t\mid \boldsymbol{l}_{n_t},\boldsymbol{s}_t,\boldsymbol{n}_{1:t})}\tag{6.9}$$

如果在 t 时刻路标没有被更新，则有

$$\boldsymbol{p}(\boldsymbol{l}_{n\neq n_t}\mid \boldsymbol{s}_{1:t},z_{1:t},\boldsymbol{u}_{1:t},\boldsymbol{n}_{1:t})=\boldsymbol{p}(\boldsymbol{l}_{n\neq n_t}\mid z_{1:t-1},\boldsymbol{u}_{1:t-1},\boldsymbol{n}_{1:t-1})\tag{6.10}$$

设在 t–1 时刻，对所有路标有

$$\boldsymbol{p}(\boldsymbol{M}\mid z_{1:t-1},\boldsymbol{u}_{1:t-1},\boldsymbol{n}_{1:t-1})=\prod_{n=n_t}^{N}\boldsymbol{p}(\boldsymbol{l}_n\mid z_{1:t-1},\boldsymbol{u}_{1:t-1},\boldsymbol{n}_{1:t-1})\tag{6.11}$$

并且根据一阶 Markov 假设：

$$\begin{aligned}
p(\boldsymbol{M}\mid \boldsymbol{s}_{1:t},\boldsymbol{z}_{1:t},\boldsymbol{u}_{1:t},\boldsymbol{n}_{1:t}) &\overset{\text{Markov}}{=} \frac{p(\boldsymbol{z}_t\mid \boldsymbol{M},\boldsymbol{s}_{1:t},\boldsymbol{z}_{1:t-1},\boldsymbol{u}_{1:t},\boldsymbol{n}_{1:t})\,p(\boldsymbol{M}\mid \boldsymbol{s}_{1:t},\boldsymbol{z}_{1:t-1},\boldsymbol{u}_{1:t},\boldsymbol{n}_{1:t})}{p(\boldsymbol{z}_t\mid \boldsymbol{s}_{1:t},\boldsymbol{z}_{1:t-1},\boldsymbol{u}_{1:t},\boldsymbol{n}_{1:t})} \\
&\overset{\text{Markov}}{=} \frac{p(\boldsymbol{z}_t\mid \boldsymbol{l}_{n_t},\boldsymbol{s}_t,\boldsymbol{n}_t)\,p(\boldsymbol{M}\mid \boldsymbol{s}_{1:t-1},\boldsymbol{z}_{1:t-1},\boldsymbol{u}_{1:t},\boldsymbol{n}_{1:t})}{p(\boldsymbol{z}_t\mid \boldsymbol{s}_{1:t},\boldsymbol{z}_{1:t-1},\boldsymbol{u}_{1:t},\boldsymbol{n}_{1:t})} \\
&\overset{\text{induction}}{=} \frac{p(\boldsymbol{z}_t\mid \boldsymbol{l}_{n_t},\boldsymbol{s}_t,\boldsymbol{n}_t)}{p(\boldsymbol{z}_t\mid \boldsymbol{s}_{1:t},\boldsymbol{z}_{1:t-1},\boldsymbol{u}_{1:t},\boldsymbol{n}_{1:t})}\prod_{n=1}^{N} p(\boldsymbol{l}_n\mid \boldsymbol{s}_{1:t-1},\boldsymbol{z}_{1:t-1},\boldsymbol{u}_{1:t-1},\boldsymbol{n}_{1:t-1})
\end{aligned} \tag{6.12}$$

将式（6.11）代入式（6.12）有

$$\begin{aligned}
p(\boldsymbol{M}\mid \boldsymbol{s}_{1:t},\boldsymbol{z}_{1:t},\boldsymbol{u}_{1:t},\boldsymbol{n}_{1:t}) &\overset{\text{Markov}}{=} p(\boldsymbol{l}_n\mid \boldsymbol{s}_{1:t},\boldsymbol{z}_{1:t},\boldsymbol{u}_{1:t},\boldsymbol{n}_{1:t})\prod_{n\neq n_t}^{N} p(\boldsymbol{l}_n\mid \boldsymbol{s}_{1:t},\boldsymbol{z}_{1:t},\boldsymbol{u}_{1:t},\boldsymbol{n}_{1:t}) \\
&=\prod_{n=1}^{N} p(\boldsymbol{l}_n\mid \boldsymbol{s}_{1:t},\boldsymbol{z}_{1:t},\boldsymbol{u}_{1:t},\boldsymbol{n}_{1:t})
\end{aligned} \tag{6.13}$$

所以有

$$\begin{aligned}
p(\boldsymbol{s}_{1:t},\boldsymbol{M}\mid \boldsymbol{z}_{1:t},\boldsymbol{u}_{1:t},\boldsymbol{n}_{1:t}) &= p(\boldsymbol{s}_{1:t}\mid \boldsymbol{z}_{1:t},\boldsymbol{u}_{1:t},\boldsymbol{n}_{1:t})\,p(\boldsymbol{M}\mid \boldsymbol{s}_{1:t},\boldsymbol{z}_{1:t},\boldsymbol{u}_{1:t},\boldsymbol{n}_{1:t}) \\
&= p(\boldsymbol{s}_{1:t}\mid \boldsymbol{z}_{1:t},\boldsymbol{u}_{1:t},\boldsymbol{n}_{1:t})\prod_{i=1}^{N} p(\boldsymbol{l}_i\mid \boldsymbol{s}_{1:t},\boldsymbol{z}_{1:t},\boldsymbol{u}_{1:t},\boldsymbol{n}_{1:t})
\end{aligned} \tag{6.14}$$

4）FastSLAM2.0 机器人及路标估计

FastSLAM2.0 算法采用粒子滤波器方法进行机器人轨迹估计，首先采用集合 $\boldsymbol{S}_t$ 表示自主水下机器人轨迹 $p(\boldsymbol{s}_{1:t}\mid \boldsymbol{z}_{1:t},\boldsymbol{u}_{1:t},\boldsymbol{n}_{1:t})$，每个粒子 $\boldsymbol{s}_t^{[m]}\in \boldsymbol{S}_t$，$\boldsymbol{S}_t=\{\boldsymbol{s}_t^{[m]},\boldsymbol{\mu}_1,\boldsymbol{\Sigma}_1,\boldsymbol{\mu}_2,\boldsymbol{\Sigma}_2,\cdots,\boldsymbol{\mu}_k,\boldsymbol{\Sigma}_k\}_m$，$m$ 表示粒子序号，粒子集合 $\boldsymbol{S}_t$ 如图 6.5 所示。

其中，$\boldsymbol{\mu}_{k,t}^{[m]},\boldsymbol{\Sigma}_{k,t}^{[m]}$ 分别为第 m 个粒子描述路标 k 的均值和协方差，$\boldsymbol{\mu}_{k,t}^{[m]}\in \mathbf{R}^{2\times1}$，$\boldsymbol{\Sigma}_{k,t}^{[m]}\in \mathbf{R}^{2\times2}$。

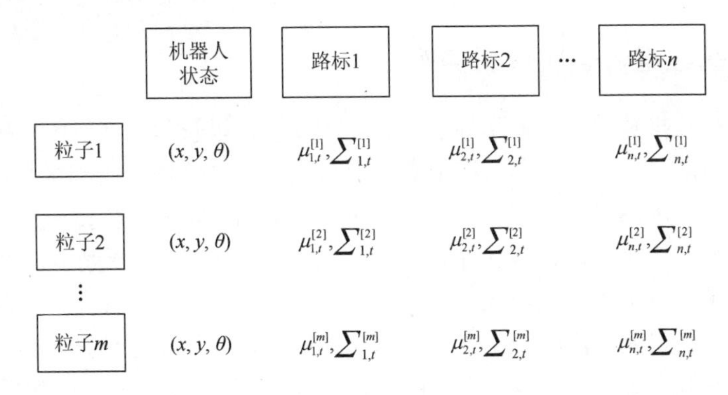

图 6.5 粒子滤波器

重采样决定了粒子滤波器的效率，而滤波器根据建议分布进行重采样，为了深入分析 FastSLAM2.0 自主水下机器人的状态估计，针对权重更新进行推导求其贝叶斯闭式，如式（6.15）所示，其中 $\boldsymbol{\omega}_{k,t-1}^{[m]}$、$\boldsymbol{\omega}_{k,t}^{[m]}$ 分别为 t–1 时刻和 t 时刻粒子权重：

$$
\begin{aligned}
\boldsymbol{\omega}_t^{[m]} &= \frac{p(\boldsymbol{s}_{1:t}^{[m]} \mid \boldsymbol{z}_{1:t}, \boldsymbol{u}_{1:t-1})}{q(\boldsymbol{s}_{1:t}^{[m]} \mid \boldsymbol{z}_{1:t}, \boldsymbol{u}_{1:t-1})} \\
&= \frac{p(\boldsymbol{z}_t \mid \boldsymbol{s}_{1:t}^{[m]}, \boldsymbol{z}_{1:t})\, p(\boldsymbol{s}_t^{[m]} \mid \boldsymbol{s}_{1:t-1}^{[m]}, \boldsymbol{u}_{1:t-1})}{p(\boldsymbol{z}_t \mid \boldsymbol{z}_{1:t-1}, \boldsymbol{u}_{1:t-1})\, q(\boldsymbol{s}_t^{[m]} \mid \boldsymbol{s}_{1:t}^{[m]}, \boldsymbol{z}_{1:t}, \boldsymbol{u}_{1:t-1})} \frac{p(\boldsymbol{s}_{1:t-1}^{[m]} \mid \boldsymbol{z}_{1:t-1}, \boldsymbol{u}_{1:t-2})}{q(\boldsymbol{s}_{1:t}^{[m]} \mid \boldsymbol{z}_{1:t-1}, \boldsymbol{u}_{1:t-2})} \\
&= \boldsymbol{\eta} \frac{p(\boldsymbol{z}_t \mid \boldsymbol{s}_{1:t}^{[m]}, \boldsymbol{z}_{1:t-1})\, p(\boldsymbol{s}_t^{[m]} \mid \boldsymbol{s}_{1:t-1}^{[m]}, \boldsymbol{u}_{t-1})}{q(\boldsymbol{s}_t^{[m]} \mid \boldsymbol{s}_{1:t-1}^{[m]}, \boldsymbol{z}_{1:t}, \boldsymbol{u}_{1:t-1})} \boldsymbol{\omega}_{t-1}^{[m]}
\end{aligned} \tag{6.15}
$$

$\boldsymbol{\eta} = p(\boldsymbol{z}_t \mid \boldsymbol{z}_{1:t}, \boldsymbol{\mu}_{1:t})$，$q(\bullet)$为建议分布（proposal distribution），在 FastSLAM2.0 中粒子滤波器采样引入了控制量和观测量进行改进，建议分布由式（6.16）代替：

$$
q(\bullet) = p(\boldsymbol{s}_t^{[m]} \mid \boldsymbol{s}_{t-1}^{[m]}, \boldsymbol{u}_{t-1}, \boldsymbol{z}_t, \boldsymbol{n}^t) \tag{6.16}
$$

因为每个粒子用来表示历史路径及相关路标地图，所以计算复杂度为$O(N_s \times (2N+3))$。

在 FastSLAM2.0 路标估计中，通过 EKF 估计 $p(\boldsymbol{l}_i \mid \boldsymbol{s}_{1:t}, \boldsymbol{z}_{1:t}, \boldsymbol{u}_{1:t}, \boldsymbol{n}_{1:t})$，$\boldsymbol{\mu}_{i,t}^{[m]}, \boldsymbol{\Sigma}_{i,t}^{[m]}$是粒子 m 中路标 i 的均值和协方差，这里路标 i 的估计形式由是否在 t 时刻路标被观测决定[32]。当路标观测发生时，$n_t = i$，则有

$$
\begin{aligned}
& p(\boldsymbol{l}_i \mid \boldsymbol{s}_{1:t}, \boldsymbol{z}_{1:t}, \boldsymbol{u}_{1:t}, \boldsymbol{n}_{1:t}) \\
& \overset{\text{Bayes}}{=} \boldsymbol{\eta} p(\boldsymbol{z}_t \mid \boldsymbol{l}_i, \boldsymbol{s}_{1:t}, \boldsymbol{z}_{1:t-1}, \boldsymbol{u}_{1:t}, \boldsymbol{n}_{1:t})\, p(\boldsymbol{l}_i \mid \boldsymbol{s}_{1:t}, \boldsymbol{z}_{1:t-1}, \boldsymbol{u}_{1:t}, \boldsymbol{n}_{1:t}) \\
& \overset{\text{Markov}}{=} \boldsymbol{\eta} p(\boldsymbol{z}_t \mid \boldsymbol{l}_i, \boldsymbol{s}_t, \boldsymbol{n}_t)\, p(\boldsymbol{l}_i \mid \boldsymbol{s}_{1:t-1}, \boldsymbol{z}_{1:t-1}, \boldsymbol{u}_{1:t-1}, \boldsymbol{n}_{1:t-1})
\end{aligned} \tag{6.17}
$$

6.6 “潜龙”自主水下机器人组合导航

6.6.1 长基线组合导航应用实例

相比于航位推算算法，声学导航没有累积误差，以长基线（LBL）和超短基线（USBL）最为常用。LBL 声学系统由海床上预先测量的信标组成，并根据信标的距离测量进行自主水下机器人位置的三角测量。许多大洋科考自主水下机器人将 LBL 与航位推算结合，将定位误差估计到几米。例如，在 LBL 的帮助下，美国 WHIO 研制的“ABE”自主水下机器人在洋中脊进行了 191 次深海调查。“潜龙一号”自主水下机器人在东太平洋进行了几十个潜次的应用，其导航定位精度为几米。

为了提高自主水下机器人的导航能力，Wang 等[33]提出了一种基于伪距测量和信标校准误差估计（pseudo-range and SLAM of beacons EKF，P-SLAM EKF）的组合导航算法。该算法将惯性导航与 LBL 相结合，减少了信标校准误差和伪距对导航精度的影响。该算法可以提供自主水下机器人的导航位置，也可以在线调整信标的校准误差。该算法由状态模型和观测模型组成。当自主水下机器人接收

到时延信号时，定义(x, y, z)为自主水下机器人在时间 t 的坐标，并由自主水下机器人将其从第 i 个信标中估计为二维的距离（r_i），如图 6.6 所示。

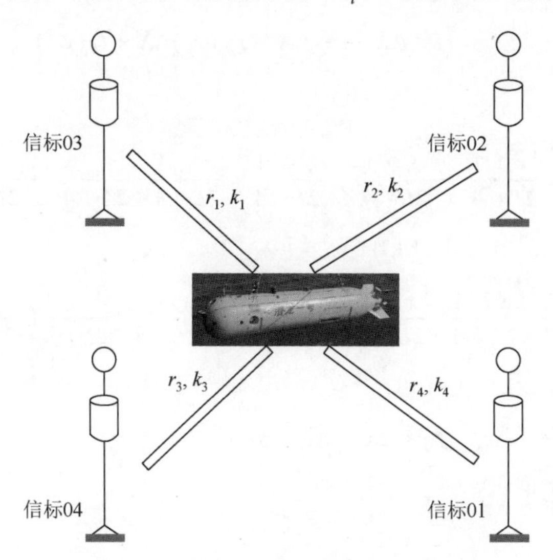

图 6.6　自主水下机器人集成算法模型

对于给定的笛卡儿坐标系，自主水下机器人和信标之间的关系可以表述为

$$(x - x_i)^2 + (y - y_i)^2 = r_i^2, \quad i = 1,2,3,4 \tag{6.18}$$

为了简化系统的校准误差，假设信标布置成一个 $L \times L$ 的方阵，并且坐标原点在阵中心，如图 6.7 所示。

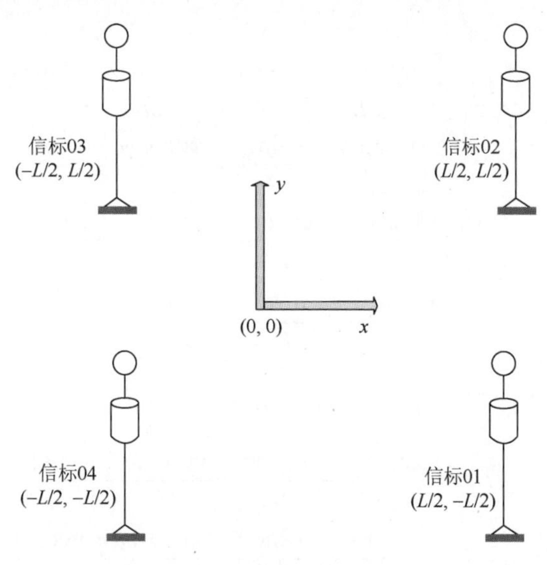

图 6.7　信标标称位置

$$
\begin{cases}
e_x = \langle F_1, \Delta \boldsymbol{X} \rangle + \dfrac{1}{2} \Delta \boldsymbol{X}^{\mathrm{T}} H_{F_1}(\boldsymbol{X}) \Delta \boldsymbol{X} + O(\rho^2) \\
e_y = \langle F_2, \Delta \boldsymbol{X} \rangle + \dfrac{1}{2} \Delta \boldsymbol{X}^{\mathrm{T}} H_{F_2}(\boldsymbol{X}) \Delta \boldsymbol{X} + O(\rho^2)
\end{cases} \tag{6.19}
$$

式中，

$$
\begin{cases}
\langle F_1, \Delta \boldsymbol{X} \rangle = \begin{bmatrix} \dfrac{x}{2L} - \dfrac{1}{4} & \dfrac{x}{2L} - \dfrac{1}{4} & -\dfrac{x}{2L} - \dfrac{1}{4} & -\dfrac{x}{2L} - \dfrac{1}{4} & \dfrac{y}{2L} + \dfrac{1}{4} & \dfrac{y}{2L} - \dfrac{1}{4} & -\dfrac{y}{2L} + \dfrac{1}{4} & -\dfrac{y}{2L} - \dfrac{1}{4} \end{bmatrix} \Delta \boldsymbol{X} \\
H_{F_1}(\boldsymbol{X}) = \dfrac{1}{2L} \mathrm{diag}(-1, -1, 1, 1, -1, -1, 1, 1) \\
\langle F_2, \Delta \boldsymbol{X} \rangle = \begin{bmatrix} -\dfrac{x}{2L} + \dfrac{1}{4} & \dfrac{x}{2L} - \dfrac{1}{4} & \dfrac{x}{2L} + \dfrac{1}{4} & -\dfrac{x}{2L} - \dfrac{1}{4} & -\dfrac{y}{2L} - \dfrac{1}{4} & \dfrac{y}{2L} - \dfrac{1}{4} & \dfrac{y}{2L} - \dfrac{1}{4} & -\dfrac{y}{2L} - \dfrac{1}{4} \end{bmatrix} \\
H_{F_2}(\boldsymbol{X}) = \dfrac{1}{2L} \mathrm{diag}(1, -1, 1, 1, -1, -1, 1, 1) \\
\Delta \boldsymbol{X} = \begin{bmatrix} \Delta x_1 & \Delta x_2 & \Delta x_3 & \Delta x_4 & \Delta y_1 & \Delta y_2 & \Delta y_3 & \Delta y_4 \end{bmatrix} \\
\rho = \sqrt{\sum_{i=1}^{4} \Delta x_i^{\,2} + \sum_{i=1}^{4} \Delta y_i^{\,2}}
\end{cases} \tag{6.20}
$$

影响导航精度的还有伪距误差，伪距误差表示为

$$
\begin{cases}
e_x = \langle F_1, \boldsymbol{T} \rangle + \dfrac{1}{2} \Delta \boldsymbol{T}^{\mathrm{T}} H_{F_1}(\boldsymbol{T}) \boldsymbol{T} + O(\rho^2) \\
e_y = \langle F_2, \boldsymbol{T} \rangle + \dfrac{1}{2} \Delta \boldsymbol{T}^{\mathrm{T}} H_{F_2}(\boldsymbol{T}) \boldsymbol{T} + O(\rho^2)
\end{cases} \tag{6.21}
$$

式中，

$$
\begin{cases}
\langle F_1, \boldsymbol{T} \rangle = \left[-\dfrac{xv\sin\psi}{2L} + \dfrac{v\sin\psi}{4} - \dfrac{yv\cos\psi}{2L} - \dfrac{v\cos\psi}{4} \right. \\
\qquad -\dfrac{xv\sin\psi}{2L} + \dfrac{v\sin\psi}{4} - \dfrac{yv\cos\psi}{2L} + \dfrac{v\cos\psi}{4} \\
\qquad \dfrac{xv\sin\psi}{2L} + \dfrac{v\sin\psi}{4} + \dfrac{yv\cos\psi}{2L} - \dfrac{v\cos\psi}{4} \\
\qquad \left. \dfrac{xv\sin\psi}{2L} + \dfrac{v\sin\psi}{4} + \dfrac{yv\cos\psi}{2L} + \dfrac{v\cos\psi}{4} \right]^{\mathrm{T}} \\
H_{F_1}(\boldsymbol{T}) = \dfrac{v^2}{2L} \mathrm{diag}(-1, -1, 1, 1) \\
\langle F_2, \boldsymbol{T} \rangle = \left[\dfrac{xv\sin\psi}{2L} - \dfrac{v\sin\psi}{4} + \dfrac{yv\cos\psi}{2L} + \dfrac{v\cos\psi}{4} \right. \\
\qquad -\dfrac{xv\sin\psi}{2L} + \dfrac{v\sin\psi}{4} - \dfrac{yv\cos\psi}{2L} + \dfrac{v\cos\psi}{4}
\end{cases} \tag{6.22}
$$

$$
\left\{
\begin{aligned}
&\qquad -\frac{xv\sin\psi}{2L}-\frac{v\sin\psi}{4}-\frac{yv\cos\psi}{2L}+\frac{v\cos\psi}{4} \\
&\qquad \left.\frac{xv\sin\psi}{2L}+\frac{v\sin\psi}{4}+\frac{yv\cos\psi}{2L}+\frac{v\cos\psi}{4}\right]^{\mathrm{T}} \\
&H_{F_2}(\boldsymbol{T})=\frac{v^2}{2L}\mathrm{diag}(1,-1,-1,1) \\
&\boldsymbol{T}=[t_1 \quad t_2 \quad t_3 \quad t_4]^{\mathrm{T}} \\
&\rho=\sqrt{\sum_{i=1}^{4}\Delta t_i^{\,2}}
\end{aligned}
\right.
$$

根据以上公式可知，自主水下机器人速度越快，伪距误差越大。以上公式是评估伪距误差的方法。

采用以上方法对“潜龙一号”自主水下机器人数据进行处理，“潜龙一号”自主水下机器人在某次海上任务中航行了 6h，共 21.6km。通过对“潜龙一号”自主水下机器人的实际试验，得到了 P-SLAM EKF 的导航结果。将长基线定位轨迹作为评判标准，P-SLAM EKF 算法的定位精度优于标准 EKF 算法定位精度，如图 6.8 所示。图中绿色是标准 EKF 算法的导航轨迹，蓝色是 P-SLAM EKF 算法的导航轨迹，红色是长基线的定位轨迹。

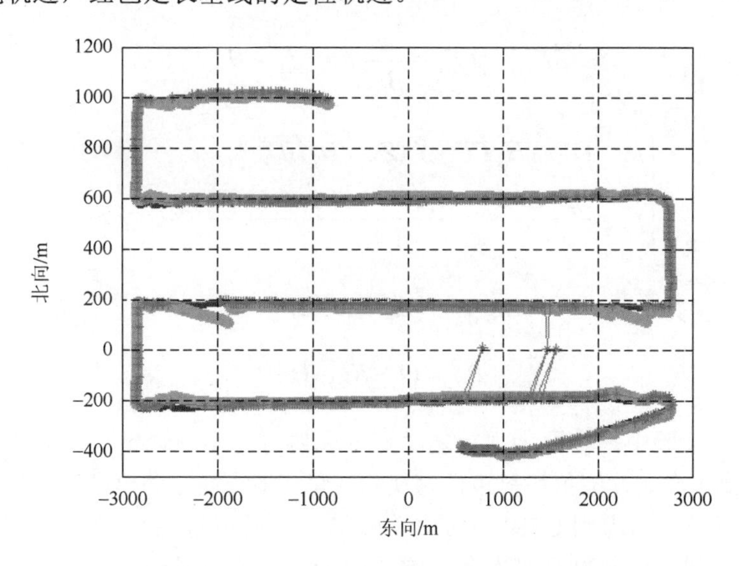

图 6.8　P-SLAM EKF 和长基线轨迹比较（后附彩图）

6.6.2　超短基线后处理应用

利用水面船舶上安装的 USBL 系统，可以实现对自主水下机器人的定位，在

GPS 的帮助下，USBL 可以得到自主水下机器人的绝对位置。针对自主水下机器人的 USBL 导航定位问题，作者提出了基于多传感器融合的条件增益滤波算法，取得了较经典滤波方法误差更小的结果。算法过程如下。

卡尔曼滤波器如下：

$$\hat{\boldsymbol{\varGamma}}_k^{\text{usbl}} = \boldsymbol{A}\boldsymbol{R}_{\text{auv}}^N(\rho_2)\hat{\boldsymbol{\varGamma}}_{k-1}^{\text{usbl}} \tag{6.23}$$

$$\boldsymbol{P}_k = \boldsymbol{A}\boldsymbol{P}_{k-1}\boldsymbol{A}^{\text{T}} + \boldsymbol{J}\boldsymbol{Q}\boldsymbol{J}^{\text{T}} \tag{6.24}$$

$$\hat{\boldsymbol{\varGamma}}_{k+1} = \hat{\boldsymbol{\varGamma}}_k + \boldsymbol{Kg}_k[\boldsymbol{Z}_k - \boldsymbol{H}\hat{\boldsymbol{\varGamma}}_k] \tag{6.25}$$

$$\boldsymbol{Kg}_{k+1} = \boldsymbol{P}_k\boldsymbol{H}^{\text{T}}/(\boldsymbol{H}\boldsymbol{P}_k\boldsymbol{H}^{\text{T}} + \boldsymbol{R}) \tag{6.26}$$

$$\boldsymbol{P}_{k+1} = (\boldsymbol{I} - \boldsymbol{Kg}_{k+1}\boldsymbol{H})\boldsymbol{P}_k \tag{6.27}$$

条件增益卡尔曼滤波器如下：

$$\hat{\boldsymbol{\varGamma}}_k^{\text{usbl}} = \boldsymbol{A}\boldsymbol{R}_{\text{auv}}^N(\rho_2)\hat{\boldsymbol{\varGamma}}_{k-1}^{\text{usbl}} \tag{6.28}$$

$$\boldsymbol{P}_k = \boldsymbol{A}\boldsymbol{P}_{k-1}\boldsymbol{A}^{\text{T}} + \boldsymbol{J}\boldsymbol{Q}\boldsymbol{J}^{\text{T}} \tag{6.29}$$

$$\hat{\boldsymbol{\varGamma}}_{k+1} = \hat{\boldsymbol{\varGamma}}_k + \frac{\alpha}{\beta_{k+1}}\boldsymbol{Kg}_k[\boldsymbol{Z}_k - \boldsymbol{H}\hat{\boldsymbol{\varGamma}}_k] \tag{6.30}$$

$$\begin{cases} \beta_k = (\boldsymbol{Z}_k - \boldsymbol{H}_k\hat{\boldsymbol{\varGamma}}_{k-1})^{\text{T}}(\boldsymbol{Z}_k - \boldsymbol{H}_k\hat{\boldsymbol{\varGamma}}_{k-1}), & k=1 \\ \beta_k = \dfrac{\eta\beta_k + (\boldsymbol{Z}_k - \boldsymbol{H}_k\hat{\boldsymbol{\varGamma}}_{k-1})^{\text{T}}(\boldsymbol{Z}_k - \boldsymbol{H}_k\hat{\boldsymbol{\varGamma}}_{k-1})}{1+\eta}, & k>1 \end{cases} \tag{6.31}$$

$$\boldsymbol{Kg}_{k+1} = \boldsymbol{P}_k\boldsymbol{H}^{\text{T}}/(\boldsymbol{H}\boldsymbol{P}_k\boldsymbol{H}^{\text{T}} + \boldsymbol{R}) \tag{6.32}$$

$$\boldsymbol{P}_{k+1} = (\boldsymbol{I} - \boldsymbol{Kg}_{k+1}\boldsymbol{H})\boldsymbol{P}_k \tag{6.33}$$

在仿真实验中，需要为误差驱动矩阵和协方差矩阵设定合适的初始值。以 USBL 的高度角、方位角和斜距作为观测变量，将线性运动模型中的位置和速度作为状态变量。考虑到 USBL 值的不稳定性，将随机有色噪声过程加入模型中。将经典卡尔曼滤波算法和带有条件增益的卡尔曼滤波器分别应用于该模型的跟踪滤波。初始位置为(123, 45)，初始前进速度为 0.8m/s，初始右向速度为 0.5m/s，初始深度计误差为 50m，初始电子罗盘误差为 0.3°，仿真结果如图 6.9 和图 6.10 所示。

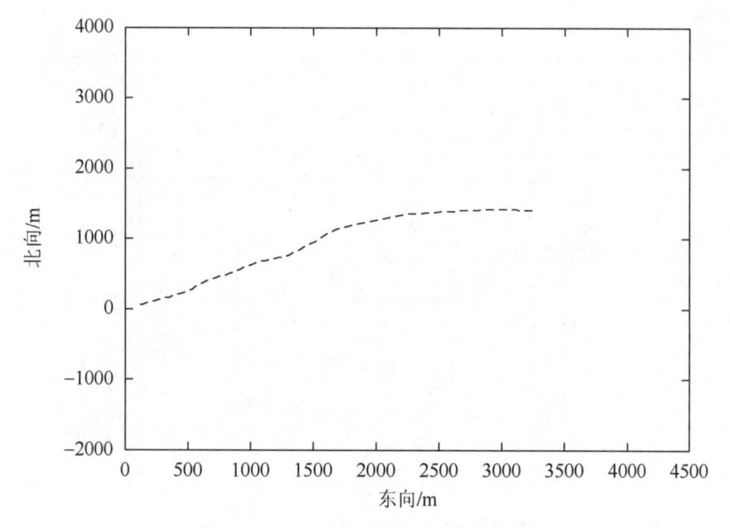

图 6.9 自主水下机器人真实轨迹

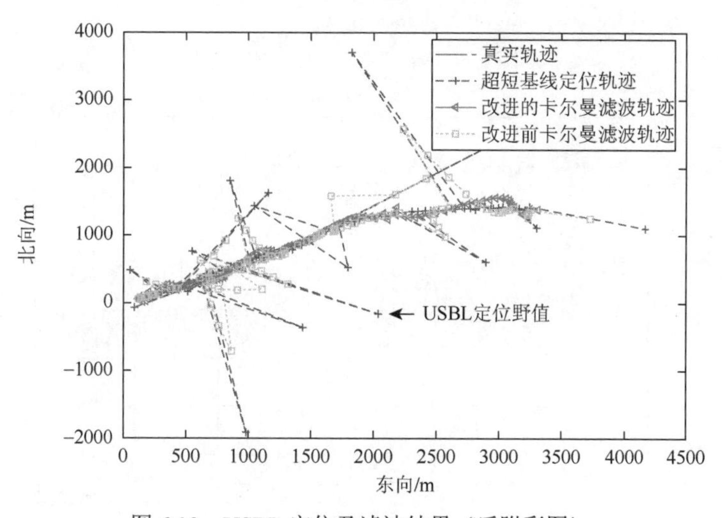

图 6.10 USBL 定位及滤波结果（后附彩图）

在图 6.10 中，深绿色点划线是系统的真实轨迹，深蓝虚线是具有粗大误差的 USBL 定位值，浅蓝色虚线是经典卡尔曼滤波轨迹，而红色实线是本书提出算法的轨迹。当粗大误差频繁发生时，经典卡尔曼滤波难以收敛，达不到预期的效果，而提出的改进算法可以解决这一问题，并达到理想的效果。

"潜龙"自主水下机器人海上试验使用法国 Posidonia 6000 型 USBL 系统，初始定位误差设置为 100m，定位周期设置为 24s（有时丢失），设置初始深度计误差为 50m，设置电子罗盘初始误差为 0.3°，海试前对短基线进行参数识别和校正，以减少其初始的安装误差。选取多个长达 40h 的海试数据对所提出的算法进行验证，试验结果如图 6.11 和图 6.12 所示。

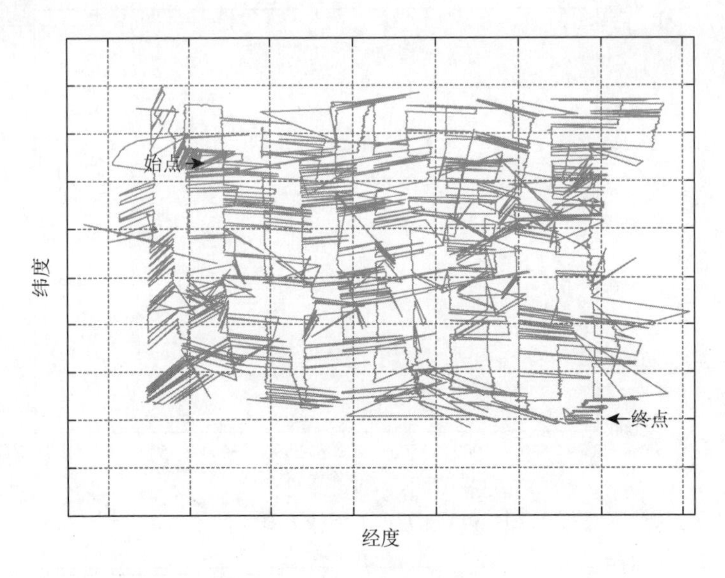

图 6.11　海试中 USBL 定位结果

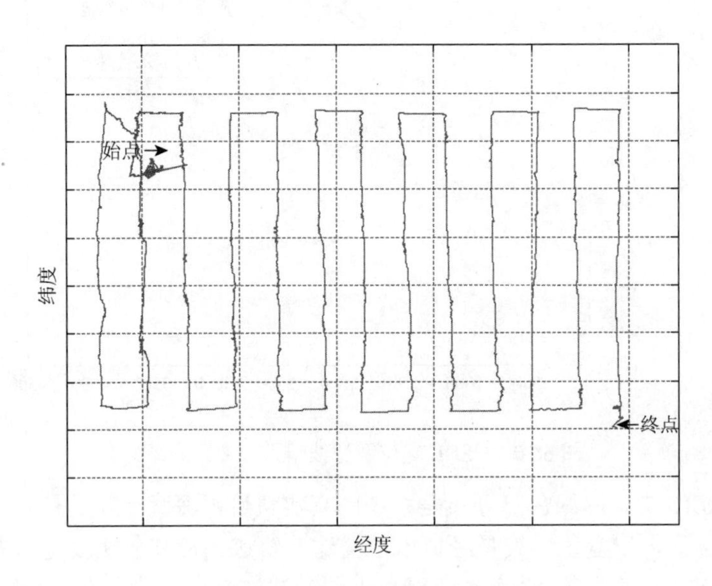

图 6.12　位置估计及滤波结果

图 6.11 中曲线代表 USBL 的初始定位结果，其中包含很多定位错误或粗大误差；图 6.12 中曲线代表本算法最终的滤波结果。海试的数据显示，在始点，自主水下机器人进行无动力螺旋下潜，其位置信息在不断变化，此时其初始定位位置很难确定，定位误差偏大一些，但定位误差会随着时间增加逐渐收敛。经过滤波后，轨迹更加清晰。

参考文献

[1] Leonard J J, Durrant-Whyte H F. Mobile robot localization by tracking geometric beacons[J]. IEEE Transactions on Robotics and Automation, 1991, 7 (3): 376-382.

[2] Makarenko A A, Williams S B, Bourgoult F, et al. An experiment in integrated exploration[C]//Proceedings of the IEEE/RSJ International Conference on Intelligent Robots and Systems, 2002: 534-539.

[3] 杜航原. 自主式水下航行器同步定位与地图构建算法研究[D]. 哈尔滨: 哈尔滨工程大学, 2012.

[4] 边信黔, 周佳加, 严浙平, 等. 基于 EKF 的无人潜航器航位推算算法[J]. 华中科技大学学报 (自然科学版), 2011(3): 100-104.

[5] 冯子龙, 刘健, 刘开周. AUV 自主导航航位推算算法的研究[J]. 机器人, 2005, 27 (2): 168-172.

[6] 黄蕴和, 张隆根. 潮流航法与航迹推算[J]. 上海船舶运输科学研究所学报, 1981(2): 179-185.

[7] O'Donnell C F. Inertial navigation[J]. Journal of the Franklin Institute, 1958, 266 (4): 257-277.

[8] 刘勇, 武昌, 林健. 无线电导航系统作战效能评估研究[J]. 弹箭与制导学报, 2007, 27 (5): 268-270.

[9] 王康, 刘莉, 杜小菁, 等. 基于 UKF 的 GPS 定位算法[J]. 宇航学报, 2011, 32 (4): 795-801.

[10] 谭述森. 北斗卫星导航系统的发展与思考[J]. 宇航学报, 2008, 29 (2): 391-396.

[11] Vaganay J, Leonard J J, Bellingham J G. Outlier rejection for autonomous acoustic navigation[C]//IEEE International Conference on Robotics and Automation, 1996: 2174-2181.

[12] Bellingham J G, Consi T R, Tedrow U, et al. Hyberbolic acoustic navigation for underwater vehicles: Implementation and demonstration[C]//SYMP on Autonomous Underwater Vehicle Technology, 1992: 304-309.

[13] 张立川, 徐德民, 刘明雍. 基于移动长基线的多 AUV 协同导航[J]. 机器人, 2009, 31 (6): 581-585.

[14] 刘文勇, 江林, 钱立兵, 等. 超短基线水下定位校准方法的探讨与分析[J]. 测绘通报, 2011(1): 82-84.

[15] 李姗姗, 吴晓平, 赵东明. 导航用海洋重力异常图的孔斯曲面重构方法[J]. 测绘学报, 2010, 39 (5): 508-515.

[16] 寇义民. 地磁导航关键技术研究[D]. 哈尔滨: 哈尔滨工业大学, 2010.

[17] 谭佳琳. 粒子群优化算法研究及其在海底地形辅助导航中的应用[D]. 哈尔滨: 哈尔滨工程大学, 2010.

[18] 韩松来. GPS 和捷联惯导组合导航新方法及系统误差补偿方案研究[D]. 长沙: 国防科学技术大学, 2010.

[19] Yun X, Bachmann E R, Mcghee R B, et al. Testing and evaluation of an integrated GPS/INS system for small AUV navigation[J]. IEEE Journal of Oceanic Engineering, 1999, 24 (3): 396-404.

[20] Desset S, Damus R, Morash J, et al. Use of GIBs in AUVs for underwater archaeology[J]. Sea Technology, 2003, 44 (12): 22.

[21] 刘明雍, 胡俊伟, 李闻白. 一种基于改进无迹卡尔曼滤波的自主水下航行器组合导航方法研究[J]. 兵工学报, 2011, 32 (2): 252-256.

[22] Miller P A, Farrell J A, Zhao Y, et al. Autonomous underwater vehicle navigation[J]. IEEE Journal of Oceanic Engineering, 2010, 35 (3): 663-678.

[23] 邵刚. 自主式水下机器人同时定位与地图创建[D]. 哈尔滨: 哈尔滨工程大学, 2014.

[24] Smith R, Self M, Cheeseman P. Estimating Uncertain Spatial Relationships in Robotics[M]. New York: Springer-Verlag, 1990: 850.

[25] Montemerlo M, Thrun S. FastSLAM 2. 0[J]. FastSLAM: A Scalable Method for the Simultaneous Localization and Mapping Problem in Robotics, 2007, 27: 63-90.

[26] Julier S, Uhlmann J K. Unscented filtering and nonlinear estimation[C]//Proceedings of IEEE, 2004: 401-422.

[27] Doucet A, de Freitas J, Murphy K, et al. Rao-Blackwellized particle filtering for dynamic Bayesiar networks[C]//Proceedings of

the Conference on Uncertainty in Artificial Intelligence, 2000: 176-183.

[28] Murphy K, Russel S. Rao-Blackwellized Particle Filtering for Dynamic Bayesian Networks[M]. New York: Springer-Verlag, 2001: 587-633.

[29] Montemerlo M, Thrun S, Koller D, et al. FastSLAM: A factored solution to simultaneous localization and mapping[C]//Proceedings of the International Conference on Artificial Intelligence, 2002: 593-598.

[30] Montemerlo M, Koller S T D, Wegbreit B. FastSLAM 2.0: An improved particle filtering algorithm for simultaneous localization and mapping that provably converges[C]//Proceedings of the International Conference on Artificial Intelligence, 2003: 1151-1156.

[31] 赵立军. 室内服务机器人移动定位技术研究[D]. 哈尔滨: 哈尔滨工业大学, 2009.

[32] 于妮妮. 基于 EKF 的 AUV 同时定位与构图方法研究[D]. 青岛: 中国海洋大学, 2009.

[33] Wang Y, Xu C, Xu H, et al. An integrated navigation algorithm for AUV based on Pseudo-range measurements and error estimation[C]//IEEE International Conference on Robotics and Biomimetics, 2017: 1625-1630.

7 自主水下机器人路径规划

路径规划技术是自主水下机器人领域中的核心问题之一，也是机器人学中研究人工智能问题的一个重要方面。我们希望未来的智能机器人能具有感知、规划和控制的高层能力，它们可望能自主地从周围的环境中收集知识，构造一个关于环境的符号化的世界模型，并且利用这些模型来规划、执行由应用者下达的高层任务。其中，规划模块能生成大部分机器人要执行的命令，其目标是实现机器人的使用者在较高层次上下达一些较宏观的任务，由机器人系统自身来填充那些较底层的细节问题。

本章首先引出机器人路径规划问题，接着介绍路径规划中环境建模和路径搜索的一些方法，然后介绍深海勘查型自主水下机器人的全局路径规划及局部路径规划，最后介绍“潜龙”系列自主水下机器人路径规划实例。

7.1 路径规划问题

蒋新松[1]为路径规划做出了这样的定义：路径规划是自治式移动机器人的一个重要组成部分，它的任务就是在具有障碍物的环境内，按照一定的评价标准，寻找一条从起始状态（包括位置和姿态）到达目标状态（同样包括位置和姿态）的无碰路径。障碍物在环境中的不同分布情况会直接影响规划的路径，而目标位置的确定则是由更高一级的任务分解模块提供的。与任务规划不同，在这里，“规划”的含义实际上是直观地求解带有约束的几何问题，而不是操作序列或行为步骤。另外，如果把运动物体看成要研究的问题的某种状态，把障碍物看成问题的约束条件，那么空间路径规划就是一种多约束的问题求解过程。

Schwartz 等[2]是这样定义路径规划的：设 B 是一个由若干刚体部件（其中一些可能与其他部分用关节相连，另一些可能会独立地存在）所组成的机器人系统，它共有 k 个方向的自由度，并假设 B 在一个从有若干机器人系统已知的障碍物的

二维或三维空间 V 自由运动。对 B 来说，路径规划问题就是给定 B 的起始位置 Z_1，以及一个希望到达的终止位置 Z_2，确定是否有一条对 B 来说从 Z_1 到 Z_2 的无碰路径，若有，则规划出来。

Hwang 等[3]则把路径规划问题进一步划分成粗规划（cross-motion planning）和细规划（fine-motion planning)。前者考虑问题时所涉及的自由空间远大于机器人的尺寸与机器人定位误差的和，后者考虑在狭窄空间下的规划问题，它所要求的移动精度高于机器人定位误差的精度。

在机器人规划前，它首先要做的就是将机器人活动空间的描述由外部的原始形式通过一系列处理转化为适合规划的内部模型，这个过程称为环境建模，其中主要是障碍物的表示方法。简单地说，就是要将物理上的环境描述为计算机可以识别的形式。合理的环境表示有利于减少规划中的搜索量及时空开销。不同的规划方法正是建立在不同的环境建模基础之上的。路径搜索算法负责从环境模型中搜索出路径的可行空间，而且一般都与建模方法有关。路径生成则是从搜索到的路径可行空间中生成一条可行路径。路径优化是在考虑智能机器人自身动力学特性的基础上，为了让路径更有利于机器人的执行而对路径进行平滑。

7.2 路径规划技术

路径规划技术是智能机器人领域中的核心问题之一，即在有限条件下规划一条由起点到终点的最优或较优路径。路径规划从实质上来说是一个有约束的优化问题。一般而言，机器人完成给定任务可选择的路径有许多条，实际应用中往往要选择一条在一定准则下为最优（或近似最优）的路径，常用的准则有路径最短、耗能最少以及用时最短等。路径规划包括环境建模和路径搜索两个子问题。

7.2.1 环境建模方法

1. 可视图法[4]

在 C-空间（configuration space）中，运动物体缩小为一点，障碍物边界相应地向外扩展为 C-空间障碍。所有扩展后的障碍物都被表示为多边形或多面体。选取起点、终点以及各多边形，多面体的顶点或拐角以直线组合连接，这样各连线均不穿过障碍物内部，均在可行的空间内。此时路径规划问题转化为在可视图中沿着直线网络寻找一条由起点至终点的优化路径。在二维情况下，扩展的障碍物边界可由多个多边形表示，用直线将物体运动的起点 S 和所有 C-空间障碍物的顶

点以及目标点 C 连接，并保证这些直线段不与C-空间障碍物相交，就形成了一幅图，称为可视图（visibility graph）。由于任意两直线的顶点都是可见的，所以显然从起点 S 沿着这些直线到达目标点的所有路径均是运动物体的无碰路径[4]。对图搜索就可以找到最短无碰安全运动路径。搜索最优路径的问题就转化为从起始点到目标点经过这些可视直线的最短距离问题。

可视图法的优点：概念直观，实现简单。

可视图法的缺点：缺乏灵活性，即一旦机器人的起始点和目标点发生改变，就要重新构造可视图，而且算法的复杂性和障碍物的数量成正比，且不是任何时候都可以获得最优路径。

切线图法[5]和 Voronoi 图法[6]对可视图法进行了改造。

切线图用障碍物的切线表示弧，因此是从起始点到目标点的最短路径的图，即移动机器人必须几乎接近障碍物行走。其缺点是如果控制过程中产生位置误差，移动机器人碰撞的可能性会很高。

Voronoi 图法根据已知的障碍分布情况，先由障碍物的顶点、边界构造出障碍的扩展图，再由距两个或多个障碍的给定距离相等点的连线集合构成 Voronoi 图。此时的路径规划问题转化为基于 Voronoi 图最优路径搜索问题。该法寻找的路径与障碍距离远，安全系数较高，对机器人姿态和位置精度敏感度较低，Voronoi 图生成速度也比可视图法快，其缺点是该方法的搜索域较小，搜索出的路径较长。用尽可能远离障碍物和墙壁的路径表示弧。由此，从起始节点到目标节点的路径将会增长，但采用这种控制方式时，即使产生位置误差，移动机器人也不会碰到障碍物。

2. 自由空间法

自由空间法[4]应用于移动机器人路径规划，采用预先定义的如广义锥形和凸多边形等基本形状构造自由空间，并将自由空间表示为连通图，通过搜索连通图来进行路径规划。自由空间的构造方法[7]是：从障碍物的一个顶点开始，依次作其他顶点的连接线，删除不必要的连接线，使得连接线与障碍物边界所围成的每一个自由空间都是面积最大的凸多边形，连接各连接线的中点形成的网络图即机器人可自由运动的路线。

用栅格法建模受空间分辨率和内存容量的限制，而自由空间法建模解决了这一矛盾。但自由空间法的分割需构造想象边界，想象边界本身具有任意性，导致路径的不确定性。

自由空间法的优点：比较灵活，起始点和目标点的改变不会造成连通图的重构。

自由空间法的缺点：算法的复杂程度和障碍物的多少成正比，且不是任何情况下都能获得最短路径的。

3. 栅格法

栅格法[4]将移动机器人工作环境分解成一系列具有二值信息的网格单元，多采用四叉树或八叉树表示，并通过优化算法完成路径搜索。该法以栅格为单位记录环境信息，有障碍物的地方累积值比较高，移动机器人就会采用优化算法避开。环境被量化成具有一定分辨率的栅格，栅格的一致性和规范性使得栅格空间中邻接关系简单化。赋予每个栅格一个通行因子后，路径规划问题就变成在栅格网上寻求两个栅格节点间的最优路径问题。在栅格法中，栅格大小直接影响环境信息存储量大小和规划时间长短，栅格划分得大，环境信息存储量小，规划时间短，但分辨率下降，在密集环境下发现路径的能力减弱；栅格划分得小，环境分辨率高，在密集环境下发现路径的能力强，但环境信息存储量大，规划时间长[8]。

栅格法的优点：规划空间表达具有一致性、规范性和简单性，很容易实现。这些网络单元表示该处可以自由通过、该处被障碍物占据或该单元处的通行消耗。栅格的一致性和规范性使得栅格空间中邻接关系简单化，路径规划问题被转化为在栅格网上寻求两个栅格节点间的最优路径问题。栅格法简单易行，在表示复杂形状的障碍物时避免了复杂的计算，易于建模、存储和更新，易扩展到三维。

栅格法的缺点：由于没有考虑环境本身的分布特点，搜索本身具有盲目性，依赖于对精度的要求。栅格尺寸的选取是影响栅格地图质量的重要因素，栅格尺寸过大，障碍物的表示精度就会降低，影响所规划路径的精确性。栅格尺寸过小，虽然障碍物的表示精度高，但存储空间和计算量都会增大。当环境复杂时，搜索空间会相当大，算法的效率就会相当低，尤其是当要维护一个较大的地图或维度较高时，降低了路径规划的实时性。

7.2.2 路径搜索算法

1. A^*算法

A^*算法[9-11]是应用极为广泛的启发式搜索算法（heuristic search algorithm），许多研究者对使用A^*算法进行路径规划作了深入的研究。A^*算法采用一个评价函数（evaluation function）$f(n)$来指导 OPEN 表中扩展节点的选择：

$$f(n)=g(n)+h(n) \tag{7.1}$$

式中，$g(n)$为从出发点到节点 n 已发现最优路径的代价；$h(n)$是依赖于问题领域的启发式信息，反映从 n 到目标点之间路径代价的估计。

令 $h^*(n)$为从 n 到目标点之间的实际最优路径的代价值，A^*算法是求 $h(n)h^*(n)$。A^*算法可以保证找到一条最优路径（在给定的代价函数和环境表示下），只要该路径存在，则 A^*算法就是可采纳的算法。其中 $g(n)$和 $h(n)$的数学表达方法可以根据实际情况而定，如式（7.2）所示：

$$g(n)=\sum_{k=1}^{n} p_{k-1} D(A_{k-1}, A_K), \quad h(n)=p_N D(A_n, G) \tag{7.2}$$

式中，$A_0, A_1, \cdots, A_n$ 是图中的 $n+1$ 个节点，A_0 表示起始点；$D(A_{k-1}, A_k)$ 表示节点 A_{k-1} 和 A_k 之间的距离；p_{k-1} 是加权值，表示道路易通行的程度；$p_N=\min(p_0, p_1, \cdots, p_n)$；$G$ 是目标点。

A^*算法的实现虽然简单直观，但在问题规模较大时，时间和空间复杂度太高。当环境复杂、规模较大时，它的效率也较低，经常几乎要扩展整个规划空间才能找到目标。

2. 人工势场法

Khatib 于 1986 年提出一种虚拟力法——人工势场法[12]，人工势场法模拟物理学中势场的概念，将目标点视为引力极，将障碍物或不希望机器人达到的位置视为斥力极。在引力和斥力的共同作用下，机器人所处的环境就形成了一个人工的虚拟势场。

机器人沿着这个虚拟势场的负梯度方向即势下降最快的方向移动即可找到目标位置的无碰最短路线。该方法结构较为简单，无须大量的计算，可以应对突然出现的障碍，因而也适用于动态环境下的局部路径规划，规划出的路径也较其他方法更为平滑。但由于人工势场法的本质特征，其缺点也相当明显。第一，由于引力和斥力的共同作用，在人工势场中可能出现合力为零的点，即势的局部极小值点，这样会导致机器人误判自己已经处于目标点而不再运动，导致任务无法完成。第二，人工势场在距离较近的两个障碍物之间，由于斥力较强，可能导致机器人不能发现存在的可行路径。第三，与其他方法不同，在障碍物出现时新加入的斥力会立即对整个势场造成影响，当这种影响较大时，会导致机器人振荡，移动不稳定。第四，在狭窄通道中机器人可能会摆动。

3. 遗传算法

遗传算法[13, 14]（genetic algorithm，GA）本质上的并行性，使其擅长于求解组合优化问题，其 N 个个体的一次搜索空间为 $O(N^3)$ 个组合模式，仅仅需要 N 个模式的计算量，就能在搜索空间中排除个数与 N^3 成正比的组合模式，因此继神经优化之后，遗传算法对旅行商问题（travelling salesman problem，TSP）的求解也取得了很大的成功，从而说明遗传算法对这类问题存在巨大的优化计算能力。

遗传算法是由 Holland 于 20 世纪 70 年代提出的一种模拟自然进化的计算机程序，其仿照达尔文进化过程和染色体上自然发生的遗传操作，基于群体的随机搜索过程。像自然界中的情形一样，遗传算法具有高度的隐式并行性。对于一个搜索（或优化）问题，遗传算法操作于一个由问题的多个潜在解（个体）组成的群体上，每一个个体都由一个编码表示，这相当于自然界中生物个体的基因型；同时，每一个个体又依据问题的目标函数被赋予一个数值——适应度（fitness），它反映了个体与其他个体相比求解问题的能力，相当于生物个体的表现型。通过选择算子（selection）来提供保留好解并淘汰差解的驱动机制：个体的适应性越高，它的编码结构在后代群体中出现的概率越大。群体繁殖由交叉算子（crossover）和变异算子（mutation）实现。交叉算子通过交换两个解的部分编码，构成两个新解来模拟两个基因型的重组。变异算子用来恢复进化迭代中丢失的编码结构，以维持群体的多样性，这同生物染色体上发生变异操作来再生丢失的遗传材料具有类似的作用。遗传算法作为一种新的全局优化搜索算法，在搜索过程中自动获取和积累有关搜索空间的知识，并自适应地控制搜索过程，从而得到最优解或准最优解，具有简单通用、鲁棒性强、适于并行处理等优点，在组合优化问题求解、自适应控制、规划设计、机器学习和人工生命等领域有着广泛的应用。

遗传算法利用选择、交叉和变异来培养群体样本，对生物进化过程做数学方式的模拟。它不要求适应度函数是可导或连续的，而只要求适应度函数为正，同时作为并行算法，它的隐并行性适用于全局搜索。多数优化算法都是单点搜索算法，很容易陷入局部最优，而遗传算法却是一种多点搜索算法，因而更有可能搜索到全局最优解。由于遗传算法的整体搜索策略和优化计算不依赖于梯度信息，所以解决了一些其他优化算法无法解决的问题。

由于遗传算法求解许多复杂问题的成功，人们开始尝试将它用于求解路径规划问题。1988 年，Cleghorn 等率先将遗传算法用来进行平面避障规划，与 A^*算法相比，遗传算法具有较低的时间和空间复杂度，可以获得较好的路径。

遗传算法运算的不足是速度不快，进化众多的规划要占据较大的存储空间和运算时间。优点是克服了人工势场法的局部极小值问题，计算量不大，易做到边规划边跟踪，适用于时变未知环境的路径规划，实时性较好。遗传算法运用于移动机器人路径规划的研究近来取得了许多成果，其基本思想是将路径个体表达为路径中一系列中途点，并转换为二进制串。首先初始化路径群体，然后进行遗传操作，如选择、交叉、复制、变异。经过若干代进化以后，停止进化，输出当前最优个体。其算法过程如下：

```
开始
随机初始化群体 P(0)
计算群体 P(0) 中个体的适应度
t = 0
while 不满足终止准则 do
```

```
{
由 P(t) 通过遗传操作形成新的种群 P(t+1);
计算 P(t+1) 中个体的适应度, t=t+1;
}
```

遗传算法用于路径规划，主要是修改路径编码方式使其变得简单以及提出不同的适应度函数。

4. 模拟退火算法

模拟退火（simulated annealing，SA）算法[15]的思想最早是由 Metropolis 等提出的，其基于物理中固体物质的退火过程与一般组合优化问题之间的相似性。

模拟退火算法是一种通用的优化算法，是模拟热力学中经典粒子系统的降温过程，来求解规划问题的极值。当孤立粒子系统的温度以足够慢的速度下降时，系统近似处于热力学平衡状态，最后系统将达到本身的最低能量状态，即基态，这相当于能量函数的全局极小点。由于模拟退火算法能够有效地解决大规模的组合优化问题，且对规划问题的要求极小，所以引起研究人员的极大兴趣，在全局路径规划搜索中也得到了广泛应用。

模拟退火算法的基本过程如下：

（1）给定初始温度 T_0 及初始点，计算该点的函数值 $f(x)$。

（2）计算函数差值 $\Delta f = f(x') - f(x)$。

（3）若 $\Delta f \leqslant 0$，则接收新点作为下一次模拟的初始点。

（4）若 $\Delta f > 0$，则计算新接受概率：$P(\Delta f) = \exp\left(-\dfrac{\Delta f}{KT}\right)$，产生[0, 1]区间上均匀分布的伪随机数 r，$r \in [0,1]$，如果 $P(\Delta f) \geqslant r$，则接受新点作为下一次模拟的初始点；否则放弃新点，仍取原来的点作为下一次模拟的初始点。

以上步骤称为 Metropolis 过程。按照一定的退火方案逐渐降低温度，重复 Metropolis 过程，就构成了模拟退火算法。当系统温度足够低时，认为达到了全局最优状态。按照热力学分子运动理论，粒子做无规则运动时，它具有的能量带有随机性。温度较高时，系统的内能较大，但是对某个粒子而言，它具有的能量可能较小。因此，模拟退火算法要记录整个退火过程中出现的能量较小的点。

在模拟退火算法中，降温的方式对算法有很大的影响。如果温度下降过快，可能会丢失极值点；如果温度下降过慢，算法的收敛速度又会大大降低。为了提高模拟退火算法的有效性，许多学者提出了多种退火方案，如下所述。

（1）经典退火方案。降温公式为 $T(t) = \dfrac{T_0}{\ln(1+t)}$，特点是温度下降很缓慢，因此算法的收敛速度也很慢。

（2）快速退火方案。降温公式为$T(t)=\frac{T_0}{1+\alpha t}$，这种退火方式的特点是在高温区温度下降比较快，而在低温区温度下降较慢。这符合热力学分子运动理论中，某粒子在高温时所具有的较低能量的概率要比在低温时小得多。因此，寻优的重点应在低温区，式中α用以改善模拟退火曲线的形态。

5. 蚁群算法

自然界中的蚂蚁在觅食过程中，个体蚂蚁没有发现食物时会在巢穴周围随机搜索，当发现自己无法搬动食物时，个体蚂蚁就会返回巢穴寻求帮助，同时在路上留下信息素，其他蚂蚁会根据信息素的强度来选择移动方向。正是通过这一正反馈机制，能力有限的个体蚂蚁被组织成高度社会性的群体，这个群体能完成非常复杂的行为。蚁群算法[16]正是模拟了这一过程，通过虚拟的种群和正反馈机制来寻找全局最优解。在全局路径规划问题中，应用蚁群算法的步骤如下。

步骤 1：初始化各参数，将初代各蚂蚁置于起点。

步骤 2：根据各邻域的可通过性，确定待访问列表，待访问列表中的每一个元素即该次移动路径上的下一个节点。

步骤 3：若待访问列表为空，且未到达终点，表示此路不通，则本只蚂蚁完成使命，开始下一只蚂蚁使命，即开始下一次路径搜寻。

步骤 4：根据信息素强度和启发项计算待访问列表中各邻域的概率，掷随机数决定去访问哪一个列表。

步骤 5：到达终点，令蚂蚁返回巢穴，此时找到一条可行路径，更新局部信息素（可选），完成本只蚂蚁使命，并记录下路径和长度，开始下一只蚂蚁使命。

步骤 6：在每只蚂蚁都完成使命后，更新最好路径和最好路径的长度。对全局信息素进行更新和蒸发，开始下一代蚂蚁使命。

步骤 7：重复步骤 2～6，直至达到指定的迭代次数。

蚁群算法的本质是并行算法，为分布式计算提供了可能。蚁群算法的鲁棒性也较强，对初始解的优劣依赖并不是很大。此外，蚁群算法框架的通用性好，可以和许多算法相结合，解决各类问题。通过对迭代代数的调整，可以完成对解的质量和寻优时间之间的平衡。但环境复杂时，蚁群算法可能会陷入局部最优。

6. 粒子群算法

粒子群算法[17]源于对自然界中鸟类觅食行为的模仿，其核心是群体中的个体之间互相共享信息从而使得整个群体从无序到有序，完成寻优过程。粒子群算法中的每一个粒子就是一只“鸟”，在早期版本的粒子群算法中每个粒子下一步的运动方向和位置由式（7.3）的速度迭代公式和位置迭代公式决定：

$$\begin{cases} V_i = wV_i + c_1\text{rand}[0,1](\text{Pbest}_i - X_i) + c_2\text{rand}[0,1](\text{Gbest} - X_i) \\ X_i = X_i + V_i \end{cases} \tag{7.3}$$

式中，V_i为粒子 i 的当前速度；w 为惯性系数；Pbest_i为该粒子历史最优位置；Gbest 为粒子群中寻找到的全局最优位置。早期版本的粒子群算法仅能解决连续的优化问题，不能解决路径规划、TSP 等离散问题。后来研究者对粒子群算法进行了扩展，广义的粒子群算法在解决离散问题时借用了遗传算法中交叉的概念。处理全局路径规划问题时，首先按照同遗传算法一样的方式建模，此时每个粒子代表问题的一组解（一条可行路径），将粒子的更新变为在当前粒子基础上选择一部分路径与目前全局最优路径交叉，再选择一部分与该粒子历史最好路径交叉，直到达到最大迭代次数。

虽然广义的粒子群算法在解决全局规划问题时与遗传算法很像，但是其本质还是不同的，首先，遗传算法并没有记忆性，优秀的解会随着种群的改变而消失，而粒子群算法有记忆性，每个粒子的历史最优解被记录下来。遗传算法中的子代是由随机的父代交叉而生成的，整个种群的移动比较均匀，而粒子群算法中新的粒子仅由其历史最优和当前最优两个因素决定，种群的移动方向性比较强。这也使得与遗传算法相比，粒子群算法收敛速度更快且更易收敛到局部极小值点。

7.3 深海勘查型自主水下机器人路径规划

1. 深海勘查型自主水下机器人工作流程

深海勘查型 AUVs 的工作任务主要是对海底进行勘测，以期取得海洋科学家和海洋地质学家感兴趣的海洋地形、浊度、温度等数据。其工作流程如下：首先由母船将 AUVs 运输至被指定为 AUVs 的探索目标区域附近。然后根据先验知识，如该区域的电子海图、船载多波束的粗略探测结果，规划出 AUVs 从船上布放后至目标区域的全局往返路线，以及梳形探测的探测路径，此后 AUVs 根据离线规划的路径和前视声呐所提供的实时信息在线自主地航行至目标区域，待目标区域探索完毕后，母船和 AUVs 进行会合回收，母船航行至下一目标区域附近，重复以上过程，直至整个任务完毕。

根据上述工作流程，深海勘查型 AUVs 工作流程中的几个关键问题如下：①当 AUVs 续航力可以满足连续观测多个相距较近区域条件下的任务次序规划，即航次级别的全局任务规划时，以最小的潜次数完成任务；②根据障碍的先验知识在大尺度地图上规划出能量消耗最小的全局路径，即潜次级别的全局路径规划；③根据观测目标区域的形状，规划出能覆盖全区域的梳形探测测线；④为 AUVs 设计出根据 AUVs 的感知设备所提供的实时信息，能够在线规划出无碰、优化的局部路径。

2. 航次级别的全局路径规划

随着电池技术的进步以及 AUVs 在能量控制方面的优化和提升，AUVs 续航力得到了很大的提高。这也使得深海勘查型 AUVs 不再仅仅能观测一个目标区域，而使得其连续观测几个邻近目标区域成为可能。在此条件下，对于离散的多目标点的任务，如果在整个航次前能够做出合理的观测次序规划，那么可以在每个潜次中充分利用 AUVs 自身携带的能源，减少布放、回收的次数，整个任务的完成效率将会得到极大的提升。

航次级别要解决的全局规划问题描述如下。

已知：①在一个大尺度海域范围内有若干待观测区域，根据其重要程度和面积，每一个区域的工作量各不相同；②AUVs 的续航能力有限，不足以单潜次遍历所有观测区域，但可能足以连续观测邻近的多个待观测区域；③AUVs 需要母船将其运输至特定位置，以便 AUVs 进行观测；④特定的工作点可能需要采样等特殊操作，而 AUVs 单个潜次的样品携带数有限。

待求：①能够充分利用 AUVs 的续航能力，并满足 AUVs 所能携带的样品数限制的所有观测点的观测次序；②母船需要将 AUVs 运输至特定的位置。

航次级别的全局路径规划要解决的问题是一个类旅行商问题，虽然在海洋观测的具体问题中，关于航次级别的全局任务规划的研究非常有限，但仍可以借鉴前人在解决旅行商[18]、校车规划[19]等问题中的经典方法来解决[20]。

3. 潜次级别的全局路径规划

潜次级别的全局路径规划要解决的问题如下：根据先验知识，如电子海图、船载声呐的粗略测绘结果中的障碍物位置等信息规划出AUVs从布放位置到目标区域的最短往返路线，并根据待观测区域的形状等，规划出能够全覆盖待测区域的测线[21]。

7.4 局部路径规划

全局路径规划所依据的信息是已知的，规划尺度比较大，其目的是找到最优的通往目标点的路径，其主要方法均采用“感知—建模—搜索”流程。而对于实时避碰和局部路径规划，除了“感知—建模—搜索”流程以外，还可以选择“感知—动作”流程。这也使得实时避碰和局部路径规划问题中存在一些特有的解决方法。

部分研究者会将局部路径规划与实时避碰等同，因为实时避碰和局部路径规划的任务都是根据 AUVs 上的信息感知设备所传回的实时信息，在一个较小的未知或半未知的环境中为 AUVs 规划出一个合理的安全路径。而在将二者区分开来的研究者看来，实时避碰注重的是 AUVs 的安全性，强调无碰路径的规划。而局部路径规划强调在跟随全局路径规划产生的路径时周围环境会发生变化，在这种变化情况下如何规划出一条新的最优路线。

其实当局部路径规划中较好地考虑了 AUVs 的动力学特征，实时避碰中加入了较好的启发式引导机制时，局部路径规划和全局路径规划并无太大区别。

7.4.1 环境建模方法

1. 全局路径规划中介绍的建模方法

在全局路径规划介绍的建模方法中，栅格法经常被用于局部路径规划，栅格法易于实时更新、维护，但只能访问 8 邻域的局限性使得基于栅格法规划出的路径往往不够光滑，可行性较差。可视图法的实时性较差，不适合用于动态环境的建模。Voronoi 图法计算量较可视图法小，可以用于动态环境的模型构建。

2. 极坐标法

由于多数机器人的环境感知器（激光雷达、声呐等）返回的数据是障碍物与机器人的相对距离和方位，所以以机器人位置作为原点的极坐标系作为空间坐标系非常便于描述机器人周围的障碍物信息[22]，并且极坐标空间对长度和角度敏感的特点也利于其描述机器人期望的运动方向角。

7.4.2 局部路径规划方法

1. 在全局路径规则中提到的方法

如果能够保证规划地图的实时更新，那么几乎所有在全局路径规划中介绍的搜索、优化算法都可以用在局部路径规划中，但是这些搜索算法要用在实时动态的环境下，算法的实时性是否能够满足需要，以及如何将机器人的动力学特征（如回转半径）等考虑进去是需要解决的难点。而前述的人工势场法，因其实时性好、易于实现，相较于全局路径规划，更适用于局部路径规划，但其容易导致振荡、存在死点等缺陷，仍然需要妥善解决。这些方法全属于“感知—建模—搜索”方法，下面介绍一些在实时避碰策略与局部路径规划中特有的“感知—动作”方法。

2. 模糊控制方法

模糊控制方法[23]模拟人的决策过程，将人类驾驶员的经验表达为一系列的控制规则，从而完成机器人的“感知—动作”行为。如图 7.1 所示，设计模糊控制器一般分为三步：首先，选取合适的语言变量，进行数据信息处理，包括模数（A/D）

转换将精确输入量模糊化；其次，构造模糊控制规则表，确定输出量对应的模糊关系；最后，依据某一准则进行模糊判决，将输出的控制量反模糊化处理后进行数模（D/A）转换，作用于被控对象。

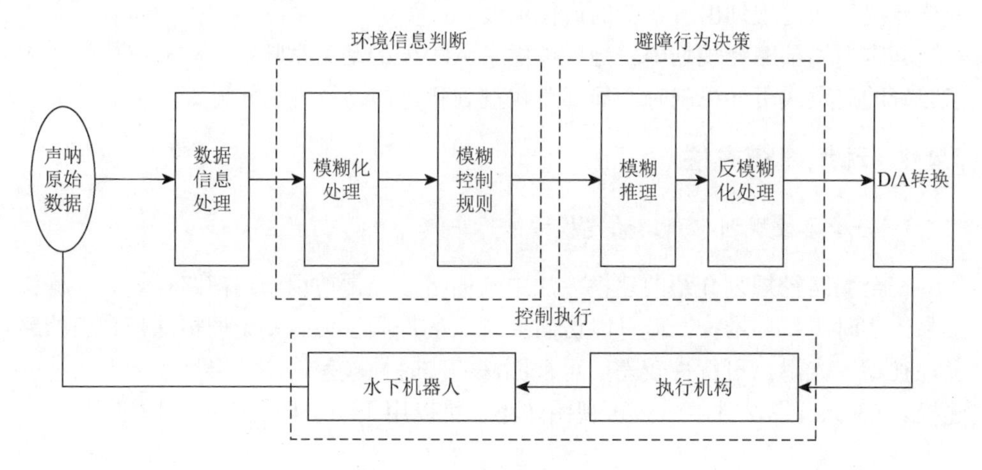

图 7.1　模糊控制器设计

模糊逻辑由于符合人类思维习惯，不仅不需要建立系统的数学模型，而且易于将专家知识直接转换为控制信号，因此利用模糊逻辑可将不确定性直接表示在推理过程中，基于模糊规则的计算非常简单。但考虑到水下机器人普遍存在定位精度差、对环境的感知易受干扰等特点，模糊逻辑方法采用相对定位方法，减小累积误差，计算实时性较好，模糊控制方法在水下机器人避障中有很大的优越性。但由于实际环境的复杂性，有时无法考虑到所有可能遇到的情况来制定出相应的规则，另外对于多输入、多输出系统，在复杂情况下要构造的模糊规则数量非常大，构造起来非常困难。

3. 神经网络

神经网络[24]是对生物的神经系统处理信息过程的一种模拟，是一种有监督学习，即用有标记的样本对网络进行训练，在经过充分的训练，结束这种“感知—动作”后，系统便能学习样本中蕴含的规律，以感知的障碍物的信息作为输入，而得到相应的控制量作为输出。神经网络巧妙地避开了对从感知空间到行为空间映射过程中精确数学模型的建立，模型的内部特征信息被隐式地蕴含在经过训练后网络的权值中，这种存储方式也极大地减小了神经网络泛化时的运算量，该方法具有非常高的实时性。此外，神经网络多输入、分布式存储的结构也非常适合多传感器信息的融合，具有较强的信息融合能力和系统容错能力，但是神经网络的典型样本较难获得，而且在复杂环境中神经网络泛化结果的正确性不能得到保证。神经网络与模糊理论相结合时效果较好，其主要思想为利用神经网络对归纳的模糊规则进行学习，如此一来，即便神经网络的输入偏离了学习样本，但只要输入模式接近某一学习样本的输入模式，其仍可以找到一个接近输出模式进行输出。

4. 强化学习

强化学习[25]介于有监督学习和无监督学习之间。强化学习模型中的智能体（agent）通过强化学习不断地感知周围的环境状态信息，根据特定的策略执行特定的行为，从而使环境状态发生改变，并得到相应的奖赏或惩罚。强化学习的目的就是通过类似人类思维中的试错法，试探环境对不同行为的反馈，对各种策略进行评价。对 agent 而言，其采取的每一个行为不仅仅影响即时报酬，同时影响环境状态和后续获得的报酬，强化学习的目标是在探索环境的整个状态空间的基础上，寻找到一个“感知—行为”的映射关系（即行动策略），来获得最大化的即时报酬和延时报酬。

强化学习系统的主要组成部分有三个：一是动作策略，即任意给定的一个环境状态到行为集中一个特定行为的映射关系；二是奖赏函数，奖赏函数根据系统当前的状态和所选择的动作来产生一个特定的奖赏信号，这个奖赏信号是对一个“状态-动作对”的评价，它代表了 agent 所收到的即时报酬；三是值函数，值函数是对当前系统所处状态的一种评价，值函数产生的评价值代表了 agent 所执行的动作造成的长期影响，即 agent 收到的延时报酬。在解决避碰问题时，强化学习方法通常在仿真中对机器人的策略进行学习和训练，强化学习最主要的缺点是收敛慢。

7.5 “潜龙”系列自主水下机器人的路径规划

根据我国国际海底资源发展战略，“潜龙”系列 AUVs 以深海资源勘查任务为主，兼顾其他战略和经济价值极高的海底资源。其工作的主要内容是：发现和寻找资源所在区域，探测海底现场海洋要素，为评价资源储量和商业开采价值提供依据。具体为：在由深海多波束等手段对作业区域进行大范围的初步测绘的基础上，利用 AUVs 进一步对作业区域的重点范围进行加密调查，包括微地形地貌和海洋要素测量，确定有价值的局部作业区域，为制定下一阶段的作业方案和实际作业提供重要的第一手资料。

“潜龙”系列 AUVs 主要用于对水下地形、底质和水文参数的探测和测量，工作模式包含声学探测（方式一）、光学探测（方式二）以及声学和光学综合探测（方式三）。

声学探测：当仅需进行声学探测时，选择该方式。AUVs 下水后将仅对规定的探测区域进行声学全覆盖探测。

光学探测：当仅需进行光学探测时，选择该方式。AUVs 下水后仅对规定的探测区域进行测线上的光学全覆盖探测。

声学和光学综合探测：该方式适用于已知探测区域较平坦的条件，AUVs 一次下水先后完成声学全覆盖探测和光学全覆盖探测，即首先对规定的探测区域进行声学全覆盖探测，然后对同一区域进行光学探测（测线间距可根据具体要求在使命编制时设定），该方式下，AUVs 从入水开始至上浮到水面，水文参数一直处于测量状态。

“潜龙”系列 AUVs 的路径规划包括离线路径规划和在线路径规划。离线路径规划是利用已知海图信息和 AUVs 任务信息，规划出一条从起始点到达目标点的无障碍路径。离线路径规划是在 AUVs 开始下水工作之前，在自检预置软件上进行的规划，然后将规划路径下载到 AUVs 控制计算机中，AUVs 在水下工作时按照离线规划路径执行。在线路径规划由需要在线重规划的事件触发，当遇到故障或特殊事件时，AUVs 根据当前的实际情况，自主决策出相应的航行使命，生成在线路径规划文件，并通知行为执行模块按照新的使命规划执行。

7.5.1 离线路径规划

“潜龙”系列 AUVs 的离线路径规划设计中采用栅格化电子海图进行环境建模，利用人工势场原理进行 AUVs 路径规划，离线规划出 AUVs 航行和执行任务所需使命路径，以满足 AUVs 工作任务的需要。

图像栅格用像素来描述空间对象，不同的像素存储结构及空间单元对应不同的栅格结构，像素值表示空间对象的特征。栅格数据结构具有结构简单、易于空间分析和速度快等优点。

栅格化的电子海图是通过网格化方法将相应海域划分成若干大小相等的网格，即把电子海图转化成网格环境地图，存储到栅格文件中，利用环境地图的网格值存储路径规划所需要的环境信息，例如，岛屿、浅滩和暗礁等重要目标的地理坐标，以及海洋深度、海流分布和禁止航区等海洋地理和海洋环境信息。障碍区域是深度低于一定数值的陆地、岛屿、浅滩和暗礁区域。

人工势场把 AUVs 在环境中的运动视为一种在抽象人造受力场中的运动，即在环境中建立人工势场的负梯度方向，指向系统的运动控制方向。目标点对移动 AUVs 产生引力，障碍物对 AUVs 产生斥力，其结果是使 AUVs 沿“势峰”间的“势谷”前进。引力和斥力的合力引导 AUVs 运动，从而在有障碍环境中规划出一条最优的无碰路径。

人工势场中存在局部极小点，传统人工势场法经常无法直接规划出路径。另外，在障碍区域附近会出现路径振荡和摇摆现象。针对上述问题，这里采用如下解决方法：一是在规划陷入局部极小点后，采用有效方法摆脱局部极小点；

二是改变目标势场函数，减少局部极小点数目；三是对振荡和摇摆路径进行平滑处理。

具体改进方法如下：

（1）改变搜索步长。如果在搜索方向上陷入极小点，则可以改变搜索步长，重新确定当前点到下一点的搜索方向，这样可以摆脱局部极小点。

（2）改变起始点位置。人工势场中局部极小点通常位于凹形障碍区域内，称此区域为禁入区域。在进行路径规划时，如果起始点位于禁入区域，那么路径就会陷入局部极小点。为了避免这种情况发生，将起始点位置选择在禁入区域以外。

（3）改变目标点位置。障碍势场取决于障碍区域的位置和形状，而且水下障碍区域的环境复杂，无法通过改变障碍势场来减少或避免局部极小点的存在。为此，这里通过改变目标点位置来调整目标势场，减少或避免局部极小点的存在。

（4）起始点和目标点换位。起始点和目标点换位是将原来从起始点到目标点的目标势场方向，变换成从目标点到起始点。这种方法可以减少陷入局部极小点的概率，增加路径规划的成功率。

（5）采用分段规划。在上述改进措施的基础上，还可进一步采用分段规划方法。具体是在局部极小点处将路径规划分成两段，一段是从起始点到中断点，另一段是从中断点到目标点。过局部极小点作从局部极小点到目标点线段的垂线，在垂线上以一定步长搜索与局部极小点最近的非障碍点，即中断点。当中断点确定以后，分别对这两段进行路径规划，最后将两条路径合并成一条完整路径。

（6）路径平滑处理。采用路径平滑处理技术，消除障碍区域附近路径的振荡和摇摆。

在栅格化电子海图进行环境建模中，采用改进的人工势场方法进行 AUVs 离线路径规划，克服了传统人工势场法的局部极小点，消除了路径的振荡和摇摆。另外，该算法实时性好，实用性强，为“潜龙”系列 AUVs 顺利完成作业使命提供了安全可靠的航行作业路径。

加入障碍物的离线路径规划效果如图 7.2 所示。

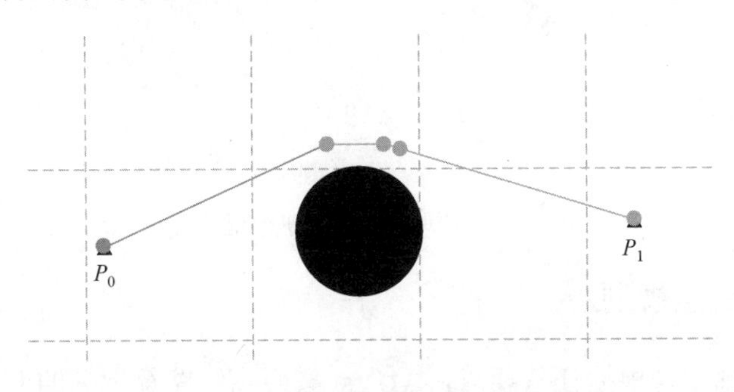

图 7.2　加入障碍物的离线路径规划

离线路径规划可以在有障碍物的环境中自主规划出无碰的航行路径。根据“潜龙”系列 AUVs 的设计功能，AUVs 在作业区域中要对该区域进行全覆盖搜索，因此在作业区域需要进行梳形路径搜索航行，即在作业区域中，给定搜索起始点、搜索航向、单条测线的长度和测线间距，自主推算出搜索过程中各个航路点，从而形成梳形搜索路径。图 7.3 为梳形探测示意图。

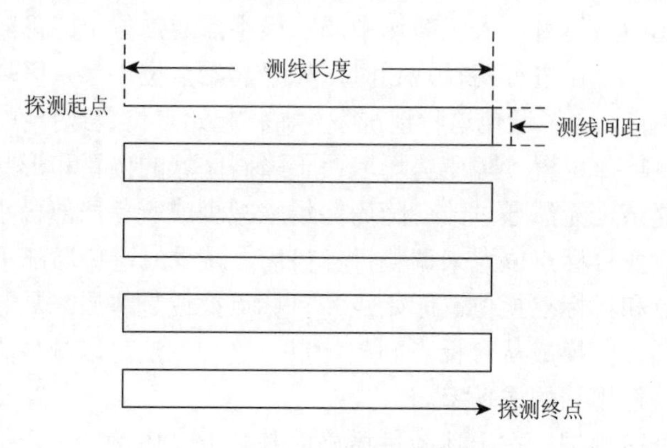

图 7.3　梳形探测示意图

例如，在作业区域中，给定搜索起始点 P_0，搜索航向 20°，测线长度 6km，测线间距 600m，则带旋转角度的梳形探测规划结果如图 7.4 所示。

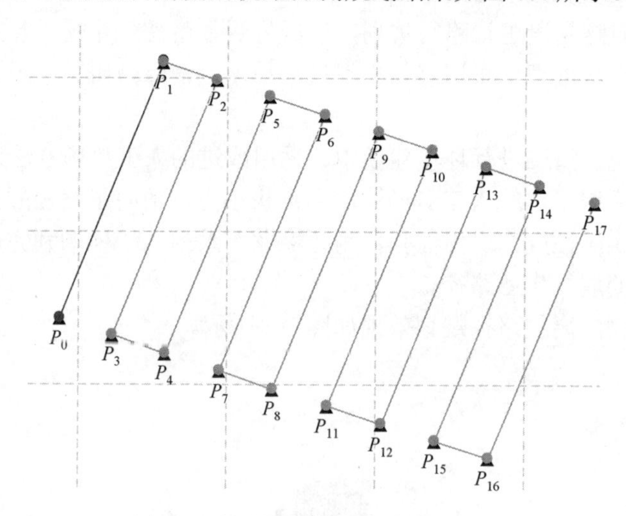

图 7.4　带旋转角度的梳形探测规划

7.5.2　在线路径规划

在线路径规划是根据任务要求，AUVs 按照离线路径规划的航路航行，当遇到故障或特殊事件时，实时、在线、自主规划任务和路径。

在线路径规划是实时运行在 AUVs 航行控制单元计算机中的，由需要在线路径规划的事件触发，使命规划结束后生成在线路径规划文件，并通知行为执行模块按照新的使命规划执行。

输入项：故障检测任务发送在线路径规划请求。

输出项：生成在线路径规划文件。

根据“潜龙”系列 AUVs 的实际任务需要，在线路径规划包括以下情况：

（1）去掉低速航行重规划；

（2）去掉光学探测重规划；

（3）去掉声学探测重规划。

在线路径规划流程如图 7.5 所示。

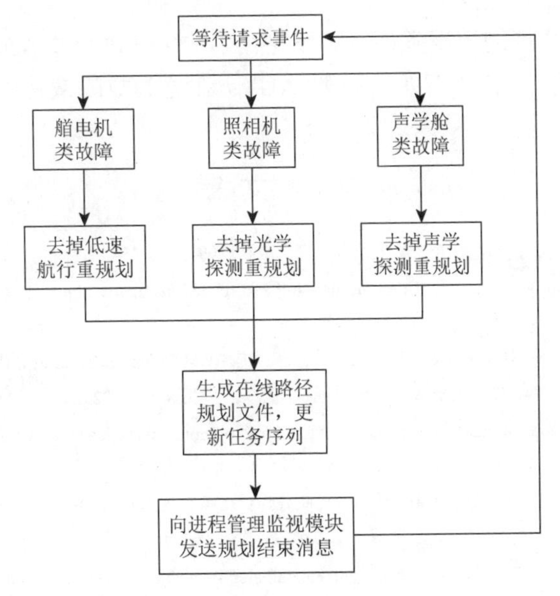

图 7.5　在线路径规划流程

1. 去掉低速航行重规划

由故障检测任务触发，触发条件是将其设定为某种故障的故障处理方式（如艏节点电源开关故障、艏节点通信故障、水平槽道电机或垂直槽道电机通信故障、电机过载），发生该故障时即触发。处理过程是：从当前点规划到最后一个航路点，若该段航路规划航速低于 1kn，则规划为 1kn。

2. 去掉光学探测重规划

由故障检测任务触发，触发条件是将其设定为某种故障的故障处理方式（如照相机电源开关故障、照相机通信故障），发生该故障时即触发。处理过程是：从当前点规划到最后一个航路点，如果该段航路具有光学探测任务，则规划去掉光学探测任务；如果从当前点到最后一个航路点全为仅光学探测任务，则通知进程管理模块，请求结束使命并抛载上浮。

3. 去掉声学探测重规划

由故障检测任务触发，触发条件是将其设定为某种故障的故障处理方式（如声学舱电源开关故障、声学舱通信故障），发生该故障时即触发。处理过程是：从当前点规划到最后一个航路点，如果该段航路具有声学探测任务，则规划去掉声学探测任务；如果从当前点到最后一个航路点全为仅声学探测任务，则通知进程管理模块，请求抛载上浮。

在线自主路径规划根据条件对离线路径中的条件进行修改或调整，根据规则进行在线规划后可以使“潜龙”系列 AUVs 在遇到故障或特殊事件时具备应急处理的能力。

参 考 文 献

[1] 蒋新松. 机器人学导论[M]. 沈阳: 辽宁科学技术出版社, 1994: 543-554.

[2] Schwartz J T, Shair M. A survey of motion planning and related geometric algorithms[J]. Artificial Intelligence, 1988, 37 (1-3): 157-169.

[3] Hwang Y K, Ahuja N. Gross motion planning—A survey[J]. ACM Computing Surveys, 1992, 24 (3): 219-291.

[4] 李磊, 叶涛, 谭民, 等. 移动机器人技术研究现状与未来[J]. 机器人, 2002, 24 (5): 475-480.

[5] Liu Y H, Arimoto S. Computation of the tangent graph of polygonal obstacles by moving-line processing[J]. IEEE Transactions on Robotics and Automation, 1994, 10 (6): 823-830.

[6] 阎代维, 谷良贤, 王兴治. 基于 Voronoi 图的巡航导弹突防路径规划研究[J]. 弹箭与制导学报, 2005, 25 (2): 11-13.

[7] Habib M K, Asama H. Efficient method to generate collision free paths for autonomous mobile robot based on new free space structuring approach[J]. IEEE/RSJ International Workshop on Intelligent Robots and Systems, 1991, 2: 563-567.

[8] 马兆青. 基于栅格方法的移动机器人实时导航避障[J]. 机器人, 1996, 18 (6): 344-348.

[9] 朱福喜, 朱三元, 伍春香. 人工智能基础教程[M]. 北京: 清华大学出版社, 2006: 39-47.

[10] 蔡自兴, 徐光祐. 人工智能及其应用[M]. 北京: 清华大学出版社, 2004: 73-75.

[11] Carroll K P，McClaran S R, Nelson E L, et al. AUV path planning: An A* approach to path planning with consideration of variable vehicle speeds and multiple, overlapping, time-dependent exclusion zones[C]//Symposium on Autonomous Underwater Vehicle Technology, 2002: 79-84.

[12] Khatib O. Real-time obstacle for manipulators and mobile robot[J]. The International Journal of Robotic Research, 1986(1): 90-98.

[13] 周明, 孙树栋. 遗传算法原理及应用[M]. 北京: 国防工业出版社, 1999: 18-64.

[14] 王小平, 曹立明. 遗传算法: 理论、应用及软件实现[M]. 西安: 西安交通大学出版社, 2002: 18-50.

[15] 康立山, 谢云, 尤矢勇, 等. 非数值并行算法—模拟退火算法[M]. 北京: 科学出版社, 2000: 22-55.

[16] 王福友, 袁赣南. 基于蚁群模拟退火算法的水下机器人路径规划[J]. 计算机测量与控制, 2007, 15 (8): 1080-1083.

[17] Kennedy J, Eberhart R. Particle swarm optimization[C]//International Conference on Neural Networks, 1995: 1942-1948.

[18] Macgregor J N, Chu Y. Human performance on the traveling salesman and related problems: A review [J]. Journal of Problem Solving, 2011, 3 (2):1-29.

[19] Park J, Kim B I. The school bus routing problem: A review[J]. European Journal of Operational Research, 2010, 202 (2): 311-319.

[20] An Y, Xu G, Zhao H, et al. Path planning for multipoint seabed survey mission using autonomous underwater vehicle[C]//Oceans, 2017: 1-5.

[21] Cheng F, Anstee S. Coverage path planning for harbour seabed surveys using an autonomous underwater vehicle[C]// Oceans, 2010: 1-8.

[22] Wang H, Wang L, Li J, et al. A vector polar histogram method based obstacle avoidance planning for AUV[C]// Oceans, 2013: 1-5.

[23] 张汝波, 顾国昌, 张国印. 水下智能机器人模糊局部规划器设计[J]. 机器人, 1996, 18 (3): 158-162.

[24] 陈华志, 谢存禧, 曾德怀. 基于神经网络的移动机器人路径规划算法的仿真[J]. 华南理工大学学报 (自然科学版), 2003, 31 (6): 56-59.

[25] 张汝波, 杨广铭, 顾国昌, 等. Q-学习及其在智能机器人局部路径规划中的应用研究[J]. 计算机研究与发展, 1999, 36 (12): 1430-1436.

8 自主水下机器人运动控制

自主水下机器人具有强耦合、非线性、外界干扰多及内部参数摄动等特性。在工程应用中要想达到较佳的控制性能，往往需要收敛速度快、抗干扰能力强、鲁棒性强等特点的控制器，这就需要深入了解和掌握各种控制算法的基本原理和设计方法。

控制是以适当的控制力来驾驭被控对象，使其运动在各种扰动作用之下也能按期望的方式（按给定的目标轨迹或设定值）变化[1]。控制器就是根据人为设定的目标值和被控对象或过程输出的实际值等信息，通过一定的计算处理得出控制量作用于被控对象或过程，使得实际值逐渐收敛至目标值。

控制的根本目的是减小或消除目标值与实际值之间的误差。回顾控制科学发展的历史，主要形成了两种消除误差的方法：以 PID 控制器为代表的根据误差来消除误差的方法；基于被控对象数学模型描述的现代控制方法。

在实际控制工程中，被控对象或过程可能具有线性、非线性、时变、非时变、单变量、多变量、强耦合、内外干扰等特性，较难建立精确的数学模型来描述，从而导致现代控制理论和方法难以取得较佳的控制效果。根据误差来消除误差的方法简单、有效、实用，特别是 PID 控制利用误差的过去（积分）、现在（比例）和将来（微分）的加权和来消除误差，得到工程界的广泛应用。

本章主要讲述自主水下机器人运动控制方法，主要包括常用控制方法和智能控制方法两方面。其中，常用控制方法主要包括 PID 控制和最优控制等；智能控制方法主要包括滑模控制、模糊控制及自抗扰控制等。

8.1 自主水下机器人控制系统

8.1.1 控制系统简述

按照控制智能水平划分，控制系统不仅包括回路级控制，还包括行为级控制、使命级控制和任务规划级控制。智能水平和控制难易程度呈逐渐递增趋势，控制内容逐渐递减，如图 8.1 所示。

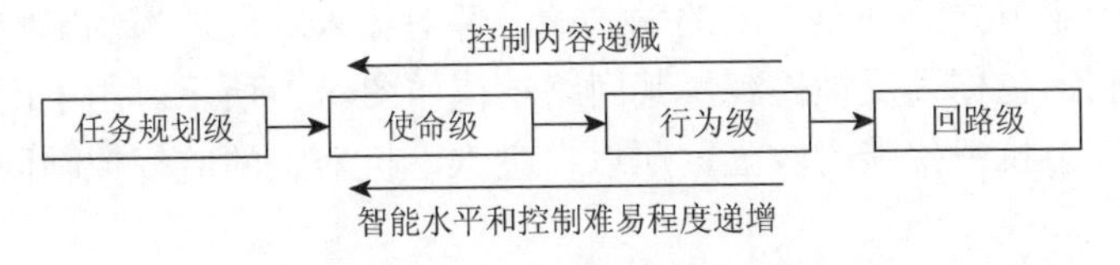

图 8.1　控制系统等级划分及组成

回路级控制是指单一自由度的控制，需满足具体的控制指标，如过渡过程时间、超调量、稳态时间及稳态误差等；行为级控制是对回路级控制的设定值进行优化以及多个回路设定值的综合协调优化，需满足行为指标，如行为的最少时间、最小能耗、最短路径等；使命级控制是对各个行为的优化安排，需满足使命指标，如路径点和路径段的选取及属性设置（定深值或定高值、目标速度和目标航向等）等；任务规划级控制是对任务的合理分解与规划，需满足任务要完成的目标，如航程、续航力、剖面观测次数、海洋现象追踪和高密度时空观测等。

目前，自主水下机器人控制系统中任务规划级控制都由人来推理、决策和规划完成，这种较高等级的智能思维暂未实现工程应用，这也是人工智能、大数据等在水下机器人控制系统中应用的热点和难点问题。使命级控制、行为级控制和回路级控制已实现工程应用并逐渐成熟，如“潜龙”系列自主水下机器人成功应用了三级递阶控制架构；同时，在线故障诊断与自愈控制、自主局部路径重规划等使命级控制方法也正在自主水下机器人控制系统中得到快速发展和应用。

8.1.2　航行控制回路结构

自主水下机器人的航行控制量主要包括深度、高度、速度、航向角、纵倾角、路径等。这些控制量在工程应用中往往人为解耦成两种：水平面控制和垂直面控制。水平面控制主要包括速度和航向角控制；垂直面控制主要包括深度、高度和纵倾角控制。常见的水下机器人运动规划控制包括点镇定、路径跟随和轨迹跟踪。点镇定要求机器人从任意初始点出发收敛到任意终止点；路径跟随要求机器人从给定的初始点出发，按照目标速度跟随与时间无关的路径运动，收敛到目标点；轨迹跟踪要求机器人从给定的初始点出发，跟踪与时间有关的轨迹运动，收敛到目标点。由于自主水下机器人水平面运动和垂直面运动具有较强的耦合性，所以为了简化控制难度以获取较好的控制性能，对各个自由度的控制采用单回路控制，由此三维空间控制分解为二维平面控制。

按照是否有输出量参与控制器的计算，控制回路主要分为开环控制和闭环控制。开环控制不存在由输出端到输入端的反馈回路，主要由控制器和被控对象组成，回路结构如图 8.2 所示。其优点是结构简单、费用经济，但存在控制精度不高、抗干扰能力较差、对系统参数摄动敏感等缺点。闭环控制将被控对象或过程的输出值以一定方式返回至控制的输入端，并对输入端施加控制影响，参与对输出端的再控制，也称为反馈控制，其回路结构如图 8.3 所示。由于闭环控制具有较好的鲁棒性，抗干扰能力较强，所以自主水下机器人的航行控制回路首选闭环控制。

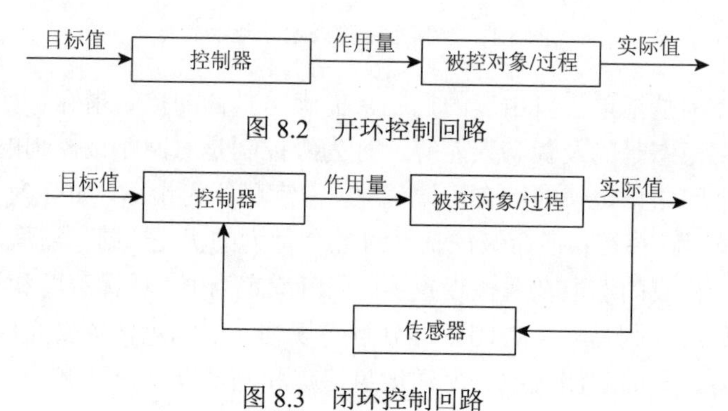

图 8.2　开环控制回路

图 8.3　闭环控制回路

自主水下机器人按照功能模块，大致可分为使命规划模块、故障处理模块、行为执行模块、故障检测模块、航行控制模块、进程监测模块、数据采集模块、数据记录模块及一系列硬件驱动模块等，上述功能模块按照递阶智能等级分类，如图 8.4 所示。

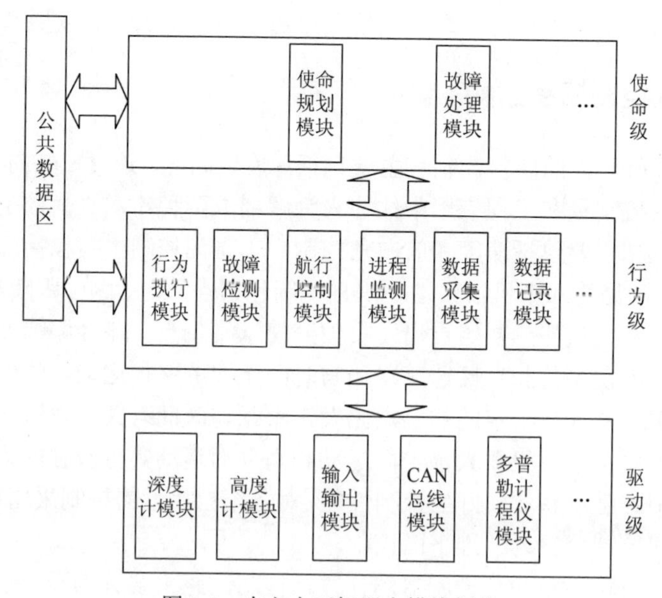

图 8.4　自主水下机器人模块划分

参与航行控制的模块主要有航行控制模块、数据采集模块、若干硬件驱动模块。航行控制模块主要负责计算出各种误差及其微积分值，采用控制算法对自主水下机器人进行闭环控制（航向角、深度/高度、纵倾角、速度、位置或路径中的一种或几种混合控制)，根据得出的控制值分配输出给各个执行机构以实现自主水下机器人的三维空间运动控制。数据采集模块主要对采集到的数据进行分析并计算出航向角、纵倾角、深度、高度、速度等信息，以及进行滤波处理并将它们存储到公共数据区中。硬件驱动模块主要实现获取航行控制传感器相关的原始数据以及传送控制指令等功能。

8.1.3 推力分配

自主水下机器人航行控制单元通过 PID 等控制算法计算出各个自由度上的推力和力矩，然后通过推力分配计算出各执行机构（推进器、舵机等）所要提供的推力，再根据目标推力值计算出推进器的目标转速或者浮力调节机构的活塞位置等，从而实现水下机器人的空间运动。

1. 典型的推进器布局

大多数自主水下机器人需要具备 5 自由度运动能力，即前进和后退、上浮和下潜、转艏、侧移、抬艏和低艏，另一自由度运动为横滚，但在实际自主水下机器人运动或作业要求中极少用到，通常通过自主水下机器人的衡重配平抑制横滚运动。实现 5 自由度的空间运动需要推进器、浮力调节机构或者二者的配合。

一般来说，实现 n 个自动度的运动控制至少需要 n 个推进器。按照如图 8.5 所示的推进器配置可实现 6 自由度运动，实际自主水下机器人运动中安装多少推进器还需要综合考虑推进器重量、能耗、结构布局等因素。为了节省能耗和适应海洋因素变化较大的海域，自主水下机器人常采用浮力调节机构进行上浮、下潜和纵倾角控制。

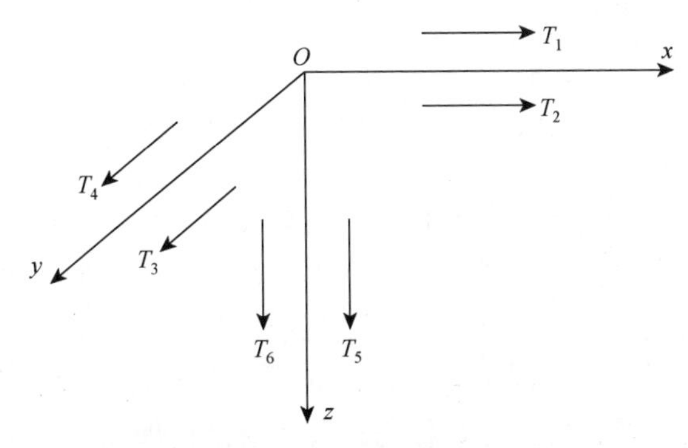

图 8.5　6 自由度推进器布置

以“潜龙一号”自主水下机器人四个推进器锥形布置为例，其实物如图 8.6 所示，推力分析如图 8.7 所示。

图 8.6 “潜龙一号”自主水下机器人四个推进器锥形布置

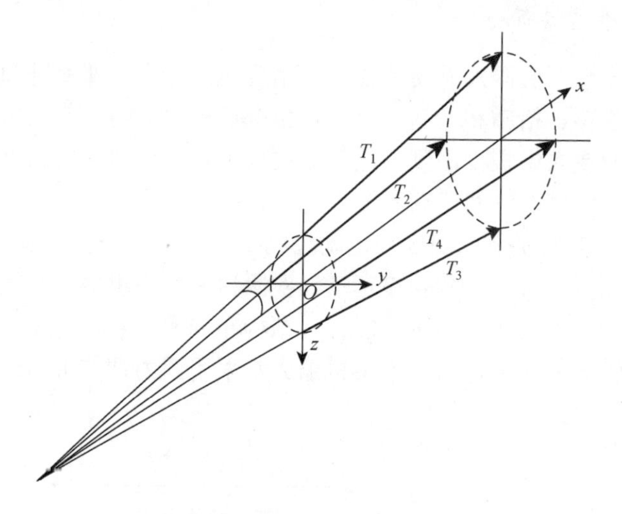

图 8.7 推进器锥形布置推力分析

由中国科学院沈阳自动化研究所负责总体设计，联合中国科学院海洋研究所共同研制的定点剖面观测型自主水下机器人，其外观结构如图 8.8（a）所示。该自主水下机器人采用模块化设计，其中艏艉浮力调节段能调节定点剖面观测自主水下机器人的浮力状态到零浮力状态，使其适用于大范围海洋水文要素观测和在可达深度范围内的任意深度悬停，浮力调节系统结构如图 8.8（b）和（c）所示。浮力调节系统调整浮力的原理如图 8.9 所示。

(a) 自主水下机器人本体

(b) 浮力调节正面

(c) 浮力调节反面

图 8.8 定点剖面观测型自主水下机器人及其浮力调节系统

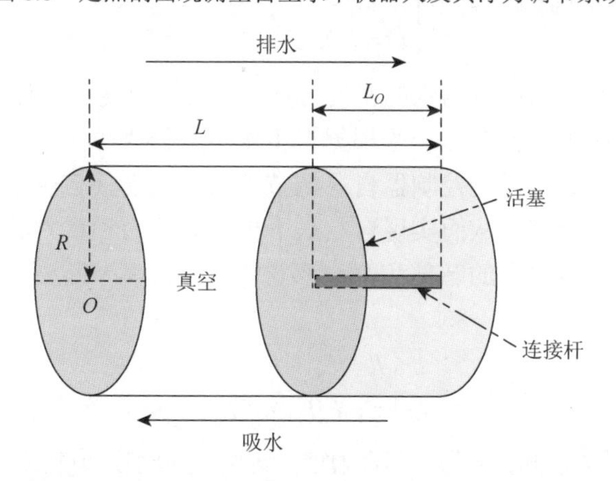

图 8.9 通过吸排水改变浮力的浮力调节系统示意图

2. 推力分配计算

当自主水下机器人控制系统通过控制器计算出所需的力和力矩后，需经过推力分配计算出各个执行机构所应提供的力，进而转化为执行机构应达到的目标转速或者目标位置等。推力分配需要考虑推力和力矩。三维空间推力和力矩分别分解为3个自由度向量。推力表示为$\boldsymbol{T}=[T_x,T_y,T_z]^{\mathrm{T}}$，力矩表示为$\boldsymbol{M}=[M_x,M_y,M_z]^{\mathrm{T}}$。

下面以“潜龙一号”自主水下机器人四个推进器锥形布局和某型自主水下机器人的浮力调节系统为例进行推力分配计算。

1）“潜龙一号”自主水下机器人锥形布局推进器的推力计算

锥形布局所能提供的力和力矩计算如下：

$$\begin{bmatrix}\boldsymbol{T}\\ \boldsymbol{M}\end{bmatrix}=\begin{bmatrix}\sum_{i=1}^{4}T_i\\ \sum_{i=1}^{4}M_i\end{bmatrix}=\begin{bmatrix}(T_1+T_2+T_3+T_4)\cos\theta\\ (-T_3+T_4)\sin\theta\\ (-T_1+T_2)\sin\theta\\ 0\\ l(-T_1+T_2)\sin\theta\\ l(T_3-T_4)\sin\theta\end{bmatrix} \tag{8.1}$$

式中，l为各推进器到原点O的力臂。

2）浮力调节系统的推力计算

浮力调节系统是通过改变自主水下机器人排水体积来引起自身浮力变化的可逆压载系统，能够按照水深进行自主调节，使浮力与重力达到平衡。浮力调节系统能提供的浮力计算如下：

$$\begin{cases}\Delta V=\dfrac{\pi}{4}R^2(L-L_O)\\ F=D\Delta Vg\end{cases} \tag{8.2}$$

式中，F为提供的浮力；D为水的密度；g为重力加速度，一般取为$9.8\mathrm{m/s^2}$；L_O为浮力调节活塞的零点位置，一般根据自主水下机器人配平结果进行人为设定。控制量是活塞位置L，通过控制器自主调节活塞位置，使自主水下机器人的垂向速度和纵倾角趋近于零，从而实现自主水下机器人浮力和重力的平衡。

如果自主水下机器人的艏部和艉部都安装有浮力调节装置，则推力分配计算如下：

$$\begin{cases}T=F_{\mathrm{b}}+F_{\mathrm{s}}\\ \tau=F_{\mathrm{b}}L_{\mathrm{b}}-F_{\mathrm{s}}L_{\mathrm{s}}\end{cases} \tag{8.3}$$

式中，T为艏艉浮力之和；τ为艏艉合力矩；F_{b}和F_{s}分别为艏艉浮力调节装置所提供的浮力；L_{b}和L_{s}分别为艏艉浮力调节装置中心与自主水下机器人浮心的水平距离。

8.2 常用控制方法

8.2.1 PID 控制

PID 控制器常用于工业控制和工程应用，由于其结构简单、参数调整方便，被认为是较实用的控制器之一。

1. PID 控制器结构

PID 控制器由比例单元、积分单元、微分单元三部分组成，分别对应当前误差、过去误差和未来误差，其控制结构如图 8.10 所示。通过调整 K_p、K_i 和 K_d 三个参数，使控制系统满足设计要求和性能指标。PID 控制器将被控对象的输出数据与目标值进行比较，形成的误差经过一定的控制算法计算处理，输出到被控对象，使被控对象的输出值达到或保持在目标值。PID 控制器也可变形为 P 控制器、PI 控制器和 PD 控制器等，由于微分器 D 能放大噪声，而积分器 I 可使系统去除稳态误差，所以 PI 控制器更常用。

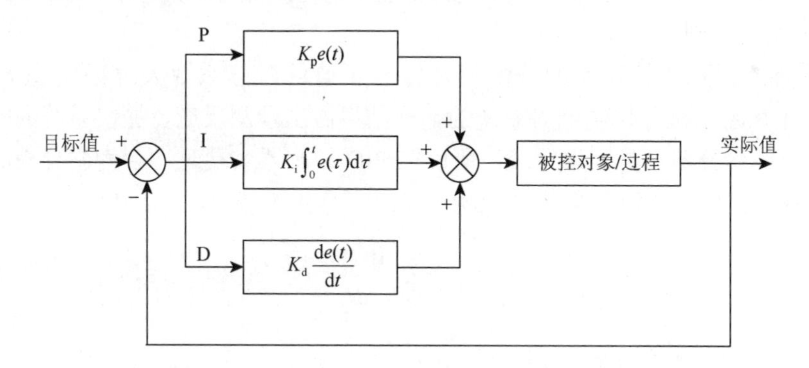

图 8.10 PID 控制器结构

2. PID 控制算法

PID 控制器输出由比例、积分、微分三种计算结果加和得到，输入量是目标值与测量值的误差。定义 PID 控制器的输出量为 $u(t)$，误差值为 $e(t)$，则 PID 算法可表示为

$$u(t) = K_p e(t) + K_i \int_0^t e(\tau)d\tau + K_d \frac{de(t)}{dt} \tag{8.4}$$

式中，K_{p} 为比例增益；K_{i} 为积分增益；K_{d} 为微分增益；t 为当前时间；τ 为积分变数，范围为 0 到 t。

1）比例控制

比例控制是控制器的输出与系统的误差输入成比例，形式如下：

$$u(t) = K_{\mathrm{p}} e(t) \tag{8.5}$$

当比例增益变大时，相同误差量下，输出成比例变大，若比例过大，则会使系统不稳定；当比例增益变小时，相同误差量下，输出成比例变小，若比例过小，则无法使系统达到目标值。

纯比例控制存在稳态误差，积分控制可消除稳态误差。

2）积分控制

积分控制是将过去一段时间的累积误差乘以合适的积分系数 K_{i}，其形式见式（8.6），能够消除纯比例控制所带来的稳态误差，使系统收敛到目标值，成为无差系统。

$$u(t) = K_{\mathrm{i}} \int_0^t e(\tau)\mathrm{d}\tau \tag{8.6}$$

积分系数越大，趋近目标值的速度越快，但也容易出现滞后超调现象。

3）微分控制

微分控制是计算误差的一阶导数并与正值的微分系数 K_{d} 相乘，其形式如式（8.7）所示。微分控制能对系统的输出结果做出预测反应，加快系统的响应速度。由于纯微分器不是因果系统，所以在 PID 控制器实现时，会为微分控制加上一个低通滤波器以限制高频增益及噪声[2]。

$$u(t) = K_{\mathrm{d}} \frac{\mathrm{d}e(t)}{\mathrm{d}t} \tag{8.7}$$

3. PID 控制器参数整定

PID 控制器参数整定是指通过调整 K_{p}、K_{i} 和 K_{d} 使系统达到最优控制性能。参数整定的基本要求是稳定性、快速性和准确性。稳定性是指系统输出要逐渐收敛至目标值，不能出现等幅振荡或者发散情形；快速性是指调整参数使系统输出值能快速收敛到给定值；准确性是指系统输出要以尽量小的超调量趋近目标值，并且能消除系统稳态误差。

PID 控制参数整定方法主要有人工调试法、Ziegler-Nichols 法等。

1）人工调试法

PID 控制器参数人工调整规律如表 8.1 所示。

表 8.1 PID 控制器参数人工调整规律[2]

调整参数	上升时间	超调量	调节时间	稳态误差	稳定性
K_p ↑	减少↓	增加↑	小幅增加↗	减少↓	变差↓
K_i ↑	小幅减少↘	增加↑	增加↑	大幅减少↓↓	变差↓
K_d ↑	小幅减少↘	减少↓	减少↓	变动不大→	变好↑

2）Ziegler-Nichols 法

Ziegler-Nichols 法由 Ziegler 和 Nichols 于 1942 年提出[3]，先将 K_i 和 K_d 置为零，逐渐增加 K_p 直到系统振荡，此时的比例增益记为 K_u，振荡周期记为 P_u，其他增益计算如表 8.2 所示。

表 8.2 Ziegler-Nichols 法参数整定规律[13]

控制器	K_p	K_i	K_d
P	$0.5K_u$	—	—
PI	$0.45K_u$	$1.2K_p/P_u$	—
PID	$0.6K_u$	$2K_p/P_u$	$K_pP_u/8$

4. PID 控制器工程化应用

1）正常巡航时自主水下机器人的 PID 控制算法

（1）水平面的控制算法。

对航向角的误差用 PID 算法得到水平方向的控制力矩。水平面 PID 控制算法的流程如图 8.11 所示。

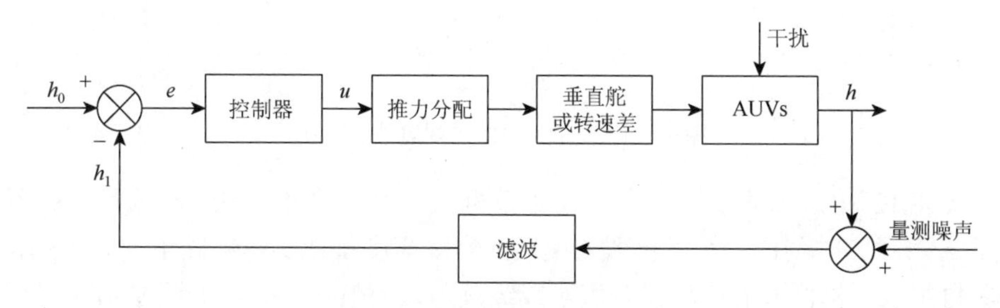

图 8.11 水平面 PID 控制算法流程图

图 8.11 中，h_0 表示 T_0 时刻自主水下机器人给定的目标航向角，h_1 表示 T_1 时刻经过滤波后自主水下机器人反馈的实际航向角，e 表示 T_1 时刻自主水下机器人的航向角误差值，h 表示经过 PID 控制算法调整后下一个时刻的实际航向角。

采用分段线性的 PID 控制算法，即根据自主水下机器人速度的不同，采用不同组的 PID 参数。

PID 控制算法为

$$P_t = K_{\mathrm{p}} e + K_{\mathrm{i}} \int e \mathrm{d}t + K_{\mathrm{d}} \frac{\mathrm{d}e}{\mathrm{d}t} \tag{8.8}$$

将其离散化后变为

$$P_k = K_{\mathrm{p}} e_k + K_{\mathrm{i}} \sum e_k + K_{\mathrm{d}} \frac{e_k - e_{k-1}}{T} \tag{8.9}$$

自主水下机器人在不同的速度下可采用不同的控制参数，经过试错法即可确定合适的 K_{p}、K_{i}、K_{d}。

值得注意的是，在式（8.9）中，如果微分项采用 $(e_k - e_{k-1})/T$ 直接计算，由于采样周期较小，容易产生较大的噪声污染信号，进而影响控制效果。为了避免这种情况的发生，最好使用角速度陀螺或者光纤陀螺产生的水平角速度代替微分项，可获得较好的控制效果。

（2）垂直面的控制算法。

以定高航行为例，对高度、纵倾角的误差用 PID 算法得到垂直方向的控制值。垂直面 PID 控制算法流程如图 8.12 所示。

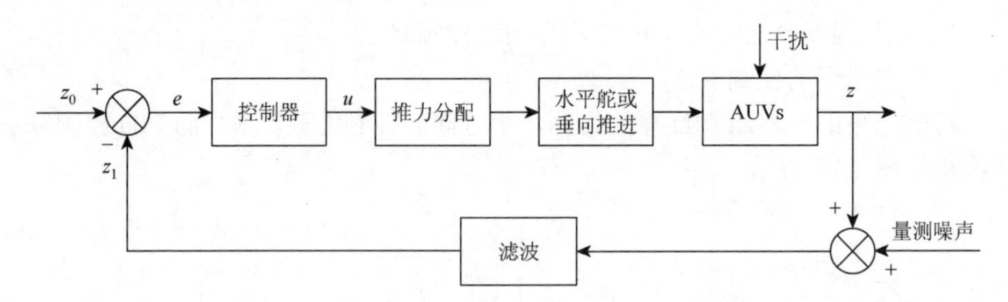

图 8.12　垂直面 PID 控制算法流程图

图 8.12 中，z_0 表示 T_0 时刻自主水下机器人给定的目标高度 a_0 或目标纵倾角 p_0，z_1 表示 T_1 时刻自主水下机器人反馈的实际高度 a_1 或实际纵倾角 p_1，e 表示 T_1 时刻自主水下机器人的高度误差值 e_{a} 或纵倾角误差值 e_{p}，z 表示经过 PID 控制算法调整后下一时刻自主水下机器人的高度 z_{a} 或纵倾角 z_{p}。

（3）前向速度控制算法。

若采用开环控制，则控制值为

$$T_x = cV_r \tag{8.10}$$

式中，T_x 为目标前向推力；V_r 为目标速度；c 为随目标速度变化的常系数。

若采用闭环控制，则利用 PID 控制算法进行速度闭环控制。先计算自主水下机器人速度偏差 P_{vel}、速度偏差积分 I_{vel} 和速度偏差微分 D_{vel}，然后利用 PID 算法计算出增量力。

$$\Delta T_x = K_{\text{p}}\, P_{\text{vel}} + K_{\text{i}}\, I_{\text{vel}} + K_{\text{d}}\, D_{\text{vel}} \tag{8.11}$$

$$T_x = T_x + \Delta T_x \tag{8.12}$$

（4）航迹闭环控制算法。

计算自主水下机器人当前经纬度与目标航迹间的距离、距离积分和距离微分。如果距离大于 L（m），则给定自主水下机器人一个固定的纵倾角 θ（如 $L = 80\text{m}$，$\theta = 40°$）；否则，利用 PID 算法计算出纵倾角。

$$\Delta\theta = K_{\text{p}}\, P_{\text{dis}} + K_{\text{i}}\, I_{\text{dis}} + K_{\text{d}}\, D_{\text{dis}} \tag{8.13}$$

式中，P_{dis} 为距离误差；I_{dis} 为距离积分；D_{dis} 为距离微分。

（5）悬浮控制算法。

当自主水下机器人存在一定的纵倾角时，需要对上下和前后的力进行修正，如图 8.13 所示。

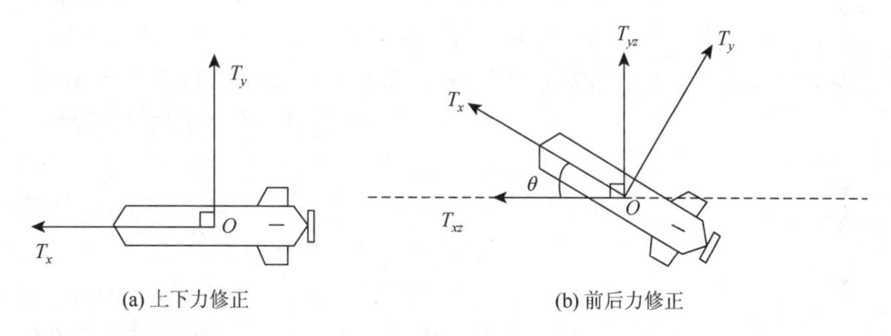

图 8.13　纵倾角不为零时上下和前后力的修正

①当纵倾角为零时，上下和前后的力就是控制算法的计算结果 T_y 和 T_x。

②当纵倾角不为零时，控制算法的结果为 T_{yz} 和 T_{xz}，由于自主水下机器人的垂向力和轴向力对上下和前后的力都有影响，所以自主水下机器人的垂向力产生的上下力应为

$$T_y = T_{yz}\cos\theta - T_{xz}\sin\theta \tag{8.14}$$

自主水下机器人的轴向力产生的水平分力应为

$$T_x = T_{xz}\cos\theta + T_{yz}\sin\theta \tag{8.15}$$

式中，θ 为自主水下机器人的纵倾角。

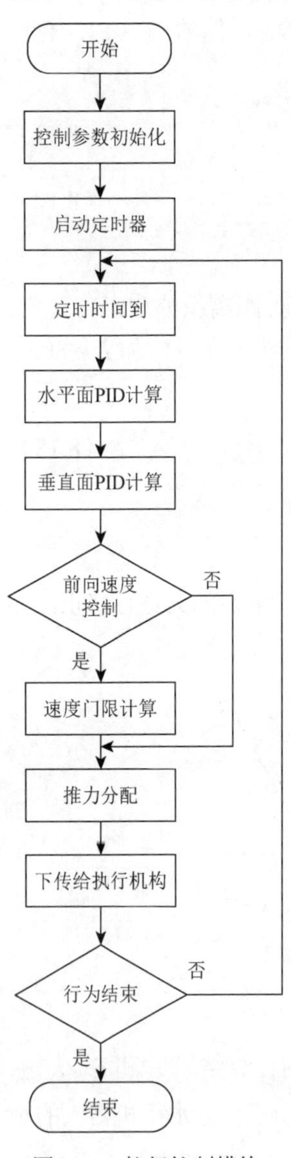

图 8.14　航行控制模块流程图

（6）滤波算法设计。

采用中位值平均滤波法，即在一个周期中采集 N 组数据，去掉最大值和最小值后存储到数组中，然后计算 N–2 个数据的算术平均值。优点是：既能抑制随机干扰，又能滤除明显的脉冲干扰。缺点是：测量速度较慢，但对于水下机器人航行控制单元的计算处理能力，该缺点可忽略不计。

2）航行控制流程

先进行水平面 PID 计算，然后进行垂直面 PID 计算，最后对前向速度进行控制。航行控制计算过程如图 8.14 所示。

3）“潜龙一号”自主水下机器人实际控制分析

（1）水平面航行试验典型潜次的数据分析。

“潜龙一号”自主水下机器人以 2kn 水平面航行时，定深 8m，航向角从 240°到 60°的变化过程比较平稳，航向角变化 180°花费时间约 80s，航向角变化率 2.25(°)/s；航向角稳定阶段，航向角均值 60.28°，航向角均方差 0.41°。航向角控制曲线如图 8.15 所示。

（2）垂直面航行试验典型潜次的数据分析。

①定深控制。“潜龙一号”自主水下机器人在 2kn 定深航行时，从定深 15m 阶跃到定深 8m，阶跃时间是 190s，深度变化率为 2.1m/min，定深 8m 稳定段的深度平均值是 7.99m，深度均方差为 0.01m，其中航行期间速度平均值是 1.03m/s，速度均方差是 0.03m/s，详见图 8.16。

②定高控制。在“潜龙一号”自主水下机器人 1kn 航行稳定阶段，高度平均值为 5.00m，高度均方差为 0.09m；前向速度平均值为 0.51m/s，均方差为 0.08m/s。定高控制曲线详见图 8.17。

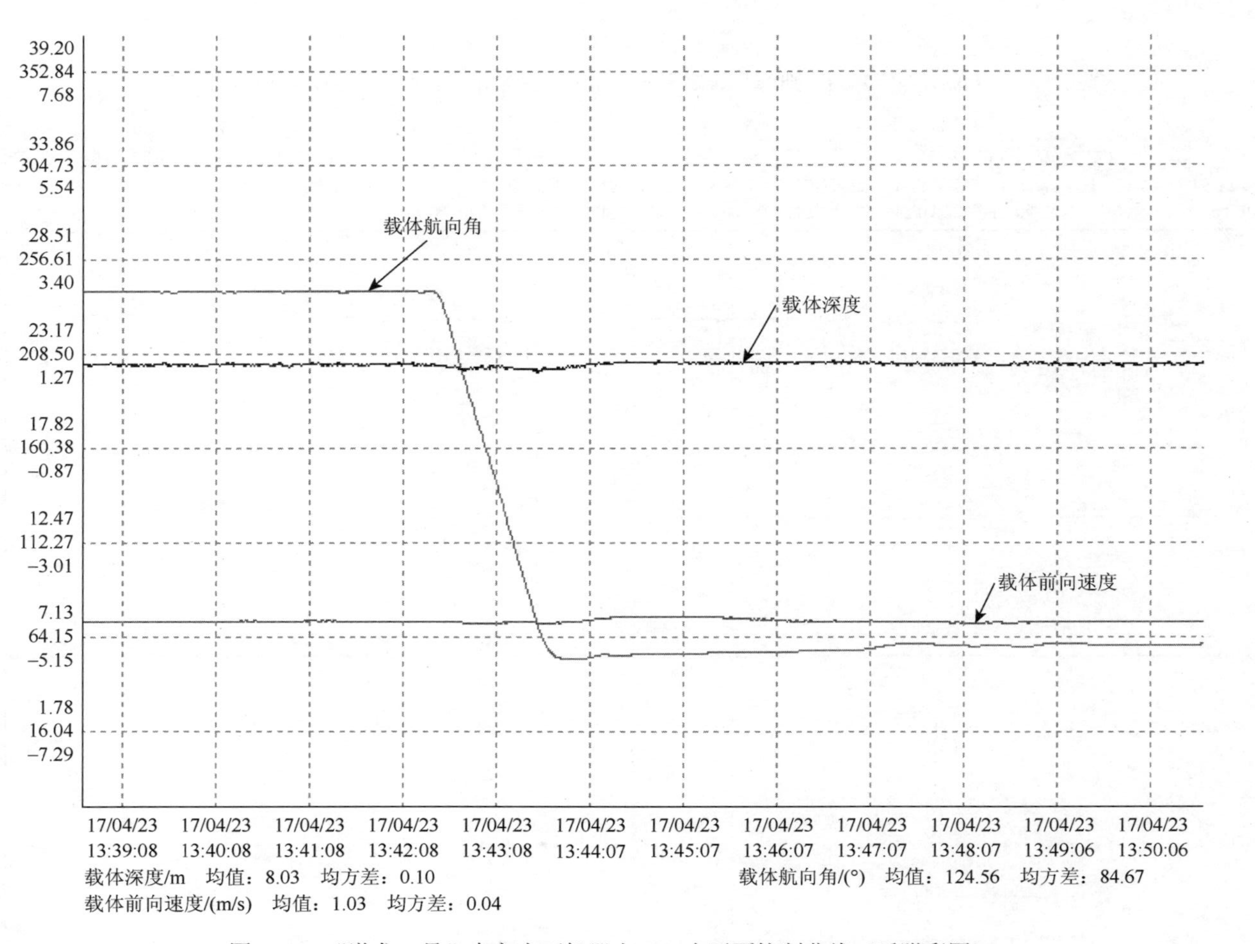

图 8.15　“潜龙一号”自主水下机器人 2kn 水平面控制曲线（后附彩图）

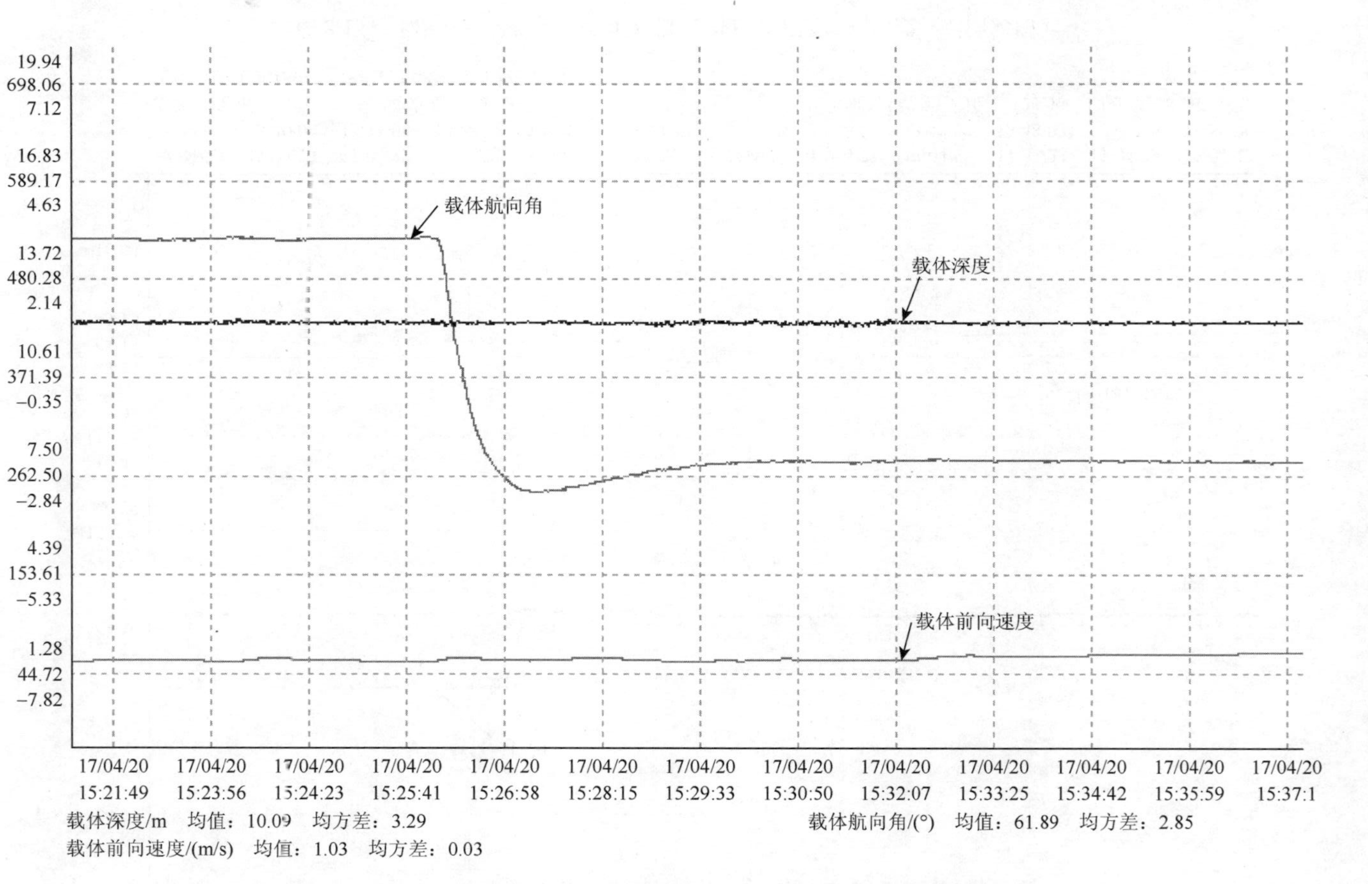

图 8.16 “潜龙一号”自主水下机器人 2kn 定深航行控制曲线（后附彩图）

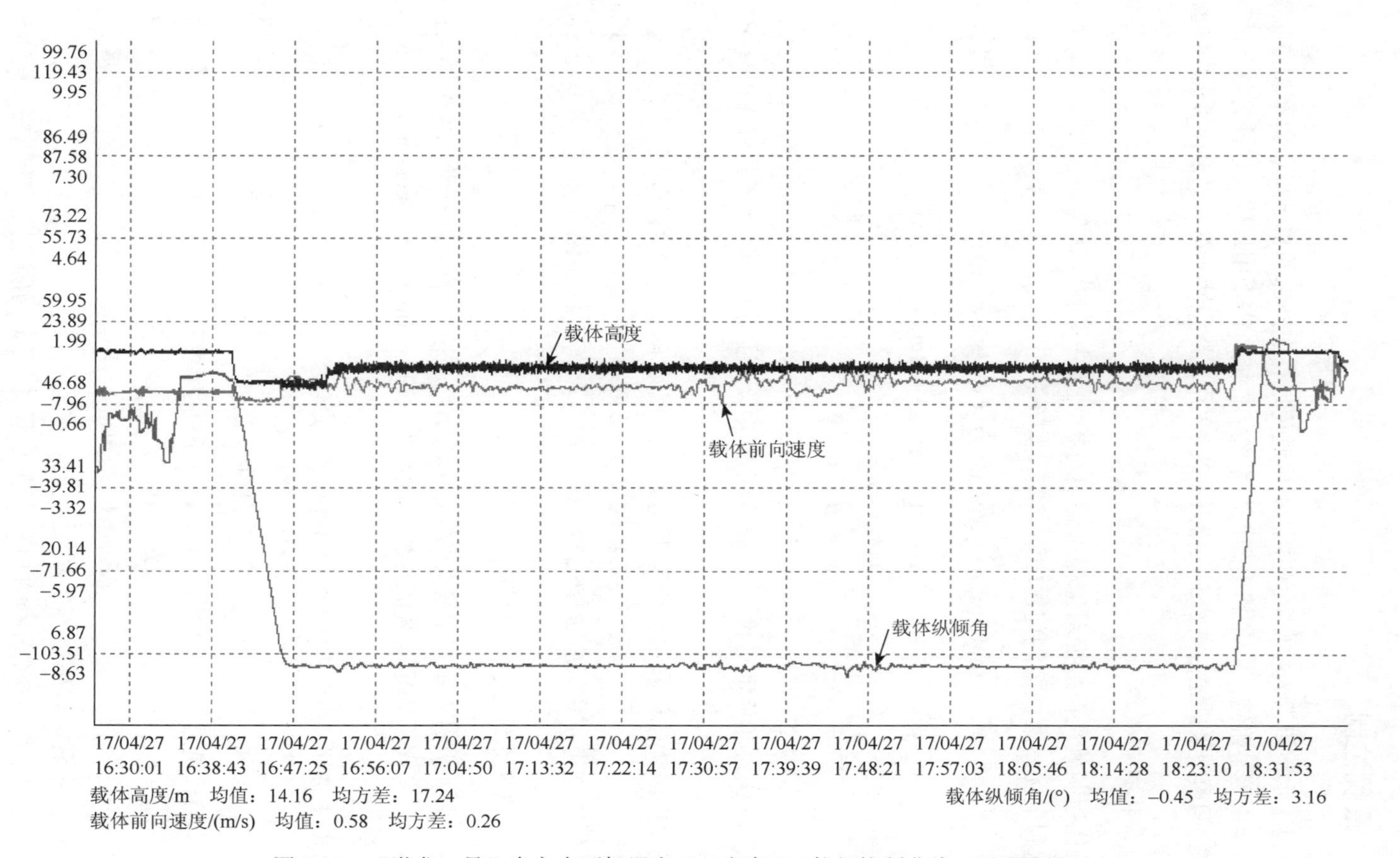

图 8.17 “潜龙一号”自主水下机器人 1kn 定高 5m 航行控制曲线（后附彩图）

8.2.2 最优控制

在自主水下机器人控制系统中，不可避免地存在外部随机干扰、内部参数摄动及观测噪声等不确定性，若想提高控制系统的性能，需采用最优化设计方法。本节用状态空间模型来描述自主水下机器人系统，采用二次型性能指标来设计最优控制器。

1. 最优控制概念

最优控制就是在被控对象模型的可行控制量中寻找最优值，以使指定的性能指标达到最优。最优控制问题的形式定义如下：

$$\min J(\boldsymbol{x},\boldsymbol{u}) = \boldsymbol{x}^{\mathrm{T}}\boldsymbol{F}\boldsymbol{x} + \sum_{k=k_0}^{n-1}(\boldsymbol{x}^{\mathrm{T}}\boldsymbol{Q}\boldsymbol{x} + \boldsymbol{u}^{\mathrm{T}}\boldsymbol{R}\boldsymbol{u}) \tag{8.16}$$

$$\begin{aligned} \text{s.t.}\ & \boldsymbol{x}(k+1) = \boldsymbol{A}\boldsymbol{x}(k) + \boldsymbol{B}\boldsymbol{u}(k) \\ & \boldsymbol{x}(k_0) = \boldsymbol{u}_0 \\ & \boldsymbol{u}_l \leqslant \boldsymbol{u} \leqslant \boldsymbol{u}_u \\ & k_0 \leqslant k \leqslant N \end{aligned}$$

式中，$\boldsymbol{F}$ 和 $\boldsymbol{Q}$ 为非负定对称矩阵；$\boldsymbol{R}$ 为正定矩阵，且其逆矩阵存在并有界；$\boldsymbol{x} \in \mathbf{R}^n$；$\boldsymbol{u} \in \mathbf{R}^m$。

上述泛函优化问题可转化为下述 $\boldsymbol{P}$ 矩阵代数 Raccati 方程的求解问题：

$$\dot{\boldsymbol{P}} = -\boldsymbol{P}\boldsymbol{A} - \boldsymbol{A}^{\mathrm{T}}\boldsymbol{P} + \boldsymbol{P}\boldsymbol{B}\boldsymbol{R}^{-1}\boldsymbol{B}^{\mathrm{T}}\boldsymbol{P} - \boldsymbol{Q} \tag{8.17}$$

最优控制为 $\boldsymbol{u}^* = -\boldsymbol{R}^{-1}\boldsymbol{B}^{\mathrm{T}}\boldsymbol{P}\boldsymbol{x}$。

2. 不确定系统 LQG 控制设计

由于水下机器人不可避免地存在交叉耦合、强非线性、外界干扰等不确定性，所以本节只考虑不确定系统的线性二次高斯（linear quadratic Gaussian，LQG）控制设计问题。

LQG 控制设计问题中研究的不确定性系统为

$$\begin{cases} \boldsymbol{x}(k) = \boldsymbol{A}\boldsymbol{x}(k-1) + \boldsymbol{B}\boldsymbol{u}(k-1) + \boldsymbol{v}(k-1) \\ \boldsymbol{y}(k) = \boldsymbol{C}\boldsymbol{x}(k-1) + \boldsymbol{w}(k-1) \end{cases} \tag{8.18}$$

式中，$\boldsymbol{v} \in \mathbf{R}^n$ 是过程干扰向量；$\boldsymbol{w} \in \mathbf{R}^r$ 是测量噪声向量。假定：

$$\boldsymbol{E}\boldsymbol{v} = \mathbf{0},\quad \boldsymbol{E}\boldsymbol{v}\boldsymbol{v}^{\mathrm{T}} = \boldsymbol{V} \tag{8.19}$$

$$\boldsymbol{E}\boldsymbol{w} = \mathbf{0},\quad \boldsymbol{E}\boldsymbol{w}\boldsymbol{w}^{\mathrm{T}} = \boldsymbol{W} \tag{8.20}$$

式中，$\boldsymbol{V}$ 是非负定对称矩阵；$\boldsymbol{W}$ 是正定对称矩阵。

针对不确定性系统(8.18)的 LQG 控制器设计，可分为确定性系统线性二次(linear quadratic，LQ）控制律和状态最优估计两部分，将二者相结合构成 LQG 控制器。

1）确定性系统 LQ 控制律

确定性系统 LQ 控制率如下：

$$\begin{cases}\boldsymbol{x}(k)=\boldsymbol{A}\hat{\boldsymbol{x}}(k-1)+\boldsymbol{B}\boldsymbol{u}(k-1)\\ \hat{\boldsymbol{x}}(k)=\boldsymbol{C}\boldsymbol{x}(k-1)+\boldsymbol{K}(\boldsymbol{y}(k)-\boldsymbol{C}\boldsymbol{x}(k))\\ \boldsymbol{u}(k)=-\boldsymbol{L}\hat{\boldsymbol{x}}(k)\end{cases} \tag{8.21}$$

2）状态最优估计（采用卡尔曼滤波器）

构建卡尔曼滤波方程如下。

状态预测方程为

$$\boldsymbol{x}(k/k-1)=\boldsymbol{A}\boldsymbol{x}(k-1/k-1)+\boldsymbol{B}\boldsymbol{u}(k) \tag{8.22}$$

预测均方误差方程为

$$\boldsymbol{P}(k/k-1)=\boldsymbol{A}\boldsymbol{P}(k-1/k-1)\boldsymbol{A}^{\mathrm{T}}+\boldsymbol{Q} \tag{8.23}$$

式中，$\boldsymbol{P}(k/k-1)$ 是 $\boldsymbol{x}(k/k-1)$ 对应的协方差。

状态估计方程为

$$\boldsymbol{x}(k/k)=\boldsymbol{x}(k/k-1)+\boldsymbol{K}_{\mathrm{g}}(k)(\boldsymbol{y}(k)-\boldsymbol{C}\boldsymbol{x}(k/k-1)) \tag{8.24}$$

式中，$\boldsymbol{x}(k/k)$ 是融合滤波后的最优值；$\boldsymbol{K}_{\mathrm{g}}(k)$ 是卡尔曼增益。

最优卡尔曼滤波增益方程为

$$\boldsymbol{K}_{\mathrm{g}}(k)=\boldsymbol{P}(k/k-1)\boldsymbol{C}^{\mathrm{T}}/(\boldsymbol{C}\boldsymbol{P}(k/k-1)\boldsymbol{C}^{\mathrm{T}}+\boldsymbol{R}) \tag{8.25}$$

估计均方误差方程为

$$\boldsymbol{P}(k/k)=(\boldsymbol{I}-\boldsymbol{K}_{\mathrm{g}}(k)\boldsymbol{C})\boldsymbol{P}(k/k-1) \tag{8.26}$$

3）LQG 控制器实现

LQG 控制器系统结构如图 8.18 所示。

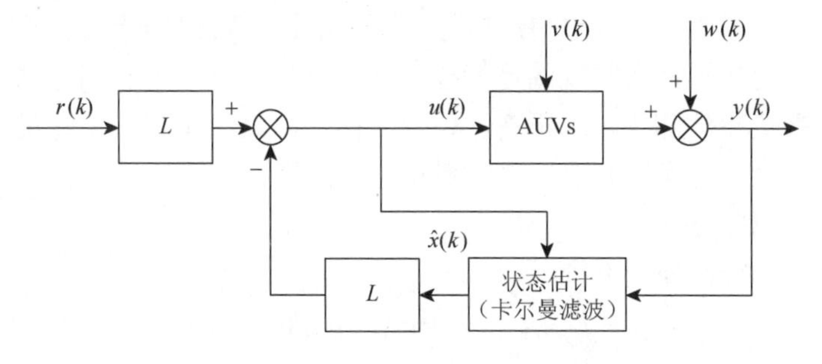

图 8.18　LQG 控制器系统结构

LQG 控制系统的最优控制律为

$$u(k)=-L\hat{x}(k)+L_r r(k) \tag{8.27}$$

式中，L 为 LQ 控制系统的反馈增益；L_r 为前馈增益。

8.3 智能控制方法

随着智能控制理论研究的不断深入和发展，及其在控制工程领域的逐渐应用，水下机器人的控制系统也采用智能控制方法来解决经典控制器和现代控制器不易解决的控制问题，如大惯性、大滞后、多变量等，本节针对智能控制方法，主要介绍滑模控制、模糊控制、自抗扰控制三种方法。

8.3.1 滑模控制

滑模控制根据系统当前状态进行有目的的切换变化，使系统按照预定轨迹运动，具有响应快、抗干扰能力强、不需要精确模型参数等优点，但需要知道模型不确定性信息。在系统状态到达滑模面后，较难沿着滑模面趋近于平衡点，而是穿梭于滑模面两侧，体现了较强的非线性控制特性，这就产生了抖振现象，也是需要重点解决的问题。

1. 滑模控制结构

滑模控制是一种变结构的控制策略，本质上是一种控制量不连续的非线性控制。滑模控制是当系统状态穿越状态空间不同区域时，控制器结构根据系统状态有目的地不断变化，迫使系统沿预定状态轨迹做高频率小幅振动，即滑动模态运动。

滑模控制最重要的性质是：系统一旦进入滑动模态，即对系统内部参数摄动和外部扰动具有不变性，或称自适应性、不灵敏性、抗摄动性。

滑模控制的鲁棒性比常规的连续控制强，且相比于其他控制方法，具有响应快、对系统参数和外部扰动呈不变性、算法简单、易于工程实现等优点。但由于控制量饱和受限、切换控制滞后、测量误差等因素，会造成抖振现象。

1）滑模控制的定义

考虑如下非线性控制系统：

$$\dot{\boldsymbol{x}}=f(\boldsymbol{x},\boldsymbol{u},t),\quad \boldsymbol{x}\in\mathbf{R}^n,\boldsymbol{u}\in\mathbf{R}^m,t\in\mathbf{R} \tag{8.28}$$

需设计切换函数向量$\boldsymbol{s}(\boldsymbol{x})$，$\boldsymbol{s}\in\mathbf{R}^m$，推导出控制量：

$$u_i(\boldsymbol{x})=\begin{cases}u_i^+(\boldsymbol{x}), & s_i(\boldsymbol{x})>0\\ u_i^-(\boldsymbol{x}), & s_i(\boldsymbol{x})<0\end{cases} \tag{8.29}$$

式中，$u_i^+(\boldsymbol{x})\neq u_i^-(\boldsymbol{x})$，$1\leqslant i\leqslant m$。$u_i(\boldsymbol{x})$需：①满足到达条件，即未到达切换面

$s_i(\boldsymbol{x})=0$ 的系统状态在有限时间内到达切换面；②滑模运动渐近稳定，动态品质良好。

满足式（8.29）和条件①、②的控制称为滑模控制。由上述内容可知，滑模控制器的设计主要分为两步：①设计滑模面；②根据到达条件，求出控制律 $\boldsymbol{u}$。

2）滑模控制的到达条件

运动状态一旦到达滑模面 $s=0$，并以后只能在滑模面上运动，则该运动称为滑模运动，如图 8.19 中 C 点的运动，运动的区域称为滑动模态区。根据滑动模态区中的运动状态在趋近或到达滑模面时的运动特点，有

$$\begin{cases}\lim\limits_{s\to 0^+}\dot{s}\leqslant 0\\ \lim\limits_{s\to 0^-}\dot{s}\geqslant 0\end{cases} \tag{8.30}$$

式（8.30）也可以表达为

$$\lim_{s\to 0}s\dot{s}\leqslant 0 \tag{8.31}$$

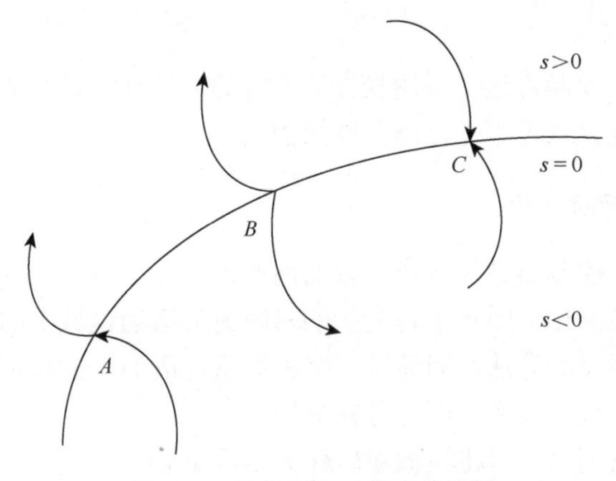

图 8.19　切换面上三类点的特性

2. 滑模控制器设计

滑模控制器设计分为两步：滑模面选取和控制律设计。终端滑模控制（terminal sliding mode control，TSMC）是通过设计一种动态非线性滑模面方程实现的，即在保证滑模控制稳定性的基础上，使系统状态在指定的有限时间内实现对期望状态的完全跟踪。该算法具有动态响应快、稳态精度高的特点，常用于高速、高精度控制。

常用的终端滑模面主要有

$$\begin{cases}s_1=\dot{x}+c_1x+c_2x^{\lambda_1}\\ s_2=\dot{x}+c_3x+c_4\dot{x}^{\lambda_2}\\ s_3=\dot{x}+c_5x^{\lambda_3}+c_6x^{\lambda_4}\\ s_4=\dot{x}+c_7x^{\lambda_5}+c_8\dot{x}^{\lambda_6}\end{cases} \tag{8.32}$$

式中，$c_i \geqslant 0(i=1,2,\cdots,8)$；$\lambda_1>0,\lambda_2>1,\lambda_3>1,0<\lambda_4<1,\lambda_5>\lambda_6,1<\lambda_6<2$；$s_1$ 和 s_3 是快速终端滑模面，s_2 和 s_4 是非奇异快速终端滑模面。

针对单输入单输出非线性系统：

$$\begin{cases}\dot{x}_1 = x_2 \\ \dot{x}_2 = f(\boldsymbol{x}) + g(\boldsymbol{x})u\end{cases} \tag{8.33}$$

式中，$f(\boldsymbol{x})$、$g(\boldsymbol{x})$ 是关于系统状态的光滑函数，且 $g(\boldsymbol{x}) \neq 0$。

以滑模面 s_3 为例，设计的快速滑模控制律[4]为

$$u = -\frac{1}{g}\left(f + c_5\dot{s} + c_6\frac{\mathrm{d}s^{\lambda_4}}{\mathrm{d}t} + c_5 s + c_6 s^{\lambda_4}\right) \tag{8.34}$$

式中，系统状态到达滑模面 s_3 的时间为

$$t = \frac{1}{c_5(1-\lambda_4)}\ln\frac{c_5{}^{1-\lambda_4} + c_6}{c_6} \tag{8.35}$$

8.3.2 模糊控制

模糊控制是在控制方法上采用模糊数学理论，模仿人的思维方法对无法构造精确模型的被控对象或过程进行确定性的控制。

1. 模糊控制器的结构

设计一个模糊控制器必须解决三方面问题：

（1）精确量模糊化，即将语言变量的值映射为适当论域上的模糊子集；

（2）设计模糊控制算法，即通过一组模糊条件语句（if-then）构成模糊规则，计算此规则决定的模糊关系，即进行模糊推理；

（3）模糊输出判决，再将模糊量转化为精确量。

具体模糊控制器的结构如图 8.20 所示。

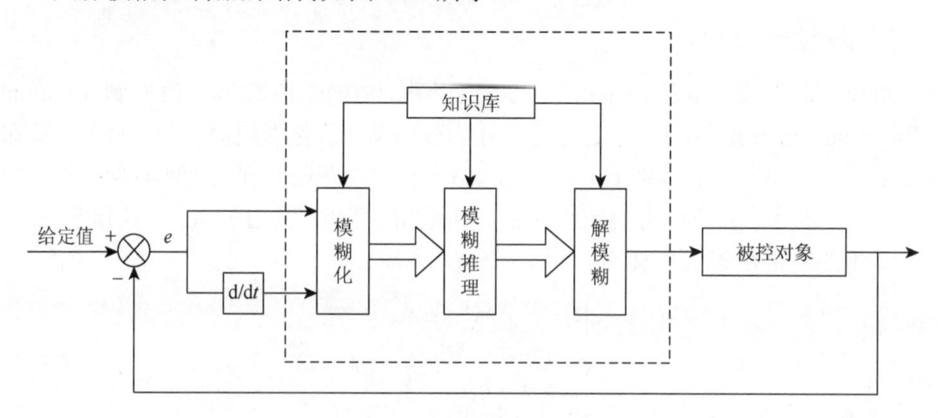

图 8.20　模糊控制器结构

2. 模糊控制器的算法

常规的模糊控制器选取被控对象或过程的目标值与其输出变量的偏差值 e 及偏差变化率 $\dot{e}$ 作为输入变量，被控变量定为模糊控制器的输出量 u 。这种输入变量的选取反映模糊控制器具有 PD 控制规律。模糊控制器设计的具体步骤如下。

1）归一化处理

被控对象或过程的目标值与其输入变量的偏差值及其变化率的范围称为输入语言变量的基本论域，记为 $[-E,E]$ 和 $[-\dot{E},\dot{E}]$ 。对输入变量进行正则化，将 e 和 $\dot{e}$ 的实际值分别除以 E 和 $\dot{E}$ ，并进行 ± 1 限幅后，得到正则化的输入变量：

$$e^* = e/E \tag{8.36}$$

$$\dot{e}^* = \dot{e}/\dot{E} \tag{8.37}$$

式中， e^* 和 $\dot{e}^* \in [-1,1]$ 。同理，可求得输出变量的论域正则化值 u^* 。

2）选取模糊集合及其隶属函数

对正则化变量 e^* 、 $\dot{e}^*$ 和 u^* 分别定义模糊集合，并在控制器内部论域 $[-1,1]$ 上选定各模糊集合的隶属函数，计算出 e^* 和 $\dot{e}^*$ 对各模糊集合的隶属度。常用的模糊集合包括：正大（PB 或 PL）、正中（PM）、正小（PS），正零（PO 或 NZ）、负小（NS）、负中（NM）和负大（NB 或 NL）。模糊集合的隶属函数可选 Sigmoid 函数、高斯函数、对称均分全交迭的三角形函数等。

3）设计模糊规则

模糊规则设计如表 8.3 所示，表中权重参数可根据实际情况改变。

表 8.3 模糊规则设计

z		e						
		NL	NM	NS	NZ	PS	PM	PL
$\dot{e}$	NL	1	1	1	0.8	0.3	0	0
	NM	1	1	1	0.8	0.1	0	0
	NS	1	1	1	0.5	0	−0.1	−0.3
	NZ	0.8	0.8	0.5	0	−0.5	−0.8	−0.8
	PS	0.3	0.1	0	−0.5	−1	−1	−1
	PM	0	0	−0.1	−0.8	−1	−1	−1
	PL	0	0	−0.3	−0.8	−1	−1	−1

4）解模糊

常见的解模糊方法主要有加权法、最大隶属度平均法和重心法。以加权法为例，将语言变量 z 各模糊集的隶属函数记为单点，则模糊规则为

$$R_i: \text{if } e = A \text{ and } y = B \text{ then } z = z_i \tag{8.38}$$

式中，$z_i(i=1,2,\cdots,n)$ 是论域 $[-1,1]$ 上的数值。若规则的权重为 α_i，则解模糊为 $z_0 = \sum_{i=1}^{n}\alpha_i z_i \Big/ \sum_{i=1}^{n}\alpha_i$。

8.3.3 自抗扰控制

自抗扰控制是由我国系统与控制专家韩京清研究员于 20 世纪 80 年代末开创的，他在深入总结经典控制理论与现代控制理论各自优点与局限性的基础上，提出了一系列实用控制设计思想并最终形成了自抗扰控制技术。

1. PID 控制器缺陷

经典 PID 控制思想的精髓是“不用被控对象的精确模型，只用控制目标与对象实际行为之间的误差来产生消除此误差的控制策略的过程控制”[5]。

（1）误差的取法。实际系统都具有一定的惯性，被控对象的输出 y 只能从某一初始状态开始变化，不能跳变；而目标值 r 是另一初始状态，可以跳变。直接采用误差 $e=r-y$ 来消除误差，即用不可跳变量 y 跟踪可跳变量 r，带给系统较大初始冲击，从而易使系统产生超调，这就形成了快速性和超调的矛盾。

（2）由误差 e 求其微分 $\dot{e}$ 的方法。经典 PID 控制是误差信号的比例、积分、微分的加权和形式，由于缺少有效提取微分信号的方法和设备，常常只用 PI 控制律，限制了完整 PID 的控制作用。

（3）误差的比例、积分、微分线性加权和形式并非最优。PID 是上述三者的线性组合，在非线性领域中存在更高效、更强大的组合方式。

（4）误差积分的反馈存在不足。误差积分反馈对抑制常值干扰作用显著，但对时变干扰效果不佳，易使系统响应迟钝、产生振荡、控制信号饱和等。

2. 克服 PID 控制缺陷——自抗扰控制技术

以二阶被控对象为例，自抗扰控制器的结构如图 8.21 所示。

针对 PID 控制的缺点，结合二阶自抗扰控制器的结构，可以采取如下解决方法[1, 3]：

（1）安排过渡过程。考虑到被控对象能力所能承受的范围及控制量的限制，根据控制目标 r 事先安排一个合理的过渡过程 v_1，并提取其微分信号 v_2。

（2）微分信号的提取。采用非线性跟踪微分器以最快地跟踪输入信号的方法来提炼微分信号。

（3）非线性组合。根据过渡过程的误差信号 $e_1 = v_1 - x_1$ 及其微分信号 $e_2 = v_2 -$

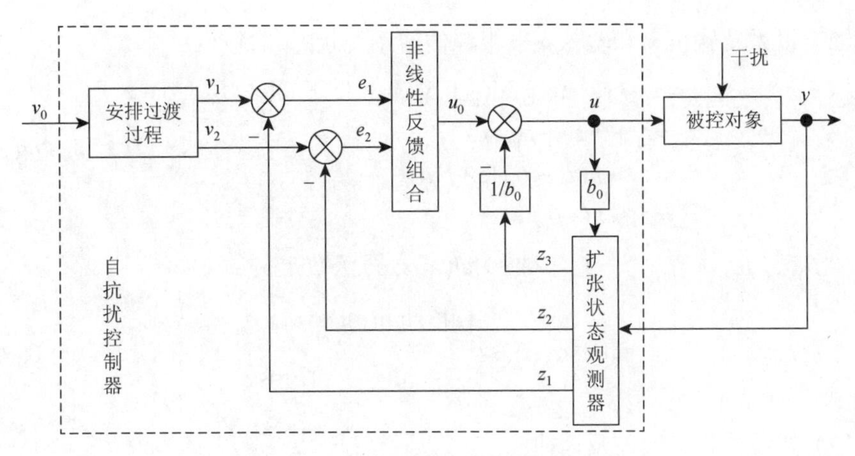

图 8.21　二阶自抗扰控制器的结构图

x_2，产生误差积分信号 $e_0=\int_0^t e_1\mathrm{d}t$。大量仿真表明，采用 e_0、e_1 和 e_2 的某种非线性组合方式效果更佳。

（4）扰动估计补偿。采用扩张观测器实时跟踪估计扰动并补偿，控制问题简化成误差反馈问题，可避免误差积分反馈的副作用。

3. 自抗扰控制方法

具有扰动跟踪补偿能力的自抗扰控制器的具体算法如下。

（1）以目标值 v_0 为系统输入，安排过渡过程为

$$\begin{cases} e=v_1-v_0 \\ \mathrm{fh}=\mathrm{fhan}(e,v_2,r,h) \\ v_1=v_1+hv_2 \\ v_2=v_2+h\mathrm{fh} \end{cases} \tag{8.39}$$

式中，$\mathrm{fhan}(x_1,x_2,r,h)$ 定义如下：

$$\mathrm{fhan}(x_1,x_2,r,h)=\begin{cases} d_0=hd \\ y=x_1+hx_2 \\ a_0=\sqrt{d^2+8r|y|} \\ a=\begin{cases} x_2+\dfrac{a_0-d}{2}\mathrm{sign}(y), & |y|>d_0 \\ x_2+\dfrac{y}{h}, & |y|\leqslant d_0 \end{cases} \\ \mathrm{fhan}=-\begin{cases} r\mathrm{sign}(a), & |a|>d \\ r\dfrac{a}{d}, & |a|\leqslant d \end{cases} \end{cases} \tag{8.40}$$

（2）以系统输出 y 和输入 u 来跟踪估计系统状态和扰动：

$$\begin{cases} e = z_1 - y, \quad \text{fe} = \text{fal}(e, 0.5, \delta), \quad \text{fe}_1 = \text{fal}(e, 0.25, \delta) \\ z_1 = z_1 + h(z_2 - \beta_{01}e) \\ z_2 = z_2 + h(z_3 - \beta_{02}\text{fe} + b_0 u) \\ z_3 = z_3 + h(-\beta_{03}\text{fe}_1) \end{cases} \tag{8.41}$$

式中，β_{01}、β_{02}、β_{03} 为一组参数；$\text{fal}(e, \alpha, \delta)$ 函数定义如下：

$$\text{fal}(e, \alpha, \delta) = \begin{cases} |e|^{\alpha} \operatorname{sign}(e), & |e| > \delta \\ \dfrac{e}{\delta^{1-\alpha}}, & |e| \leqslant \delta \end{cases} \tag{8.42}$$

（3）非线性状态误差反馈律：

$$\begin{cases} e_1 = v_1 - z_1, \quad e_2 = v_2 - z_2 \\ u_0 = k(e_1, e_2, p) \end{cases} \tag{8.43}$$

式中，p 为一组参数。

函数 $k(e_1, e_2, p)$ 有如下形式，但不限于这几种形式：

（1）$u_0 = k_1 e_1 + k_2 e_2$；

（2）$u_0 = -\text{fhan}(e_1, c e_2, r, h)$；

（3）$u_0 = \beta_1 \text{fal}(e_1, \alpha_1, \delta) + \beta_2 \text{fal}(e_2, \alpha_2, \delta)$，其中，$0 < \alpha_1 < 1 < \alpha_2$；

（4）扰动补偿过程

$$u = u_0 - \frac{z_3(t)}{b_0} \text{ 或 } u = \frac{u_0 - z_3(t)}{b_0} \tag{8.44}$$

4. 自抗扰控制在实际工程中的应用[6]

下面以浮力调节系统控制潜浮运动为例说明自抗扰控制在实际工程中的应用。

AUVs 的惯性坐标系和载体坐标系定义如图 8.22 所示。

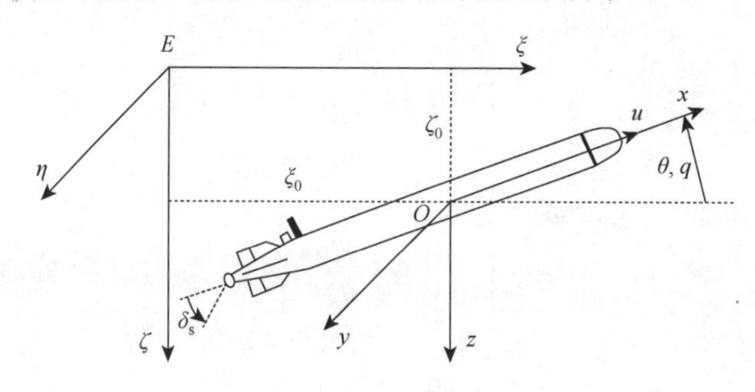

图 8.22　AUVs 的坐标系

某型 AUVs 的规格参数如表 8.4 所示。

表 8.4　某型 AUVs 的规格参数

符号	定义	数值
L	载体长度	6.45m
R	载体直径	534mm
M	质量	1 180kg
B	水下重力	11 576N
W	水下浮力	11 576N
ρ	4℃海水密度	1 027.77kg/m^3
I_{yy}	绕 y 轴的质量惯性矩	3 746kg/m^2
x_B, y_B, z_B	浮心在载体坐标系中的坐标	(0, 0, 0)m
x_G, y_G, z_G	重心在载体坐标系中的坐标	(–0.002, 0, 0.25)m

1）建立动力学模型和运动学模型

某型 AUVs 垂直面的动力学模型如下：

$$m(\dot{u}+wq-x_G q^2+z_G\dot{q})=F_x-(W-B)\sin\theta+T_{\text{prop}} \tag{8.45}$$

$$m(\dot{w}-uq-z_G q^2-x_G\dot{q})=F_z+(W-B)\cos\theta \tag{8.46}$$

$$\begin{aligned}&I_{yy}\dot{q}+m[z_G(\dot{u}+wq)-x_G(\dot{w}-uq)]\\&=M_y-(x_G W-x_B B)\cos\theta-(z_G W-z_B B)\sin\theta\end{aligned} \tag{8.47}$$

式中，$\dot{u}$、$\dot{w}$ 和 $\dot{q}$ 分别是 x 轴方向的加速度、z 轴方向的加速度和绕 y 轴的角加速度；F_x、F_z 和 M_y 分别是 x 轴向力、z 轴向力和绕 y 轴的力矩。

水动力 x 轴向力 F_x、z 轴向力 F_z 和绕 y 轴的力矩 M_y 定义为

$$\begin{aligned}F_x&=RL_4X_{qq}q^2+RL_3(X_{\dot{u}}\dot{u}+X_{wq}wq)+RL_2(X_*u^2+X_{ww}w^2)\\&\quad+RL_2u^2(X_{\delta_b\delta_b}\delta_b{}^2+X_{\delta_s\delta_s}\delta_s{}^2)\end{aligned} \tag{8.48}$$

$$\begin{aligned}F_z&=RL_4(Z_{\dot{q}}\dot{q}+Z_{q|q|}q\,|\,q\,|)+RL_3(Z_q uq+Z_{\dot{w}}\dot{w}+Z_{w|q|}w\,|\,q\,|)\\&\quad+RL_2(Z_*u^2+Z_w uw+Z_{w|w|}w\,|\,w\,|+Z_{|w|}u\,|\,w\,|+Z_{ww}w^2)+RL_2u^2Z_{\delta_s}\delta_s\end{aligned} \tag{8.49}$$

$$\begin{aligned}M_y&=RL_5(M_{\dot{q}}\dot{q}+M_{q|q|}q\,|\,q\,|)+RL_4(M_{\dot{w}}\dot{w}+M_q uq+M_{|w|q}\,|\,w\,|\,q)\\&\quad+RL_3(M_*u^2+M_w uw+M_{w|w|}w\,|\,w\,|+M_{|w|}u\,|\,w\,|+M_{ww}w^2)+RL_3u^2M_{\delta_s}\delta_s\end{aligned} \tag{8.50}$$

式中，X_{qq}、$X_{\dot{u}}$、X_{wq}、X_*、X_{ww}、$X_{\delta_b\delta_b}$ 和 $X_{\delta_s\delta_s}$ 均是 x 轴水动力参数；$Z_{\dot{q}}$、$Z_{q|q|}$、Z_q、$Z_{\dot{w}}$、$Z_{w|q|}$、Z_*、Z_w、$Z_{w|w|}$、$Z_{|w|}$、Z_{ww} 和 Z_{δ_s} 均是 z 轴水动力参数；$M_{\dot{q}}$、$M_{q|q|}$、

$M_{\dot{w}}$、M_q、$M_{w|q|}$、M_*、M_w、$M_{w|w|}$、$M_{|w|}$、M_{ww} 和 M_{δ_s} 均是纵倾力矩的水动力参数。

RL_i 定义如下：

$$RL_i = \frac{1}{2}\rho L^i,\quad i = 2, 3, 4, 5 \tag{8.51}$$

上述水动力参数数值如表 8.5 所示。

表 8.5　垂直面水动力参数

x 轴水动力	数值/10^{-3}	z 轴水动力	数值 /10^{-3}	纵倾力矩水动力	数值 /10^{-3}
X_{qq}	0	$Z_{\dot{q}}$	0.034	$M_{\dot{q}}$	−0.345
$X_{\dot{u}}$	−0.148	$Z_{q\|q\|}$	−3.778	$M_{q\|q\|}$	−1.676 2
X_{wq}	−5.039 8	Z_q	−7.005 8	$M_{\dot{w}}$	0.034
X_*		$Z_{\dot{w}}$	−7.256	M_q	−3.802 7
X_{ww}	−2.709	$Z_{w\|q\|}$	−11.235 7	$M_{w\|q\|}$	0
$X_{\delta_b\delta_b}$	−2.748	Z_*	0.039	M_*	0.009 35
$X_{\delta_s\delta_s}$	−3.045	Z_w	−13.273 8	M_w	3.960 8
		$Z_{w\|w\|}$	−74.696 9	$M_{w\|w\|}$	−21.364 9
		$Z_{\|w\|}$	0.941 8	$M_{\|w\|}$	0.168 2
		Z_{ww}	0.754 9	M_{ww}	−1.031 6
		Z_{δ_s}	−5.297	M_{δ_s}	−2.5

垂直面仅考虑 u、w、q 三个自由度运动，其运动学模型为

$$\begin{cases}\dot{\xi} = u\cos\theta + w\sin\theta \\ \dot{\zeta} = -u\sin\theta + w\cos\theta \\ \dot{\theta} = q\end{cases} \tag{8.52}$$

式中，$\dot{\xi}$、$\dot{\zeta}$ 分别是大地惯性坐标系下 ξ 轴和 ζ 轴的线速度。

2）自抗扰控制器设计

（1）跟踪微分器设计为

$$\begin{cases}v_1(k+1) = v_1(k) + hv_2(k+1) \\ v_2(k+1) = v_2(k) + h\text{fst}(v_1(k) - v(k), v_2(k), r, h_0)\end{cases} \tag{8.53}$$

式中，h 为采样周期；r 为跟踪速度因子；h_0 为可调参数。

（2）状态观测器。

状态观测器采用两个跟踪微分器（tracking differentiator，TD）串联形式，得到滤波后的输出信号及其一阶和二阶微分信号如图 8.23 所示。

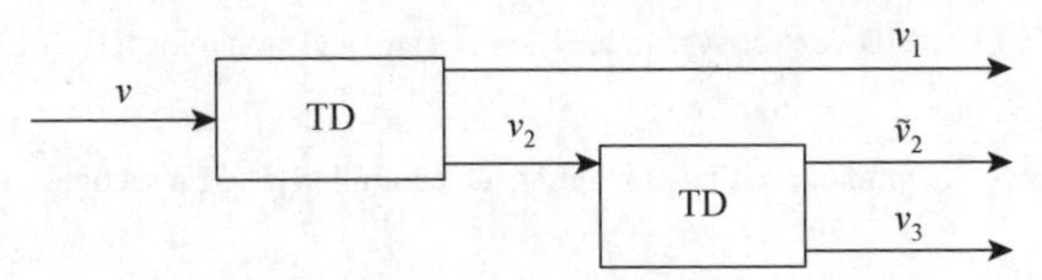

图 8.23　采用串级跟踪微分器获得二阶微分

（3）非线性状态误差反馈控制律为

$$\begin{cases} e_1 = v_1 - z_1 \\ e_2 = v_2 - z_2 \\ u_0 = K_{\mathrm{p}}\mathrm{fal}(e_1, \alpha, \delta) + K_{\mathrm{d}}\mathrm{fal}(e_2, \alpha, \delta) + K_{\mathrm{i}}\int e_1 \mathrm{d}t \\ u = u_0 - z_3 \end{cases} \tag{8.54}$$

式中，α 为非线性参数；δ 为 $\mathrm{fal}(\cdot)$ 函数的分界点。

（4）带扰动补偿的控制量输出为

$$u = u_0 - \frac{z_3(t)}{b_0} \tag{8.55}$$

3）试验结果

采样时间取为 $h = 0.1\mathrm{s}$，控制器参数 $h_0 = 3\mathrm{h}$，$r = 2000$。深度环的状态误差反馈控制参数是 $K_{\mathrm{p0}} = 13$，$K_{\mathrm{d0}} = 350$，$K_{\mathrm{i0}} = 0.05$；纵倾环的状态误差反馈控制参数是 $K_{\mathrm{p1}} = 430$，$K_{\mathrm{d1}} = 7500$，$K_{\mathrm{i1}} = 6.5$。自抗扰控制器 3 自由度跟踪性能如图 8.24（a）所示，浮力调节系统的跟踪效果如图 8.24（b）所示。

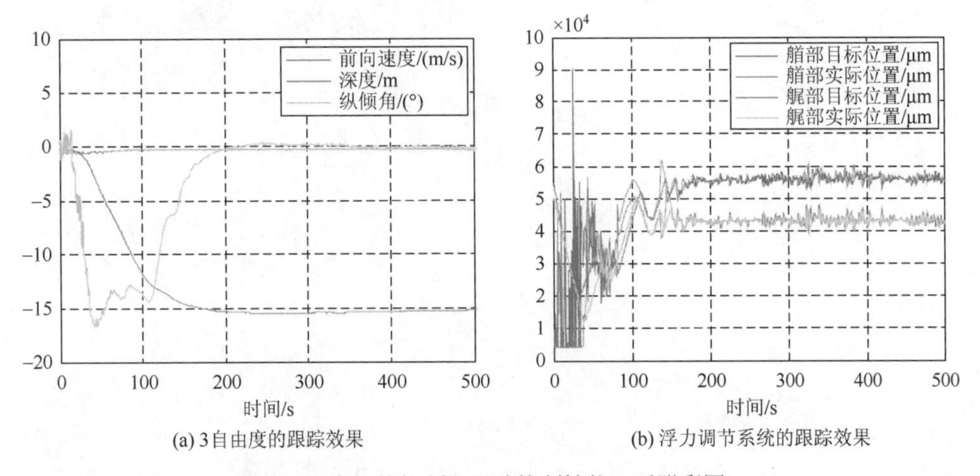

(a) 3自由度的跟踪效果　　(b) 浮力调节系统的跟踪效果

图 8.24　自抗扰控制器跟踪控制性能（后附彩图）

参 考 文 献

[1] 韩京清. 自抗扰控制技术——估计补偿不确定因素的控制技术[M]. 北京: 国防工业出版社, 2008.

[2] Ang K H, Chong G, Li Y. PID control system analysis, design, and technology[J]. IEEE Transactions on Control Systems Technology, 2005, 13(4): 559-576.

[3] Ziegler J G, Nichols N B. Optimum settings for automatic controllers[J]. Transactions of the ASME, 1942, 64(11): 759-765.

[4] Yu X H, Man Z H. Fast terminal sliding-mode control design for nonlinear dynamical systems[J]. IEEE Transactions on Circuits and Systems I: Fundamental Theory and Applications, 2002, 49(2): 261-264.

[5] 韩京清. 自抗扰控制技术[J]. 前沿科学, 2007(1): 24-31.

[6] Jiang Z, Li S, Liu T. Active disturbance rejection control for diving motion of Autonomous Underwater Vehicles[C]//IEEE International Conference on Robotics and Biomimetics, 2016: 1418-1423.

9

自主水下机器人安全控制

AUVs 由于其“无人”和“无缆”的特性，以及海洋工作环境的不确定性等特点，凸显其在水下作业时的安全性问题。AUVs 一旦发生故障，不仅其作业任务无法完成，而且其本身也将面临丢失的巨大风险。纵观 AUVs 的发展历史，不乏在试验和作业过程中丢失潜水器的事例。为了提高AUVs水下作业过程中的可靠性和安全性，安全控制系统已成为独立于 AUVs 控制系统以外的不可或缺的重要组成部分。

安全控制系统是指能提供一种高度可靠的安全保护手段，最大限度地避免相关设备的不安全状态，防止恶性事故的发生或在事故发生后尽可能地减少损失，以保护生产装置及人身安全的保护性措施[1]。

AUVs 安全控制系统的主要作用是在 AUVs 工作期间，保证 AUVs 的安全，避免发生设备损坏、丢失等事故。同时，也要避免对人员、海洋环境等造成伤害或破坏。

9.1 自主水下机器人安全控制系统基本组成

AUVs 的安全控制系统主要包含两部分，一部分是包含在主控制系统中的故障诊断与容错控制模块，另一部分是独立的应急安全系统。AUVs 安全控制系统的组成如图 9.1 所示。

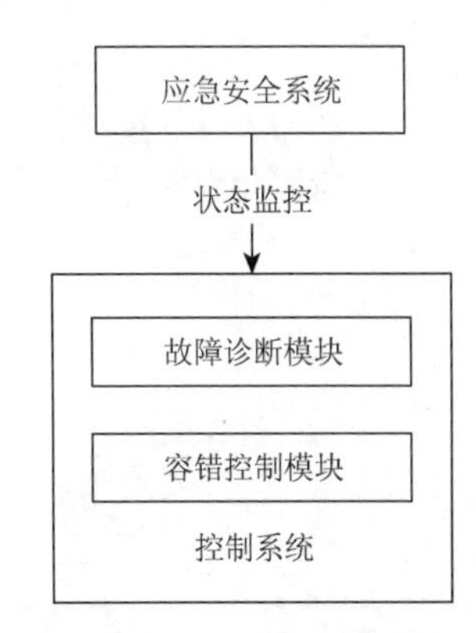

图 9.1 AUVs 安全控制系统组成

故障诊断可以理解为判断系统中是否发生了故障并确定故障发生的时刻、位置、类型和严重程度等。故障诊断方法主要包括基于信号处理的方法、基于解析模型的方法、基于知识的专家系统故障诊断方法等[2]。目前，实际投入使用的 AUVs 控制系统大多采用基于知识的专家系统故障诊断方法。

容错控制是指系统的一个或多个部件发生故障时，能够自动进行诊断，并采取相应措施，保证系统维持其规定功能，或用牺牲某些性能来保证系统在可以接受的范围内继续工作[2]。与故障诊断技术类似，目前较少见到实际应用的 AUVs 容错控制系统。

应急安全系统承担对 AUVs 的状态监控和 AUVs 应急安全保障操作功能，在 AUVs 遇到不可自行恢复的严重故障时（如控制系统主计算机故障、主电池组故障等），保障 AUVs 可以安全上浮到水面并被回收。应急安全系统通常设计为与主控制系统独立的系统，在中小型以上级别的 AUVs 中广泛应用。

故障诊断与容错控制在 AUVs 上的应用研究，相关论文和书籍均有阐述，本书不再进行扩展说明。本章后续将主要介绍“潜龙”系列 AUVs 应急安全系统的相关内容。

9.2 自主水下机器人应急安全系统

9.2.1 应急安全系统基本功能

应急安全系统承担着对 AUVs 的监控和 AUVs 应急安全保障操作等任务，其主要功能包括：监控 AUVs 控制系统运行状态，当控制系统状态异常时执行应急安全保障操作；主电池电源失电时自动切换到应急能源供电；应急安全保障操作包括抛掉上浮下潜压载、在水下通过水声通信机与母船进行应急通信、上浮到水面后进行无线示位和光学示位等。应急安全系统应急动作如图 9.2 所示。

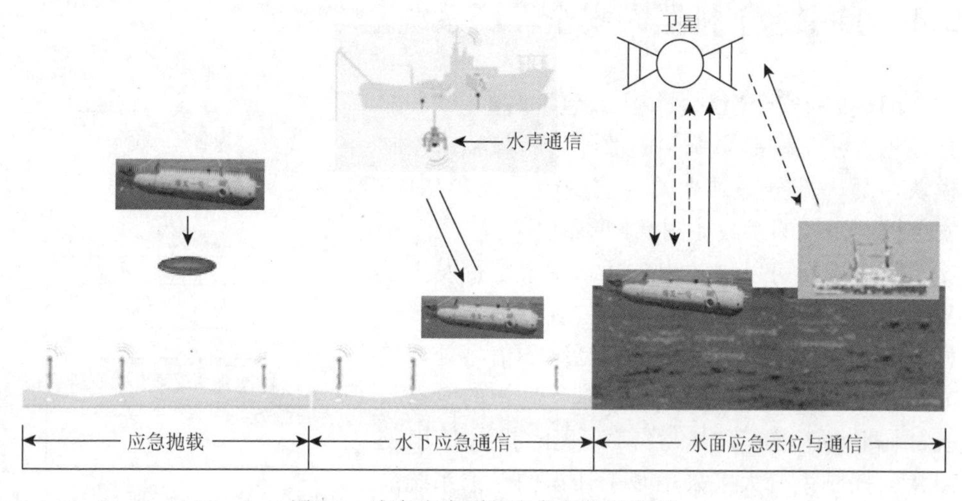

图 9.2　应急安全系统应急动作示意图

应急安全控制器通过总线信息状态和硬件握手信号状态等监控 AUVs 控制系统的运行状态。当应急安全控制器发现控制系统状态异常后，系统直接进入应急处理状态，执行抛载动作，待上浮到水面后通过通信和示位手段报告给母船 AUVs 当前的位置，并控制回收辅助装置配合母船回收 AUVs。

9.2.2 应急安全系统基本组成

应急安全系统的核心是应急安全控制器和应急能源，其余的抛载装置、定位示位设备、通信设备、回收辅助装置等，通常采取冗余控制的方式与控制系统共用（在 AUVs 整体空间允许的情况下也可单独配置）。在硬件和软件设计上应急安全控制器对以上设备有更高的控制优先级，在进入应急状态后这些设备完全由应急安全控制器控制。应急安全系统的基本组成如图 9.3 所示。

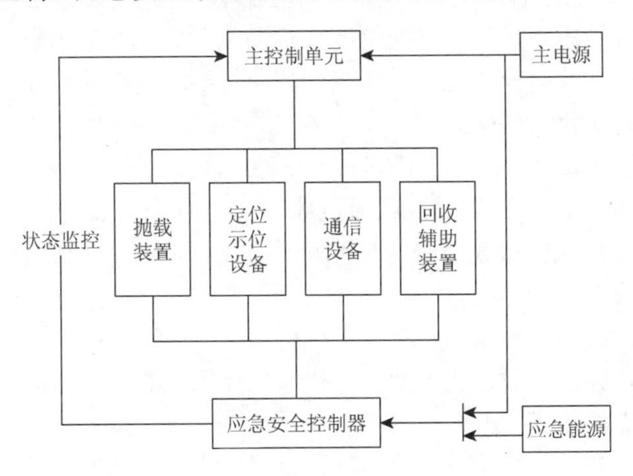

图 9.3 应急安全系统基本组成

9.2.3 应急安全控制器

应急安全控制器的可靠性在设计上要求高于控制系统的主控制器，控制器通常采用微控制单元（microcontroller unit，MCU）作为核心。以“潜龙”系列 AUVs 的典型设计为例，采用 ATMEL 公司的 ATMEGA1280 型 MCU 为核心处理器，控制器设计的外设包括控制各设备开关的继电器模块、漏水检测传感器、收发通信和示位设备信息的串行接口、检测主电源和应急能源电压的模拟检测电路等[3]。

9.2.4 应急能源

若主系统发生故障或失去电源，由应急能源提供备用电源，为应急安全装置供电。

由于应急能源使用频率低、单次工作时间长，故选用能量密度大、免维护的一次电池组成应急电池组。以国内较为成熟的锂/亚硫酰氯电池为例，其保存寿命可达 5 年，单体电池比能量通常可达 300W·h/kg 以上。

应急能源的容量可根据应急安全系统中各设备的能耗需求设计，并留有充足余量。

9.2.5　抛载装置

抛载装置包括下潜抛载装置和上浮抛载装置。下潜抛载装置在 AUVs 入水时挂接下潜压载，使 AUVs 呈负浮力下潜；当 AUVs 到达指定深度后，下潜抛载装置抛掉压载，使 AUVs 的浮力达到工作状态。上浮抛载装置在 AUVs 下潜和作业期间挂接压载，当 AUVs 结束作业时，上浮抛载装置抛掉压载，AUVs 以正浮力上浮到水面。

通常 AUVs 的应急抛载装置和正常作业抛载的抛载装置采用同一个执行机构，在正常作业状态下由控制系统控制执行抛载动作，在应急安全状态下由应急安全控制器执行抛载动作。在对 AUVs 的安全性要求较高的设计中，也会另外设置专门的应急抛载执行机构。

AUVs 应急抛载执行机构主要有如下三种：

电磁装置抛载。利用电磁铁或通电线圈通电时产生磁场使压载重物挂接在 AUVs 上，断电即执行抛载动作。此种方式的优点是可靠性高，缺点是电磁铁或线圈需要一直通电，能耗高。

运动机构抛载。压载重物挂接在某种机构上，通过电动机转动或释放弹簧等驱动机构动作，释放压载重物。此种方式的优点能耗低，可挂接大压载，缺点是机构复杂，可靠性较低。

熔断金属抛载。压载重物挂接在某种金属丝或金属条上，通过电热能熔化金属丝或通过电化学反应使金属丝腐蚀断裂，释放压载重物。此种方式的优点是能耗低，缺点是挂接压载的能力较弱或者需要较长的释放时间。

各类抛载装置外观如图 9.4 所示。

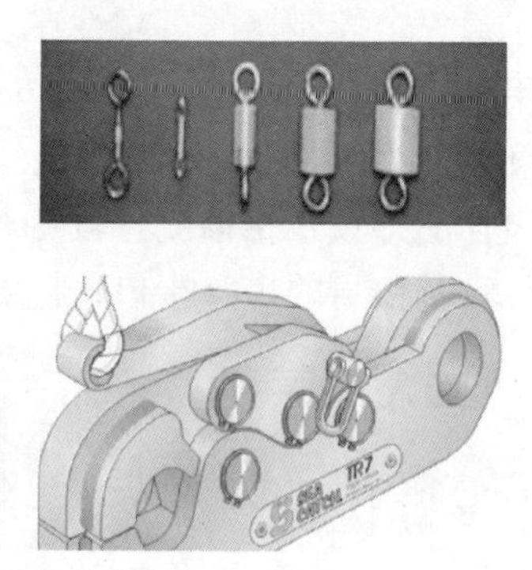

图 9.4　抛载执行机构

9.2.6 定位示位设备

AUVs 示位是其回收流程中的重要一环，也是在 AUVs 应急状态下母船能够快速准确地寻找到 AUVs 的一种重要手段。

AUVs 的定位手段，在水面主要通过卫星（GPS、北斗等定位系统）定位，水下主要通过声学定位系统（长基线、超短基线系统等）进行定位，内容已在本书相关章节中予以介绍。

目前 AUVs 的示位手段可以分为通信、视觉、水声、被动探测等几种。其中通信示位方式主要将通过定位设备获取的 AUVs 定位信息通过通信设备发送给岸基或母船监控设备，已在第 5 章相关章节予以介绍。

这里主要对为确保 AUVs 的安全而安装的设备予以介绍。

1. 水面示位设备

水面视觉示位手段主要通过灯光、标识物等，帮助母船人员快速发现水面 AUVs。

1）频闪灯

频闪灯可以在 AUVs 上浮到水面后发出一定频率的闪烁光以便于查找与搜索。典型设备如加拿大 Xeos Technologies 公司的 XMF-11K 型自容式频闪灯标，支持 11 000m 水深。在每 2s 闪烁一次的频率下，可以工作 20 天以上。XMF-11K 型自容式频闪灯标外观如图 9.5 所示。

图 9.5 XMF-11K 型自容式频闪灯标[4]

2）标识物

使用旗帜等标识物，并采用特定的机构将标识物升到一定高度，也是一种水面示位的手段。例如，“CR-02”AUVs 采用可折叠的弹性旗杆，到达水面后可以竖起一面红旗，在白天有良好的示位效果。

3）反光带

在 AUVs 的背部安装反光带，用以夜间回收时辅助辨识 AUVs 的艏向。该方法有效距离较近，主要起辅助作用。

4）雷达信号反射器

AUVs 的母船通常安装有大功率的微波雷达，驾驶人员可以利用船载微波雷达定位水面 AUVs，便于快速寻找和回收 AUVs。

目前雷达反射器在 AUVs 上应用的主要问题是如何安装，并在到达水面后尽量提升雷达反射器的出水高度。

雷达反射器的优点是纯被动定位，不需要电源，无须通信，不受卫星信号影响。图 9.6 是一种典型的救生艇用雷达反射器。

图 9.6 一种典型的救生艇用雷达反射器

2. 水下示位设备

当 AUVs 在水面以下时，水声示位是一种对其定位的主要手段，可采用的工具包括内部装有电池的超短基线信标和应急声学示位信标等。

1）超短基线信标

内部装有电池的超短基线信标，可以不依赖于 AUVs 的供电，理论上只要 AUVs 在水下，超短基线信标就可以被母船的超短基线系统定位。

目前，国际主流的超短基线厂商 IXblue、Kongsberg、Sonardyne 均提供内置电池的超短基线信标，可以直接选用。

2）应急声学示位信标

AUVs 安装应急声学示位信标后，可以在其发生意外情况时，准确判定 AUVs

在水中的位置。

典型产品如 RJE 公司的 ULB-362PL/B37 型应急声学示位信标。该信标具有失电工作功能，在 AUVs 正常作业时不发声，避免了对其他声学设备的影响。在 AUVs 意外失电时，ULB-362PL/B37 开始工作，发出定位声信号。

应急声学示位信标主要技术指标如下：

pinger 连续时间为 30 天；

声输出为 160.5dB re 1μPa@1m；

工作频率为 27kHz、37.5kHz、45kHz（±1kHz）；

作用距离为 1～2km（视海况）；

超短基线信标和应急声学信标如图 9.7 所示。

(a) 超短基线信标

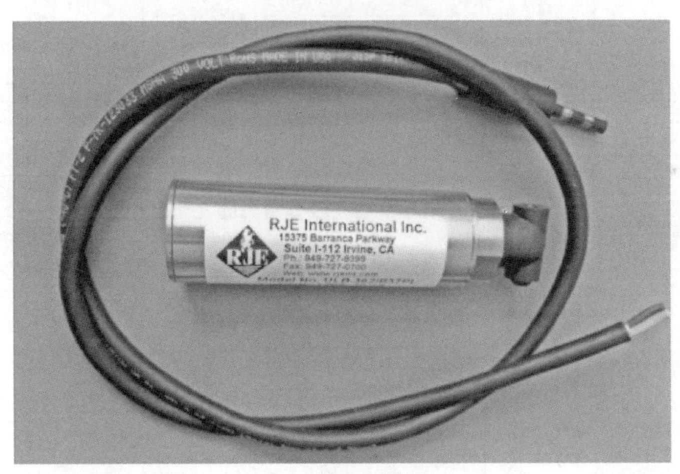

(b) 应急声学信标

图 9.7　超短基线信标[5]和应急声学信标[6]

9.3　“潜龙”系列 AUVs 应急安全系统

9.3.1　“潜龙”系列 AUVs 应急安全系统组成

“潜龙”系列 AUVs 应急安全系统主要由无线电通信机（又称无线电电台）及

数传天线、铱星定位跟踪器（包括铱星和 GPS）及其天线、频闪灯、应急安全控制器、应急电池组、抛载装置等设备组成。

在 AUVs 正常作业状态下，应急安全系统负责 AUVs 的水面定位与无线通信功能。当 AUVs 上升到水面后发出无线电信号和频闪光信号，以通知母船操作人员进行回收。同时增加卫星定位系统，实现 AUVs 在水面时的实时定位并将定位信息通过无线电信号传送给母船，便于母船根据接收到的位置信息以及 AUVs 的状态信息及时采取相应的措施，保障 AUVs 的安全。另外，配置一套铱星定位跟踪器，通过铱星短信息的方式告知母船 AUVs 上浮水面后的位置信息，该铱星定位系统全球覆盖，这样就进一步加强了 AUVs 远洋或深海试验过程中的安全性。应急安全系统的电气逻辑框图如图 9.8 所示。

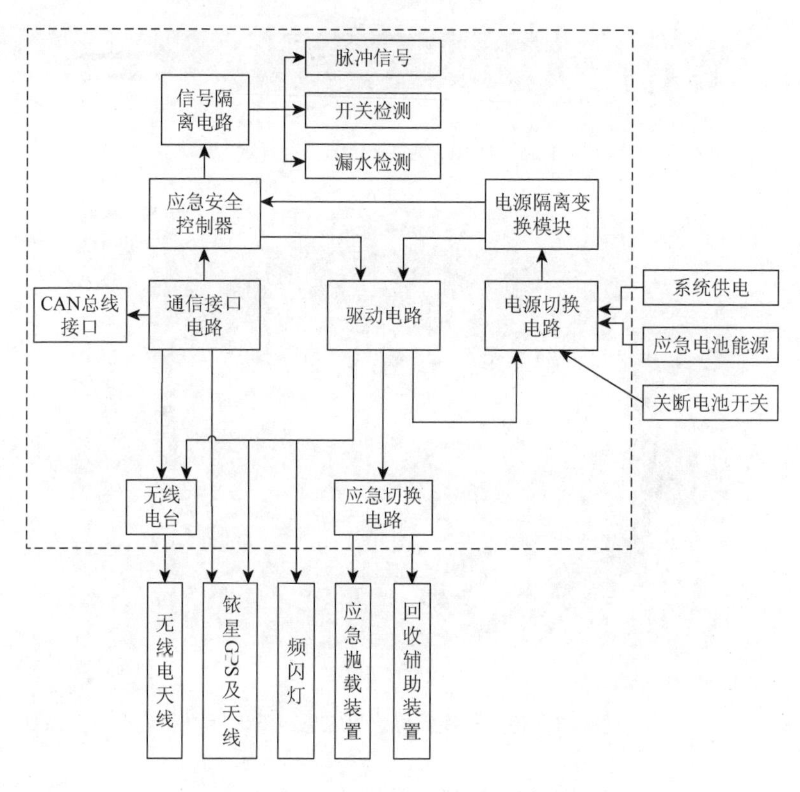

图 9.8　应急安全系统电气逻辑框图

在 AUVs 发生故障时，应急安全系统自动转入应急程序，执行抛掉压载、启动应急操作等动作，确保 AUVs 的安全回收。

图 9.9 为“潜龙一号”AUVs 应急安全系统无线电、GPS、铱星水密天线和频闪灯安装外观图。

图 9.9 “潜龙一号”AUVs 应急安全系统无线电、GPS、铱星水密天线和频闪灯安装外观图

9.3.2 “潜龙”系列 AUVs 应急安全系统工作流程

“潜龙”系列 AUVs 工作状态主要包括下水前检查工作模式、使命工作模式和应急安全模式。

下水前检查工作模式是指 AUVs 在下潜前由操作人员手动或通过自动检测系统进行设备状态检测的阶段。

使命工作模式为 AUVs 从母船释放后进行自主作业的工作状态。

应急安全模式为 AUVs 的应急安全系统接管 AUVs 的控制功能，进行应急安全操作的阶段。

应急安全系统的工作流程如图 9.10 所示。

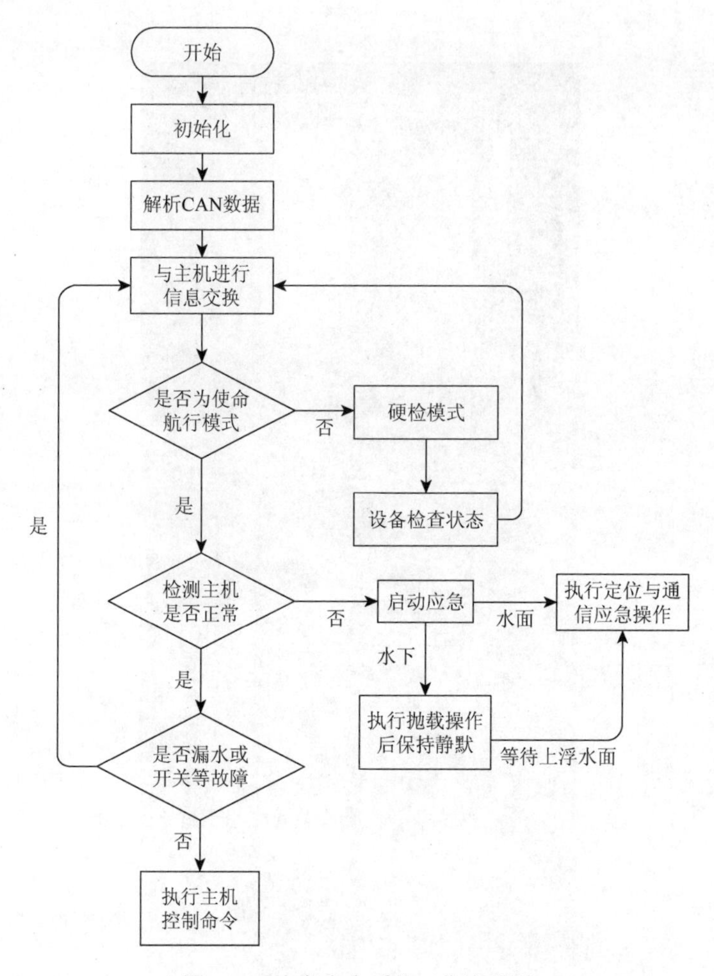

图 9.10　应急安全系统工作流程图

参 考 文 献

[1] 金亦陈. 安全控制系统的理论研究与应用[J]. 自动化博览, 2011, 28(2): 32-34.

[2] 朱大奇, 胡震. 水下机器人故障诊断与容错控制技术[M]. 北京: 国防工业出版社, 2012: 75, 77.

[3] 尹楠, 刘健, 赵宏宇. AUV 应急单元设计与实现[J]. 机械设计与制造, 2010(12): 18-19.

[4] Xeos Technologies Inc. XMF-11K BROCHURE[EB/OL]. [2018-3-10]. https://manuals.xeostech.com/Brochures/XMF-11K% 20WEB.pdf.

[5] Kongsberg Maritime. Transponder, Mini[EB/OL]. [2018-3-10]. https://www.km.kongsberg.com/ks/web/nokbg0240.nsf/AllWeb/ B0A30976A40AF548C1257F7300486C52?OpenDocument.

[6] RJE International. ULB-362PL UNDERWATER BEACON WITH POWER LOSS[EB/OL]. [2018-3-10]. https://www.rjeint. com/portfolio/ulb-362pl-underwater-beacon-power-loss.

10

自主水下机器人布放回收

AUVs 使用时通常需要母平台（母船、潜艇、大型无人自主潜水器、港口）的支持。当 AUVs 作业时，要将 AUVs 从母平台布放到水中。当完成任务后或发生意外时，再将其回收到母平台上。回收是一次 AUVs 作业的结束，对于 AUVs 成功完成任务具有重要的作用。同时，回收也是 AUVs 使命中最具有风险的操作，必须进行充分的设计和规划，以免造成财产和人员损失。

传统的 AUVs 回收方式主要是在 AUVs 艇体上安装起吊环或者起吊孔，通过潜水员或者小艇上人员挂钩，将 AUVs 从水面回收到母船。由于天气、海浪、母平台摇晃等因素的影响，采用潜水员或者小艇人员挂钩方式回收 AUVs 的过程很困难，而且容易造成人员和 AUVs 设备的损伤。尤其是当海况变得恶劣时，采用潜水员或者小艇上人员挂钩回收 AUVs 非常危险。AUVs 回收问题是 AUVs 使用中的一个难题，它制约了 AUVs 的使用，成为 AUVs 走向用户的最后一个重要障碍。

我国在 863 计划等研究计划支持下开发了“潜龙一号”“潜龙二号”等深海 AUVs，并先后在东太平洋多金属结核区、西南印度洋多金属硫化物区进行了多次勘查，取得了丰硕的应用成果。“潜龙”系列 AUVs 在布放回收方面取得了长足的进展，实现了免人下艇回收 AUVs 的方式，极大地降低了人员风险性。但现阶段仍存在需要人员多、消耗体力大等不足，未来还需开发专用的回收装置提高布放回收过程的自动化水平，进一步提高 AUVs 回收过程中的安全性，同时减轻布放回收时的人员负担。

本章首先介绍 AUVs 布放回收现状，然后重点介绍“潜龙一号”AUVs 的布放回收方法，最后介绍机械化的收放方法和收放装置。

10.1 自主水下机器人布放回收现状

10.1.1 国内外现状

1. 国外发展现状

由于使命和用途的差别，AUVs 载体形式、尺寸、重量各有不同，用于支持AUVs 使用的母平台也相互各异。“REMUS 100” AUVs 长 1.6m、直径 0.19m、重 37kg，而“Echo ranger” AUVs 长 5.5m、直径 1.27m、重达 5300kg；“REMUS 100”和“GAVIA”等小型 AUVs 可以使用橡皮艇回收，而大型的 AUVs 通常在几千吨级的船舶上回收，有的还采用潜艇作为母平台回收。AUVs 必须满足的使用条件也不一样，有的在 3 级海况以下使用，有的使用海况达到 5 级。由于这些差别，出现了各种类型的 AUVs 收放方法及收放装置，典型的收放装置包括起重吊臂、滑道、A 型架、吊架、下潜平台、水下对接平台等几种类型[1-4]。

收放装置作为 AUVs 的辅助装置，主要为 AUVs 的应用服务。这里不以收放装置的类型进行分类介绍，而是选取国外应用成果突出、商业推广深入的深海 AUVs 代表，考察其布放回收操作过程，寻求实用、安全的 AUVs 收放方法。

选取的深海 AUVs 代表有：美国“Sentry” AUVs、“REMUS 6000” AUVs、“Bluefin-21” AUVs，英国“Autosub 6000” AUVs，挪威“HUGIN” AUVs，加拿大“EXPLORER” AUVs。

“Sentry” AUVs 采用的收放方式与“潜龙”系列 AUVs 相似，没有专用的收放装置。布放时，采用普通吊车配合释放销进行布放，如图 10.1 所示；回收时，

图 10.1 “Sentry” AUVs 布放[5]

利用其立扁式外形具有的高机动性能力，遥控航行至母船附近，利用长杆挂钩进行回收。

“REMUS 6000”AUVs 采用了专用的 A 型架收放装置，其特点是采用头部单点垂直起吊，回收时利用抛绳装置释放艏部浮力块和起吊缆来捕获 AUVs。A 型架上有 AUVs 艏部限位机构以及底部支撑架，可用于 AUVs 的止荡。采用该种方式对 AUVs 框架强度有特殊要求，其需具备垂直吊放能力。“REMUS 6000”AUVs 内部采用了特有的钛合金焊接框架，其收放系统如图 10.2 所示。

图 10.2 “REMUS 6000”AUVs 收放系统[6]

“Bluefin-21”AUVs 采用了吊臂式收放装置。布放时，利用伸缩折臂吊进行吊放，采用末端限位支撑架进行止荡，通过释放销进行脱钩；回收时，利用抛绳器将下水前连在起吊钩的起吊缆收回，连接在折臂吊绞车缆绳上，将 AUVs 吊回。“Bluefin-21”AUVs 收放系统如图 10.3 所示。

“Autosub 6000”AUVs 采用专用的吊架式收放装置，如图 10.4 所示。吊架系统结构牢固，能方便地伸出船舷外。在吊架上有一个带有液压驱动绞盘的伸杆，用来在水中提升 AUVs。回收时，从 AUVs 上释放一个浮球，浮球上带着 50m 长的绳索，抓取浮球后，连接到绞盘上，准备回收，吊架上的支架伸到最远端，支架旋转到和 AUVs 平行方向。这时，移动 AUVs 到吊架下面的位置。将 AUVs 吊到支架上，然后旋转，最终移动 AUVs 将其放到甲板上。

图 10.3 “Bluefin-21”AUVs 收放系统[7]

图 10.4 “Autosub 6000”AUVs 收放系统[8]

滑道式收放方法在海洋工程作业中应用广泛。布放时，利用滑道将 AUVs 倾斜伸入水中，下放绞车缆绳，将 AUVs 布放入水。回收时，利用抛绳器释放浮球和绳索，通过绳索将 AUVs 从伸入水中的滑道上拖回母船。“HUGIN”AUVs、“EXPLORER”AUVs 均采用滑道式收放装置，“EXPLORER”AUVs 采用的滑道式收放系统如图 10.5 所示[9]。

2. 国内发展现状

国内开展 AUVs 收放研究的机构主要是中国科学院沈阳自动化研究所、天津大学、哈尔滨工程大学、西北工业大学等[10-14]。中国科学院沈阳自动化研究所早在 20 世纪 90 年代开发我国第一台 1000 米级 AUVs“探索者号”时，就开发过下

图 10.5 “EXPLORER”AUVs 收放系统[9]

潜平台式 AUVs 回收装置，并于 1994 年进行过海上试验。“探索者号”AUVs 采用短基线实现回收装置定位，利用视觉的方法将 AUVs 导引到回收装置上，利用回收装置的机械臂夹紧 AUVs，将 AUVs 和回收装置一同回收到母船。下潜平台回收装置如图 10.6 所示。

图 10.6 下潜平台回收装置

中国科学院沈阳自动化研究所在开发“CR-01”AUVs 时提出了一种船坞式

AUVs 回收装置，该回收装置主要由一个船坞式回收装置组成，回收时，将 AUVs 引导到回收装置中，到位后将 AUVs 锁紧，连同回收装置一起回收到母船。“CR-01” AUVs 回收装置如图 10.7 所示。

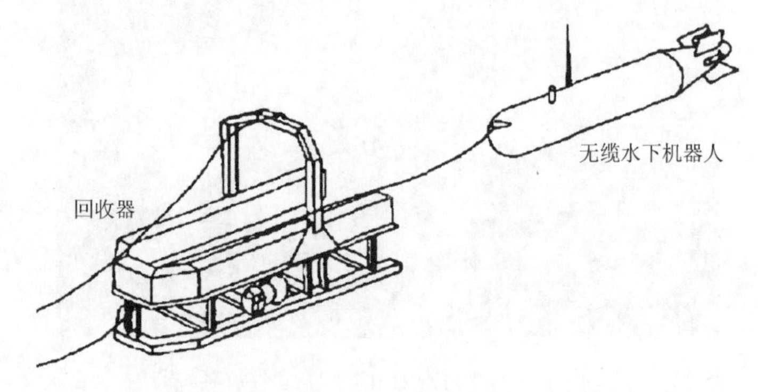

图 10.7 “CR-01” AUVs 回收装置[10]

天津大学开发 3000m 深水海底声学调查 AUVs 时，配套开发了滑道式收放装置。该 AUVs 重 2300kg，长 7.8m，直径 0.8m。天津大学深海 AUVs 及其收放装置如图 10.8 所示。

图 10.8 天津大学深海 AUVs 及其收放装置[13]

哈尔滨工程大学对 AUVs 水下对接技术开展了相关研究，并于 2015 年在黄海成功完成了水下对接试验。通过研制的超短基线引导定位系统，在对接平台入口安装应答器与 AUVs 上安装超短基线基阵，获得了 AUVs 相对平台入口的精确位置；AUVs 通过自主规划与决策和智能运动控制，不断地对平台进行搜索跟踪定位并调整自身运动姿态，在平台入口前将 AUVs 自身调整至正对平台入口，最终实现水下对接。哈尔滨工程大学 AUVs 和水下对接平台如图 10.9 所示。

图 10.9　哈尔滨工程大学 AUVs 和水下对接平台[14]

10.1.2　自主水下机器人回收捕获技术

AUVs 布放回收的难点是回收，而回收的关键是 AUVs 的捕获。要想不下水实现 AUVs 的捕获，有以下几个方法。

如图 10.10 所示，加拿大“Dorado”半潜式潜水器利用母船上伸出的长杆将牵引绳支出，使其漂浮于水面，遥控潜水器与母船同向水面航行，漂在水面的牵引绳滑过潜水器表面时被潜水器外的倒钩锁住，实现对潜水器的捕获。美国遥控猎雷器采用了相似的方法。

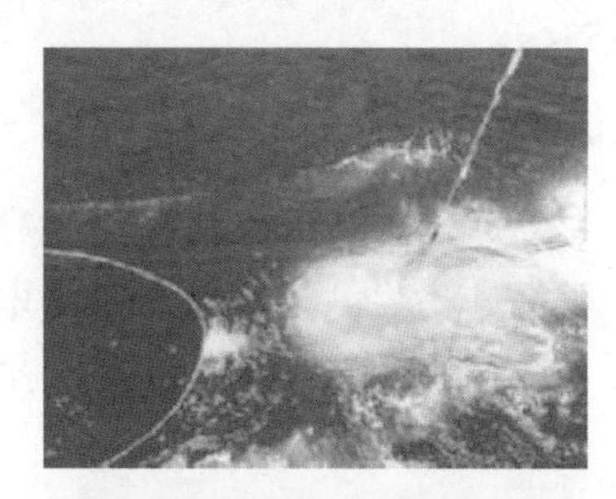

图 10.10　加拿大“Dorado”潜水器采用的捕获方法[15]

除图 10.10 所示方法以外，更常见的方法是潜水器上释放一个浮力块，浮力块与潜水器之间由细长绳相连，通过捞起连有浮力材料的细长绳实现对潜水器的捕获。图 10.11 为一种抛绳机构的结构图[16]。通过限位机构实现对浮力材料的锁紧，需要释放时，限位机构动作，浮力块和绳毂在弹簧作用下被释放到潜水器外，在风浪作用下，绳子展开，因此在较远距离就可实现对潜水器的捕获。

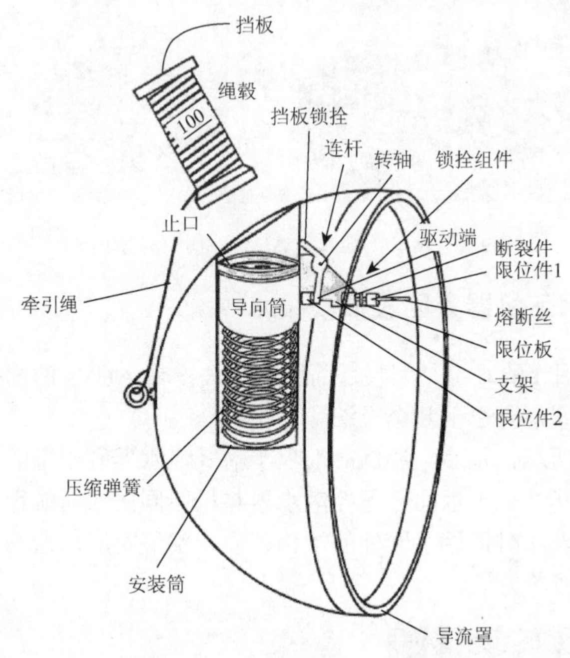

图 10.11 抛绳机构的结构图[16]

德国“PreTOS”AUVs 采用的抛绳机构[15]，其浮力块在艏端部，牵引绳藏于浮力块内。利用锁拴机构实现对浮力块的锁紧，当需要释放时，对电磁线圈通电，将与永磁体相连的凸轮转动，打开锁拴，释放浮力块。抛绳机构如图 10.12 所示。

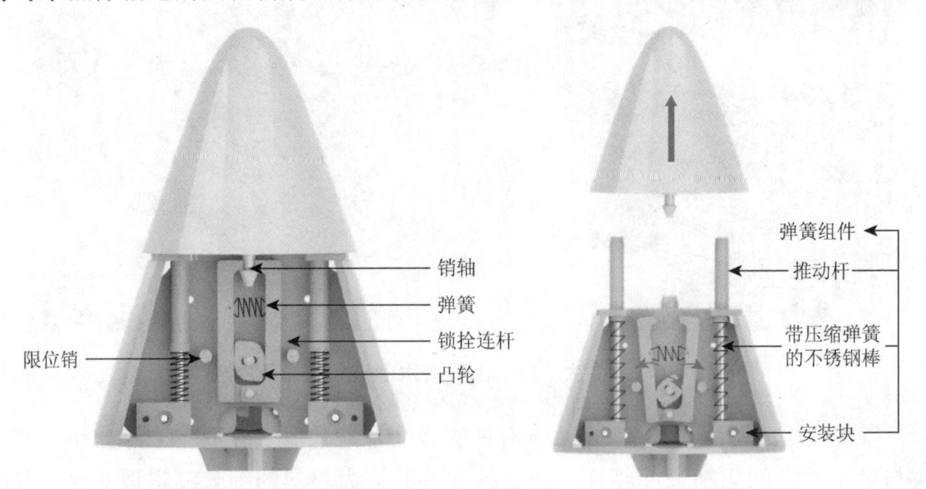

图 10.12 抛绳机构[15]

“潜龙一号”AUVs采用了火工品推动的抛绳机构，抛射可靠，距离远，绳子不打结，在大洋科考应用中表现出了较高的可靠性和实用性。

10.2 “潜龙一号”自主水下机器人布放回收方法

“潜龙一号”AUVs没有配备专用的机械收放系统，通常利用科考母船艉部的A型架进行吊放。为避免人员下小艇进行脱钩、挂钩操作，开发了系列工具来方便收放操作。在吊放过程中，潜水器在风浪作用下产生摆荡，容易发生碰撞危险，通常需要母船上人员通过缆绳进行止荡，保护潜水器的安全。

10.2.1 布放回收工具

“潜龙一号”AUVs布放回收用的工具主要有布放销杆、抛绳器、抛投器和起吊锁等。除了这些工具以外，通常还需要缆绳、吊带、卸扣等物品。

1. 布放销杆

“潜龙一号”AUVs质量约为1500kg，长度约为4.5m，其背部有两个用于吊放的吊环。为方便潜水器布放时将起吊缆与潜水器吊环解脱，采用如图10.13所示的销杆进行辅助布放。

图10.13 布放销杆及使用方法

安装时，销杆的脱出方向要与AUVs的艏向保持一致。当AUVs被吊放入水以后，可通过拖拽与销杆圆环相连的长绳，将销杆拔出。此时，吊带可与AUVs解脱，完成AUVs释放。

2. 抛绳器

AUVs 回收时，最困难的是其捕获。传统捕获方式需要潜水员下小艇进行挂钩。海况恶劣时，这种方式变得异常困难，容易造成人员和设备损伤。为避免人员下艇挂钩，国际上深海 AUVs 普遍采用释放浮力块和缆绳的方式辅助 AUVs 的回收。具体来说，就是 AUVs 在水面时释放出带有浮力块的缆绳，缆绳的另一端与 AUVs 内部框架相连。母船可以与 AUVs 之间保持足够的安全距离，通过锚钩将浮在水面的缆绳捞回母船，实现对 AUVs 的捕获。

“潜龙一号” AUVs 上采用了火工推动的缆绳释放机构（即抛绳器）。抛绳器组成包括火工品推动器、抛投组件（主要是浮力块）、缆绳、盖板等。通电后，火工品推动器动作，将浮力块和缆绳抛出。与其他类型的抛绳器相比，该抛绳器动作可靠，抛射距离远，不容易发生缠绕等状况，如图 10.14 所示。

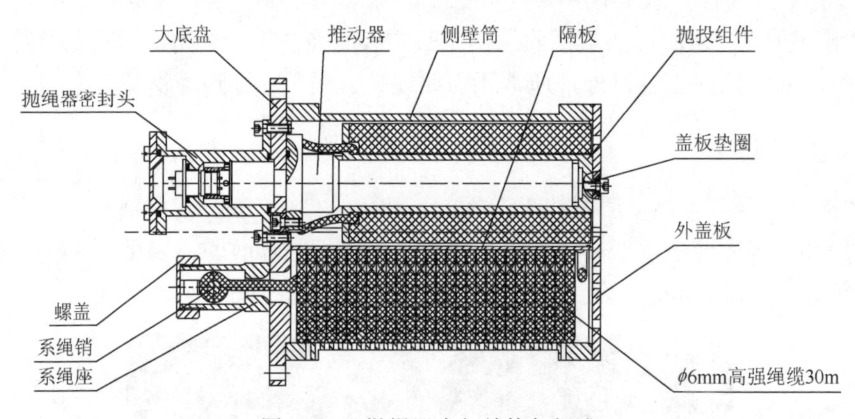

图 10.14　抛绳器内部结构与组成

3. 抛投器

手动抛投器主要用于打捞漂浮在水面上的牵引绳，其投掷距离在 25m 左右，如图 10.15 所示。

如果需要的安全距离更远，可以采用其他抛投器。“潜龙一号” AUVs 采用的气动锚钩抛投器，最大投掷距离可以达到 70m。

4. 起吊锁

利用抛绳器辅助捕获 AUVs 后，可利用牵引绳将 AUVs 拖拽至母船附近。如果 AUVs 的质量较小，且牵引绳的承载能力足够，那么可以利用牵引绳来吊放 AUVs。

“潜龙一号”AUVs 质量较大，抛绳器的缆绳不足以用于潜水器的吊放。因此，开发了起吊锁用于挂钩吊放。起吊锁如图 10.16 所示，需要利用长杆将起吊锁连接到 AUVs 的背部吊环上。

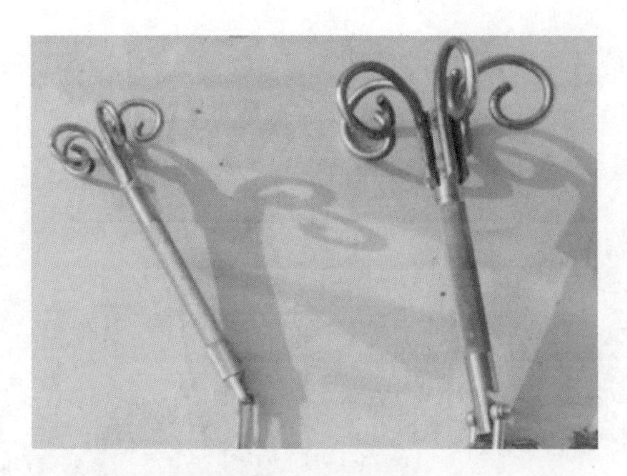

图 10.15 手动抛投器

图 10.16 回收起吊锁及使用方法

挂钩需要使用两根长杆，一根用于艉部吊环挂钩，另一根用于艏部吊环挂钩（长 7.2m），如图 10.17 所示。

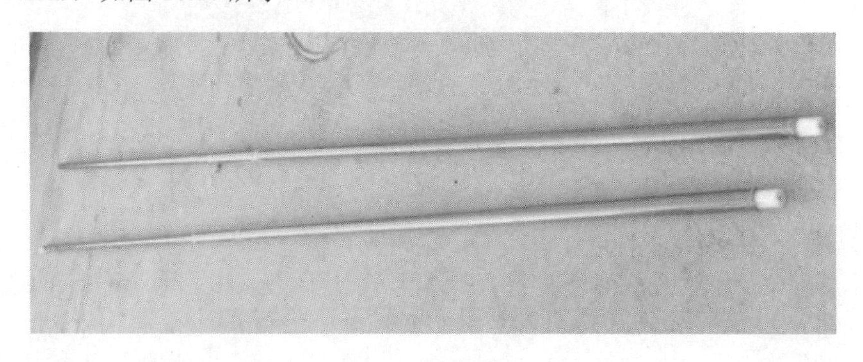

图 10.17 挂钩长杆

将起吊锁连接吊环后，可将长杆拔出，在外力下连接起吊锁的剪切塑料片被破坏，长杆与起吊锁断开。挂钩长杆和起吊锁的连接过程如图 10.18 所示。

图 10.18 挂钩长杆和起吊锁的连接方法

10.2.2 布放方法

1. 甲板准备

布放前，需按照 AUVs 下水前检查表完成所有检测，才能下水。根据作业需要，选择合适的作业点，确保周边无障碍物，发布作业信息，提醒过往船舶注意避让，对进入作业区的船舶通过扩音器提醒，采取避让措施。母船航行至距离入水点约 2km 的下风、下流处滞航待命。

将起吊绳索和布放销杆按照图 10.19 所示方式与 AUVs 背部的吊环连接，止荡绳索以回头绳的方式拴在吊环上，每个吊环拴 2 根止荡绳，如图 10.20 所示。

图 10.19 止荡绳与 AUVs 连接示意图

图 10.20　各种绳索与 AUVs 连接示意图

2. 布放入水程序

布放入水程序如下：

（1）操作指挥者与母船船长联系，请求 AUVs 下水，要求母船顶流低速（2kn 左右）航行。

（2）操作指挥者下达 AUVs 下水指令。

（3）启动起吊设备。

（4）起吊设备（A 型架和绞车协调配合）提升 AUVs 离开甲板足够高度。

（5）由起吊设备运送 AUVs 离开母船外缘，并保持 AUVs 与母船边缘的距离不小于 3m。

（6）起吊设备放出吊缆，开始下放 AUVs，直到 AUVs 完全进入水中，然后停止放缆，如图 10.21 所示。

图 10.21　潜水器吊放示意图

注意：在（4）、（5）、（6）三个操作过程中，操作者应通过艏艉止荡缆绳始终对 AUVs 实施防摆止荡控制，并避免 AUVs 与母船发生碰撞；A 型架和绞车操作要同步协调，保证 AUVs 的起吊高度以及与船边保持安全距离。

（7）频闪灯灯亮后，表示已检测到入水，开始启动，此时快速脱开止荡缆绳。之后，脱钩操作者同时快速拉动两根脱钩缆绳，完成脱钩，如图 10.22 所示。

图 10.22　脱开止荡绳和释放销

（8）通知母船驾驶室 AUVs 下水成功，请求母船漂航。

（9）水面控制台实施监视。

（10）操作人员整理好绳索、工具等，待回收时使用。

10.2.3　回收方法

AUVs 完成使命后，将上浮至水面，并开启灯光和无线电，将 AUVs 的位置发送到回收母船，以便操作者观察寻找。在非正常结束任务的情况下，AUVs 也会将抛载上浮后的位置发送到母船。

1. 甲板准备

（1）回收之前，将 AUVs 预计上浮的位置通知母船驾驶室，并显示在导航画面上，标注出 AUVs 的预计上浮方位和距离，由驾驶员负责瞭望和警戒。

（2）操作指挥者下达回收准备指令，各回收岗位人员准备就位，并明确自己的岗位职责。做好回收前的各项准备工作，包括遥控抛绳准备、抛投器准备、挂钩长杆准备、止荡绳准备、牵引绳准备等。

（3）母船按照提供的 AUVs 上浮位置坐标到达 AUVs 预计上浮的海域，通过雷达、电子海图、肉眼等手段判断周边海域（3n mile 内，1n mile = 1.852km）是否有船只以及其他可能影响回收的干扰因素，并把信息反馈给现场操作指挥者。

2. 回收程序

（1）AUVs 结束使命后，将上浮至水面，并把自己的 GPS 位置坐标通过无线电和铱星短信的方式发送给母船。

（2）母船根据接收到的 AUVs 漂浮位置信息，控制母船航行至 AUVs 附近，并控制两者之间的距离在 30m 左右。

（3）当母船后甲板经过 AUVs 时，遥控 AUVs 启动抛绳器抛绳动作，将绳索从潜水器的头部抛出，如图 10.23 所示。AUVs 抛出的绳索末端由于连接着带有浮力材料的抛射头，可以漂浮在水面上。

图 10.23 遥控 AUVs 抛绳

（4）母船继续微速（1kn 速度）向前航行，回收人员伺机通过抛投器打捞起抛绳，如图 10.24 所示。注意在母船靠近 AUVs 的过程中，应时刻向驾驶室报告 AUVs 与母船的距离，以便母船实时调整位置。

（5）将抛绳与加长牵引绳相连，将 AUVs 牵引至船艉正后方，母船以 2kn 左右的速度继续前行，此时慢慢收紧与抛绳相连的加长牵引绳，使 AUVs 艏向与母船平行，逐渐收紧抛绳，直至牵引 AUVs 至船艉，如图 10.25 所示。

（6）操纵母船船艉 A 型架和绞车，通过牵引绳调整 AUVs 位置，通过长杆挂钩艏吊环，然后挂钩艉吊环，如图 10.26 所示。挂钩成功后，待绞车缆绳吃力将长杆拉出脱开。

图 10.24　操作者捞绳

图 10.25　牵引 AUVs 到船艉

（7）起吊锁与 AUVs 吊环挂接后，操作 A 型架远离船艏，并快速收绞车缆绳，直至 AUVs 刚好出水后再减速。此时，艏艉止荡绳加力止荡，使 AUVs 艏向与船航向一致。A 型架与绞车协调配合将 AUVs 吊离水面，使 AUVs 的底部安全越过后甲板边缘。当 AUVs 完全进入母船甲板上方后，将其缓慢地放置到运输保护架上，完成回收工作，如图 10.27 所示。

图 10.26 长杆挂钩

图 10.27 AUVs 收回至甲板上

10.3 滑道式收放装置

1. 系统组成

滑道式收放装置由液压站、收放装置本体、操控箱、控制箱等组成。整个系统采用一体化设计，通过统一的基座进行运输、吊装、固定、安装。为方便使用和维护，将液压站、操控箱、控制箱等设计为较为独立的模块，采用积木式安装。当需要维护检查时，可方便地断开与收放装置之间的连接，将独立功能模块从收放装置本体上拆下。

通过母船配电柜给收放装置供电，预计供电需求为 380VAC、40kW。收放装置可通过焊接或者螺栓连接的方式与母船甲板进行固定。

液压站为收放装置本体液压驱动提供液压源，通过配电柜给操控箱、控制箱供电，并将液压站的状态反馈给操控箱。

操控箱控制收放装置的各个动作、控制液压站的开关，并显示液压站以及收放装置的运行状态。

滑道式收放装置系统组成如图 10.28 所示。

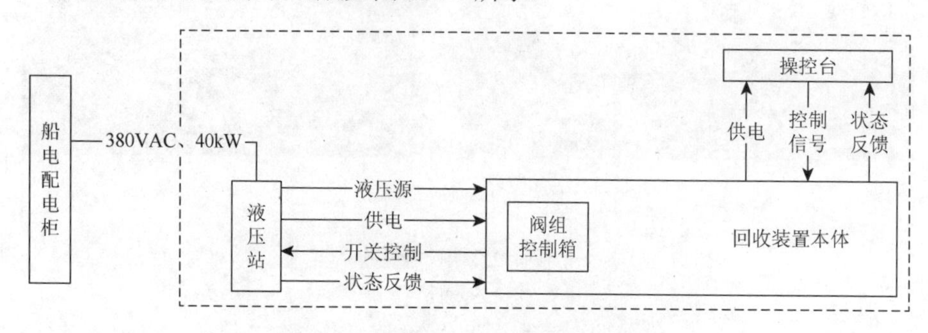

图 10.28 滑道式收放装置系统组成

滑道式收放装置本体主要包括滑道水平行走机构、绞车、滑道倾斜驱动液压缸、艏捕捉环、艏捕捉环水平行走机构、限位侧臂、托架、底架等。其具有的运动功能包括两个直线行走运动(滑道整体沿底座水平移动、艏捕捉环沿滑道移动)、3 个旋转运动（滑道倾斜运动、侧壁夹紧运动、绞车收放运动）。其中，滑道水平行走机构实现将 AUVs 伸出、缩回船舷；艏捕捉环沿滑道行走，保持与 AUVs 艏部接触防止碰撞；利用液压缸伸缩将滑道倾斜和收平，实现将滑道伸入水中和收回；利用液压缸伸缩将限位侧臂夹紧和放松，用于固定 AUVs，保持回收和释放过程中的稳定；绞车实现 AUVs 在滑道上的起升和下降，如图 10.29 所示。

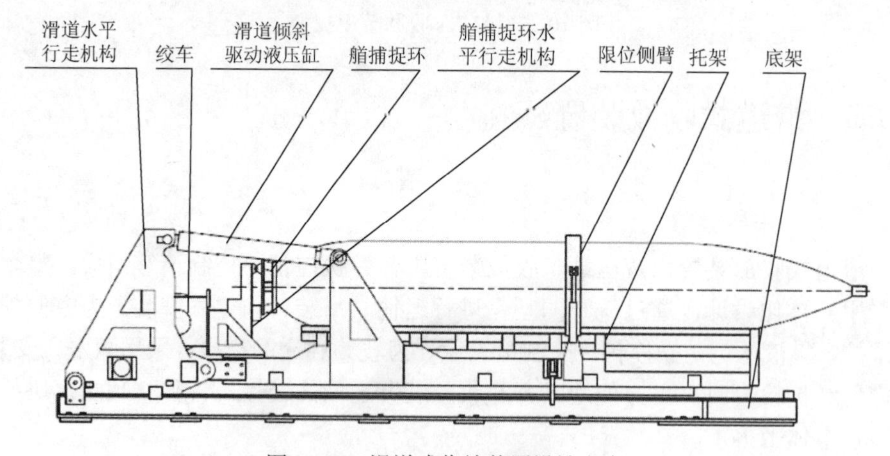

图 10.29 滑道式收放装置设计方案

对回收装置的操作通过操控台完成，其中滑道的伸缩、滑道的旋转、绞车的升降、限位侧臂夹紧/松开均通过手柄进行操作。艏捕捉环的锁紧采用按钮操作。另外设置有 AUVs 快速释放、电源开关、紧急停止等按钮。液压站运行状态、液压站油温、液压站液位采用指示灯显示状态。

2. 布放操作流程

采用滑道式收放装置进行布放 AUVs 的操作流程如下：

（1）将 AUVs 从转运平台吊放到收放装置上，收放装置需可靠固定在母船船艉，布放时母船顶流低速前行。

（2）将高强缆采用回头绳的方式穿过 AUVs 艏环，一端与收放装置上绞盘连接，另一端拴在紧急释放挂钩上，并驱动绞盘将缆绳拉紧直至 AUVs 艏部与回收装置艏捕捉环紧密结合。

（3）利用限位侧臂将 AUVs 夹紧。

（4）利用收放装置上的水平行走机构将 AUVs 伸出艉部船舷。

（5）利用收放装置上的伸缩液压缸将 AUVs 和滑道倾斜伸入水中。

（6）松开限位侧臂。

（7）利用收放装置上的绞盘将 AUVs 释放入水，艏捕捉环在 AUVs 重力作用下同步向下运动，此时母船需保持顶浪低速前行。

（8）按释放按钮，断开连接 AUVs 的缆绳，用绞盘将缆绳收回。

（9）将 AUVs 释放入水，可以遥控开始执行使命。

布放流程示意图如图 10.30 所示。

3. 回收操作流程

采用滑道式收放装置进行 AUVs 回收操作流程如下：

（1）AUVs 使命结束后，母船通过收到的 AUVs 位置坐标航行至 AUVs 附近，遥控 AUVs 启动抛绳动作，将绳索从潜水器的头部抛出。

（2）母船继续缓缓向 AUVs 移动，回收人员伺机通过抛投器捞起抛绳。

（3）收放装置利用行走机构将滑道伸出至合适位置，方便操作人员将缆绳与绞车连接。

（4）将捞起的回收绳穿过艏捕捉环与收放装置上的缆绳连接。

（5）利用滑道水平行走机构将滑道完全伸出船艉舷外。

（6）利用伸缩液压缸将滑道倾斜伸入水中。

（7）松开艏捕捉环刹车，让其在重力作用下向下运动，在水面位置时利用刹车锁紧。

（8）通过绞盘将绳缆收紧，当 AUVs 接近回收装置时遥控 AUVs 倒车。

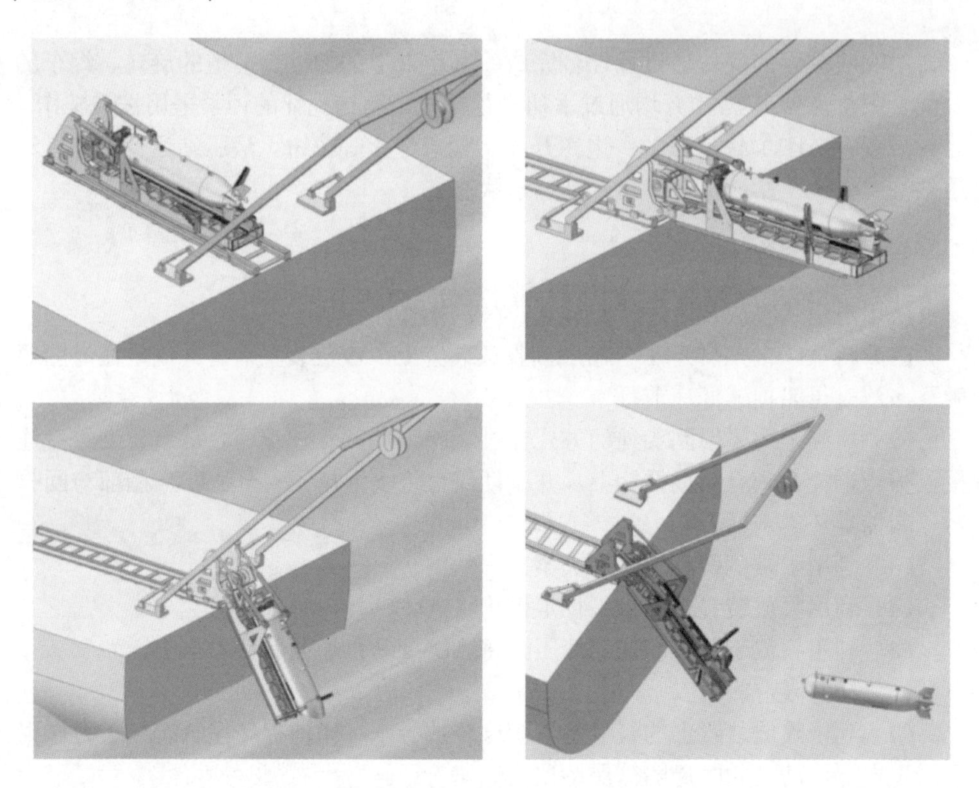

图 10.30　布放流程示意图

（9）继续收紧高强缆，当 AUVs 艏部与艏捕捉环紧密结合后，松开艏捕捉环刹车。

（10）将 AUVs 拉到收放装置伸入水中的滑道上，利用限位侧臂将 AUVs 夹紧。

（11）通过收放装置上的伸缩液压缸将倾斜的滑道放平。

（12）利用收放装置上的行走机构将滑道收回船舱内，完成对 AUVs 的回收。

回收流程示意图如图 10.31 所示。

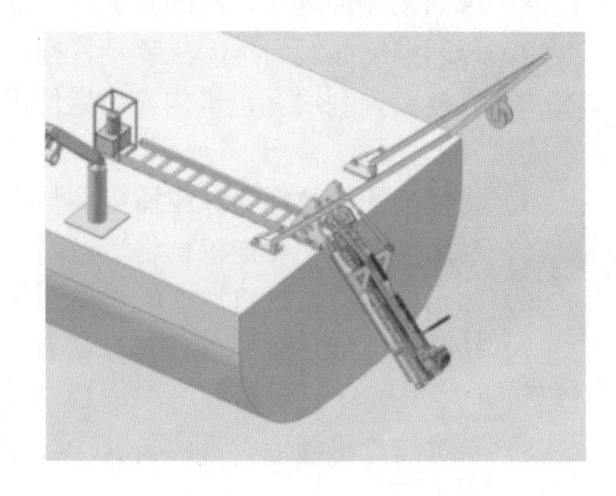

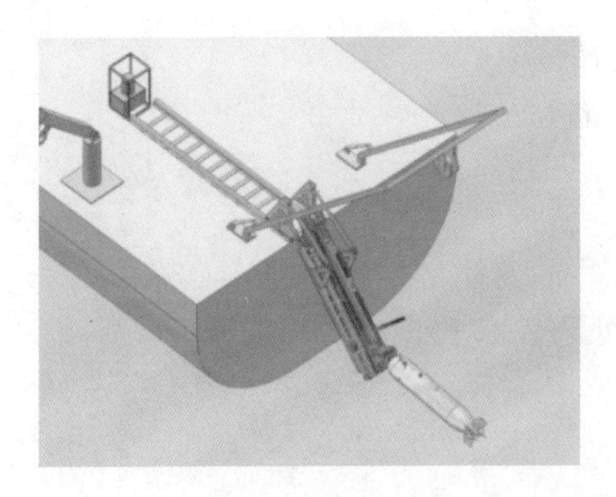
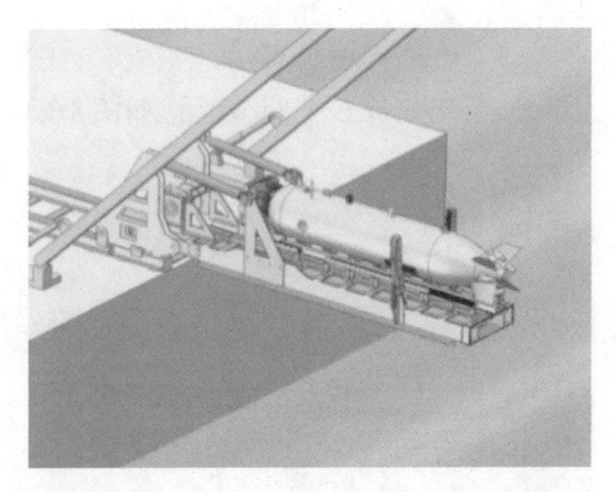

图 10.31 回收流程示意图

10.4 吊臂式收放装置

1. 系统组成

吊臂式收放装置系统组成主要包括通用伸缩折臂吊及末端缓冲支撑架。

伸缩折臂吊具有集成度高、设计紧凑、臂展长、动作灵活等特点，可以方便、灵活地将 AUVs 吊到舷外，远离船舷，提高布放回收操作的安全性。伸缩折臂吊可以选用船用吊车货架产品，具有成本低、供货周期短、有售后保障等多方面的优势。

缓冲支撑架集成在伸缩折臂吊末端，主要有定滑轮、缓冲、限位三方面的作用。通过定滑轮实现折臂吊绞车对 AUVs 的收放操作；吊放状态下，通过马鞍状支撑架对 AUVs 进行限位实现对 AUVs 的止荡；AUVs 与支撑架接触时，通过收放装置与 AUVs 之间的柔性接触进行缓冲。

吊臂式收放装置系统组成如图 10.32 所示。

2. 布放操作流程

采用吊臂式收放装置布放 AUVs 操作流程如下：

（1）将回收时使用的预留起吊缆一端与 AUVs 起吊钩连接，另一端与抛绳器缆绳相连，可采用胶带等方式对载体表面的缆绳进行固定。

（2）将伸缩折臂吊上的缆绳通过释放销与 AUVs 起吊钩相连。

（3）驱动吊车绞盘，将 AUVs 与吊车末端的缓冲支撑架张紧。

（4）操作伸缩折臂吊，将 AUVs 吊到母船舷外，尽可能远离船舷。

（5）驱动吊车绞盘下放 AUVs。

（6）AUVs 吊放入水后，立即拔掉释放销，释放 AUVs。

（7）收回伸缩折臂吊，完成对 AUVs 的释放。

吊臂式收放装置布放流程如图 10.33 所示。

图 10.32　吊臂式收放装置系统组成

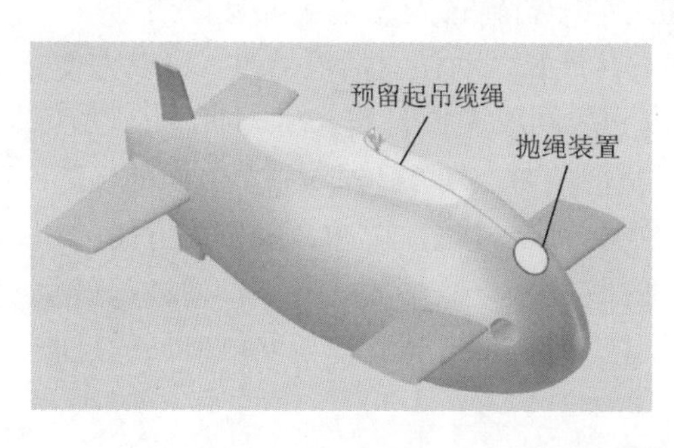

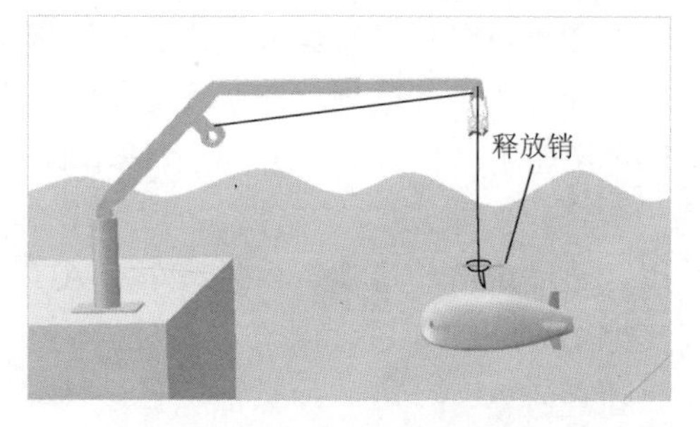

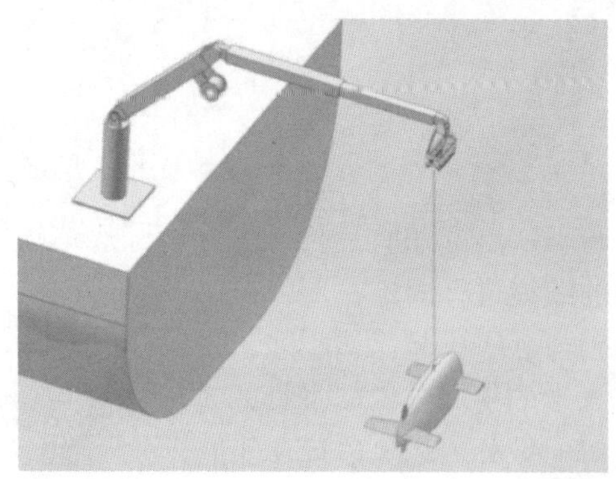

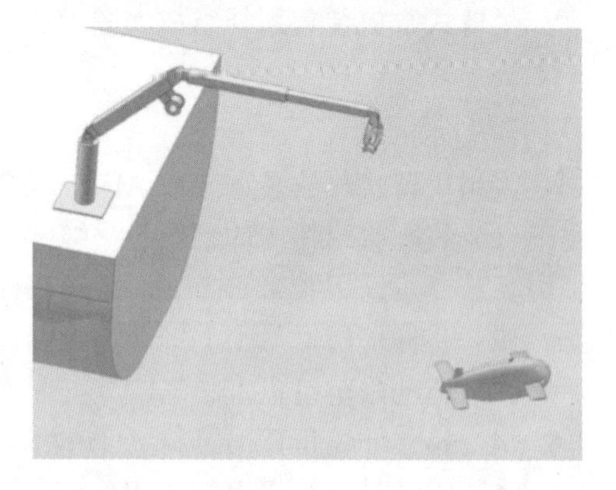

图 10.33　吊臂式收放装置布放流程示意图

3. 回收操作流程

采用吊臂式收放装置回收 AUVs 操作流程如下：

（1）接收到 AUVs 定位信息后，母船向目标点移动。

（2）母船距离 AUVs 合适位置时，遥控 AUVs 抛绳，将连接起吊缆的回收绳抛出。

（3）用捞绳器将回收绳捞起，并将起吊缆与吊车缆绳连接。

（4）驱动吊车绞盘将 AUVs 吊起。

（5）继续驱动吊车绞盘直至 AUVs 与吊车末端缓冲支撑架之间张紧。

（6）操作伸缩折臂吊，将 AUVs 吊回母船落在转运平台上。

（7）驱动吊车绞盘，松开 AUVs，断开起吊缆，将吊车缩回至折叠状态。

吊臂式收放装置回收流程示意图如图 10.34 所示。

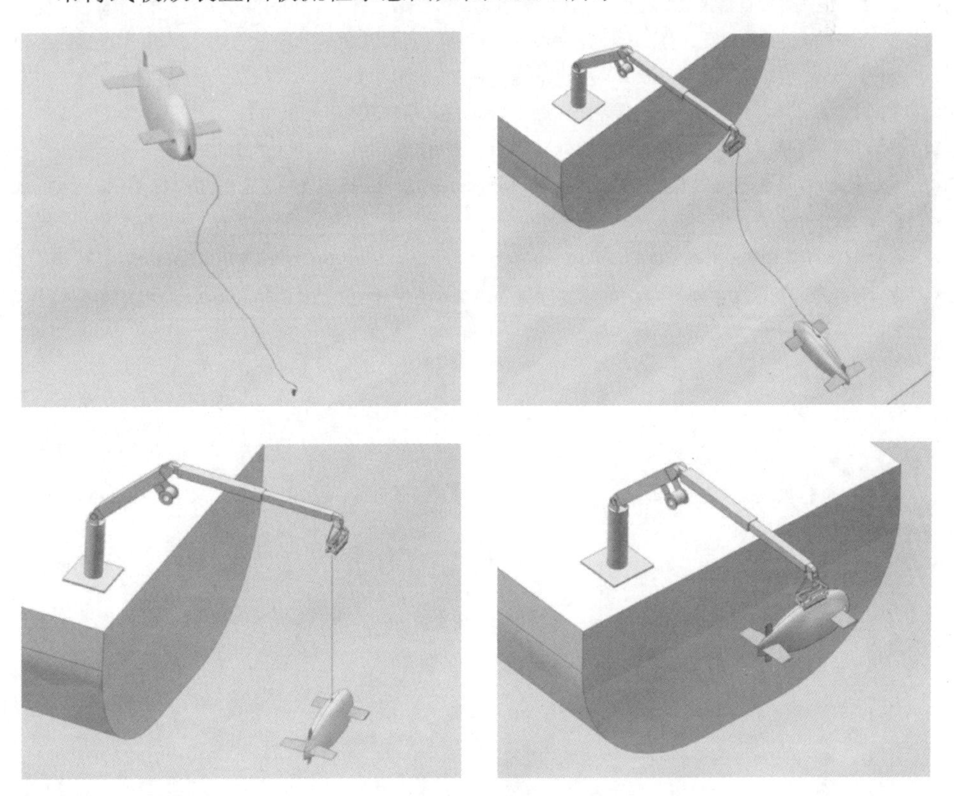

图 10.34　吊臂式收放装置回收流程示意图

参 考 文 献

[1] Rosie B. Evaluation of an autonomous underwater vehicle launch and recovery system[D]. Cranfield: Cranfield

University, 2007.

[2] Kristinsson K J. Launch and recovery of Gavia AUV[D]. Reykjavik: Reykjavik University, 2011.

[3] Thompson D R. AUV Operations at MBARI[C]//Oceans, 2007: 1-6.

[4] Rauch C G, Purcell M J, Austin T, et al. Ship of opportunity launch and recovery system for REMUS 600 AUV's[C]//Oceans, 2008: 1-4.

[5] Woods Hole Oceanographic Institution. AUV Sentry Fact Sheet[EB/OL]. [2018-3-10]. http://www.whoi.edu/fileserver.do?id = 172424&pt = 10&p = 39047.

[6] von Alt C, Allen B, Austin T, et al. Semiautonomous mapping system[C]//Oceans, 2003: 1709-1717.

[7] "蓝鳍金枪鱼"首次下潜 尚无重大发现[EB/OL]. [2018-3-10]. http://roll.sohu.com/20140416/n398296098.shtml.

[8] Stevenson P, Mcphail S. Lessons learnt from 12 years experience of the launch and recovery of Autosub[J]. American Society of Naval Engineers, 2008, 41(5): 9.

[9] Hayashi E, Kimura H, Tam C, et al. Customizing an autonomous underwater vehicle and developing a launch and recovery system[C]//Underwater Technology Symposium, 2013: 1-7.

[10] 张竺英, 王棣棠. 自治式水下机器人回收系统的研究与设计[J]. 机器人, 1995, 17(6): 348-351.

[11] 徐会希, 刘健, 武建国, 等. 一种自治水下航行器的回收系统及其回收方法: CN201310639638.5[P]. 2013-11-30.

[12] 张波. 自治式水下机器人水下对接装置研究[D]. 哈尔滨: 哈尔滨工程大学, 2013.

[13] 刘飞. 基于有限元方法的深水 AUV 主体结构设计与分析[D]. 天津: 天津大学, 2012.

[14] Mischnick D. Aussetz-und bergevorrichtung für das autonome unterwasserfahrzeug PreToS[D]. Berlin: Techische Universität Berlin, 2013.

[15] Robert G, Walt H, Robert A. Blow-off float vehicle recovery appatatus:US 8167670B1[P]. 2012-05-01.

[16] Wu J, Jian L, Xu H. A variable buoyancy system and a recovery system developed for a deep-sea AUV Qianlong I[C]// Oceans, 2014: 1-4.

11 自主水下机器人应用

地球表面积的71%都是海洋，海洋总面积为3.61亿km^2。其中，领海定义为沿海国家12n mile以内的海域，沿海国家200n mile以内的海域为其经济专属区，沿海国家在这些海域有自己的主权，该区域总面积约1.09亿km^2。国际海域不受任何国家管辖，面积达2.52亿km^2，其海床及其底土称为国际海底区域，占地球表面积的49%。在国际海底区域蕴藏着极为丰富的多金属结核、钴结壳、热液硫化物、海洋生物、石油、天然气、天然气水合物以及黏土矿物等各种资源，这些资源具有极其重大的经济价值[1]。西方发达国家都将海洋事业开发作为国家的基本方略之一，可以毫不夸张地说，21世纪是人类进军海洋的世纪[2, 3]。

古罗马法学家西塞罗曾说："谁控制了海洋，谁就控制了世界。"马汉的海权论也反复论证了"欲征服世界，必先征服海洋"这一经典要义。六下西洋的郑和也曾说："欲国家富强，不可置海洋于不顾。财富取之于海，危险亦来自海上。"海洋战略已成为我国国家战略，党的十八大报告做出了建设海洋强国的重大部署。2016年2月26日，《中华人民共和国深海海底区域资源勘探开发法》（以下简称《深海法》）经第十二届全国人民代表大会常务委员会第十九次会议审议通过，并于同年5月1日正式实施。这都凸显出国家对海洋事业的高度重视。

21世纪，人类面临人口膨胀和生存空间减小、陆地资源枯竭和社会生产增长、生态环境恶化和人类发展的三大矛盾挑战，要维持自身的生存、繁衍和发展，就必须充分利用海洋资源，这是无可回避的抉择。对人均资源匮乏的我国来说，海洋开发更具有特殊意义[4]。要对这些丰富的海洋资源进行研究并加以利用，首先，必须对原始海洋环境进行探测，然后分析研究。但是，恶劣复杂的海洋环境，阻碍着人类对海洋进行深层次的研究分析。自主水下机器人在海洋资源开发（石油、天然气、多金属结核、热液硫化物）、海洋科学研究以及军事防务等领域具有广阔的应用前景。而且，在众多的海洋高新技术中，自主水下机器人是决定一个国家海洋科学和技术发展水平的关键。如果没有海洋原始资源的研究，一切海洋科研活动就没有了基础。大力发展海底勘探和科学研究，不仅可以提高国家海洋技术原始创新能力，同时将为海洋技术的持续发展奠定坚实的技术基础。

经过几十年的发展，AUVs 的研究重心已经从关键技术突破转向性能提升和实际应用，涌现出了一大批特色产品和应用成果。

11.1 探测设备的种类和特点

海洋是人类生命保障系统的重要组成部分，是可持续发展的宝贵财富。目前，无论从全球气候变化和海洋资源的可持续开发利用角度，还是从环境保护和国防安全的角度来看，近海和沿岸区域以及深远海区域对沿海国家社会经济发展和国家安全的战略地位日益提高，国防建设、经济发展、环境保护、减灾防灾等都迫切需要对海洋环境及其变化特征和规律作深入认识和了解。

海洋观测、探测技术是认识海洋的基本途径，离开对海洋环境的观测和探测，就难以获取有效的数据，也就不可能认识海洋，因此需要现代海洋环境观测、探测技术的不断进步和创新。海洋观测、探测技术和仪器设备的发展，一直是海洋科学家和海军重点关注的内容。海洋环境观测、探测是通过多种海洋观测、探测平台及布设在平台上的各种仪器、传感器及通信设备来实现的。在众多的海洋观测、探测平台及仪器设备中，自主水下机器人作为新兴的辅助观测工具，正在发挥越来越重要的作用[5]。

11.1.1 探测设备的种类

我们要认识海洋，全面地了解海洋，首先应从它的外貌着手研究，然后研究它的内在规律。根据自主水下机器人的用途，其搭载的探测设备主要分为四大类：水文探测设备、磁力探测设备、地形地貌探测设备和光学探测设备。

1. 水文探测设备

应用于自主水下机器人的水文探测设备主要包括温盐深仪、浊度计、甲烷传感器、二氧化碳传感器、pH 探测仪、溶解氧探测仪、氧化还原电位计等。

1）温盐深仪

温盐深仪（CTD probe），是一种用于测量水体的电导率、温度及压力三个基本物理参数的仪器。根据这三个参数，还可以计算出其他各种物理参数，如深度、声速、密度等，CTD probe 是海洋及其他水体调查的必要设备。

CTD probe 是一种自动测量海水物理参数的装置，主要由水中探头和记录显示器及连接电缆组成。探头由热敏元件和压敏元件等构成，与颠倒采水器一并安装在支架上，可投放到不同深度；记录显示器除接收、处理、记录和显示通过铠装电缆从海水中探头传来的各种信息数据外，还能起整套设备的操纵器功能。

2）浊度计

浊度即水的混浊程度，由水中含有微量不溶性悬浮物质、胶体物质所致，ISO标准所用的测量单位为FTU（浊度单位），FTU与NTU（浊度测定单位）一致。浊度计就是根据这个原理来测量水的浊度的。

浊度计是测定水浊度的装置，有散射光式、透射光式和透射散射光式等，统称光学式浊度计。其原理为：当光线照射到液面上，入射光强、透射光强、散射光强相互之间比值和水样浊度之间存在一定的相关关系，通过测定透射光强、散射光强以及透射光强与散射光强的比值来测定水样的浊度。光学式浊度计有用于实验室的，也有用于现场进行自动连续测定的。

3）甲烷传感器

甲烷（CH_4）是环境中重要的气体之一。事实上，在很多领域日常监测甲烷是非常必要的。CONTROS公司HydroC™/CH_4是一款独特的解决全球水下现场测量的甲烷传感器，应用领域包括气候变化研究、甲烷水合物研究、湖沼研究、剖面/锚系、海岸风险管理、管道检测和泄漏检测等。

甲烷传感器的探测原理：水中溶解的CH_4透过一种特殊的硅脂薄膜从液体中扩散到拥有专利技术的检测舱内，采用红外光谱吸收技术的方法检测其浓度，并将浓度值转化为输出信号。

4）二氧化碳传感器

二氧化碳传感器是一种基于非弥散红外探测器（nondispersive infrared detector，NDIR）红外吸收原理的气体检测模组，适合检测水溶液中二氧化碳的浓度。

二氧化碳传感器采用光学腔体、光源和双通道探测器，实现空间上双光路参比补偿。它采用对流式扩散透气方式和防护罩，既加快气体对流扩散速度，又可以防护透气膜。二氧化碳传感器为可拆卸结构，便于清洗传感器外套管。

5）pH探测仪

pH探测仪是测量和反映溶液酸碱度的重要工具，pH探测仪的型号和产品多种多样，显示方式也有指针显示和数字显示两种，但是无论pH探测仪的类型如何变化，它的工作原理都是相同的，其主体是一个精密的电位计。

pH探测仪是以电位测定法来测量溶液pH的，因此pH探测仪除了能测量溶液的pH以外，还可以测量电池的电动势。

pH探测仪的主要测量部件是玻璃电极和参比电极，玻璃电极对pH敏感，而参比电极的电位稳定。将pH探测仪的这两个电极一起放入同一溶液中，就构成了一个原电池，而这个原电池的电位，就是玻璃电极和参比电极电位的代数和。

pH 探测仪的参比电极电位稳定，那么在温度保持稳定的情况下，溶液和电极所组成的原电池的电位变化，只和玻璃电极的电位有关，而玻璃电极的电位取决于待测溶液的 pH，因此通过对电位的变化测量，就可以得出溶液的 pH。

6）溶解氧探测仪

溶解氧探测仪是一种用于测量氧气在水中溶解量的传感设备。

溶解氧（dissolved oxygen，DO）是指溶解于水中分子状态的氧，即水中的 O_2。溶解氧是水生生物生存不可缺少的条件。溶解氧的一个来源是水中溶解氧未饱和时，大气中的氧气向水体渗入；另一个来源是水中植物通过光合作用释放出氧。溶解氧随着温度、气压、盐分的变化而变化，一般来说，温度越高，溶解的盐分越大，水中的溶解氧越低；气压越高，水中的溶解氧越高。溶解氧除了被通常水中硫化物、亚硝酸根、亚铁离子等还原性物质所消耗外，也被水中微生物的呼吸作用以及水中有机物质被好氧微生物的氧化分解所消耗。所以说，溶解氧是水体的资本，是水体自净能力的表示。天然水中溶解氧近于饱和值（0.009‰），藻类繁殖旺盛时，溶解氧含量下降。水体受有机物及还原性物质污染可使溶解氧降低，对于水产养殖业，水体溶解氧对水中生物如鱼类的生存有着至关重要的影响，当溶解氧低于 4mg/L 时，就会引起鱼类窒息死亡；对于人类，健康的饮用水中溶解氧含量不得小于 6mg/L。当溶解氧消耗速率大于氧气向水体中溶入的速率时，溶解氧的含量可趋近于零，此时厌氧菌得以繁殖，使水体恶化，所以溶解氧大小能够反映出水体受污染的程度，特别是有机物污染的程度，它是水体污染程度的重要指标，也是衡量水质的综合指标。因此，水体溶解氧含量的测量，对于环境监测以及水产养殖业的发展都具有重要意义。

7）氧化还原电位计

氧化还原电位计就是用来反映水溶液中所有物质表现出来的宏观氧化还原性的仪器。氧化还原电位越高，氧化性越强，氧化还原电位越低，氧化性越弱。电位为正表示溶液显示出一定的氧化性，为负则说明溶液显示出还原性。

氧化还原电位计是测试溶液氧化还原电位的专用仪器，由复合电极和毫伏计组成。复合电极是一种可以在其敏感层表面进行电子吸收或释放的电极，该敏感层是一种惰性金属，通常用铂和金来制作。参比电极是和 pH 电极一样的银/氯化银电极，其中毫伏计也就是二次仪表与 pH 探测仪可以通用。

2. *磁力探测设备*

这里的磁力探测设备主要是指深海磁力仪。

在被大家熟知的每一片地球区域，相关磁力场都是有规律地存在与分布的。某一区域的磁力场如果受到外界铁质物体的入侵，则这个磁力场将会受到铁质物体在磁力场中产生的相对于本磁力场的外力作用，从而对该磁力场造成干扰。这些外力干扰基本上都是存在于这个入侵的铁质物体周围的。磁力在磁场中的相关应用可以帮助工作人员测量出某个地球区域的磁场强度，如果磁场受到外来入侵，导致场强变化，那么放置在其中的磁力仪也会相应地改变磁力数值，由于能够改变磁力场的物质都是由铁磁物质构成的，所以磁力仪能够勘测出任何会使磁力场发生改变的物体，同样，磁力仪的使用能够满足人们的应用需要。海洋磁力仪就是测量地球磁力场强度的一款精度很高的测量设备。

海洋磁力仪是测量地磁场强度的磁力仪，可分为绝对磁力仪和相对磁力仪两类。GB-6 型海洋氦光泵磁探仪是一种原子磁力仪，是一种高精度磁异常探测器，适合航空及海洋地球物理勘探中高精度磁测量，也可用于航空磁异常探测。该仪器具有数字化、模块化、小型化和系统集成等特点。用光泵技术制成的高灵敏度磁力仪，具有无零点漂移、不须严格定向、对周围磁场梯度要求不高、可连续测量等显著优点，可广泛用于航空及海洋地球物理勘探。

3. 地形地貌探测设备

地形地貌探测设备一般包括测深侧扫声呐、多波束测深仪、浅地层剖面仪、合成孔径声呐等设备。

1）测深侧扫声呐

侧扫声呐是水下搜索、水下考察等应用领域的一项重要而有力的工具，每边的侧扫通过向水底发射声波，反射后被拖鱼接收形成声呐影像来发现水下物体。接收到的信号通过拖缆传到甲板上的显示单元，该系统非常适合寻找水下小型的或者怕碰的目标，可以用于寻找古董、残骸、溺水人员等目标，也可以用来寻找大型的目标沉船，应用在法律取证、潜水救援以及军用领域。

测深侧扫声呐是一种海底地形测量设备，它是在传统的水声技术和测深技术基础上改进的系统，因为其宽条带使得测量更有效率，高空间分辨率不容易错过目标或特征，输出图像显示了海底地质有价值的信息。

2）多波束测深仪

多波束测深系统又称多波束测深仪、条带测深仪或多波束测深声呐等，最初的设计构想就是为了提高海底地形测量效率。与传统的单波束测深系统每次测量只能获得测量船垂直下方一个海底测量深度值相比，多波束探测能获得一个条带覆盖区域内多个测量点的海底深度值，实现了从“点-线”测量到“线-面”测量的跨越，其技术进步的意义十分突出。

3）浅地层剖面仪

浅地层剖面仪是在超宽频海底剖面仪基础上改进，对海洋、江河、湖泊底部地层进行剖面显示的设备，结合地质解释，可以探测到水底以下地质构造情况。该仪器在地层分辨率和地层穿透深度方面有较高的性能，并可以任意选择扫频信号组合，现场实时地设计调整工作参量，也可以测量在海上油田钻井中的基岩深度和厚度，因而是一种在海洋地质调查、地球物理勘探以及海洋工程、海洋观测、海底资源勘探开发、航道港湾工程、海底管线铺设广泛应用的仪器。

4）合成孔径声呐

合成孔径声呐是一种新型高分辨率水下成像声呐，合成孔径雷达原理推广到水声领域，就出现了合成孔径声呐。其基本原理是利用小孔径基阵的移动，通过对不同位置接收信号的相关处理，来获得移动方向（方位方向）上大的合成孔径，从而得到方位方向的高分辨率。从理论上讲，这种分辨力和探测距离无关。直观地说，距离越大，合成孔径长度就越长，合成阵的角分辨率就越高，从而抵消了距离增大的影响，保持了分辨力不变。

4. 光学探测设备

光学探测设备包括深海照相机和水下摄像机。深海照相机是用于海底和水中摄取地质、生物以及海水流动态的照相机。水下摄像机在海洋环境的生态背景、底栖生物环境状况调查、倾废区倾废物到位和迁移情况、疏浚物对生物群落的覆盖状况、排污口污染物的扩散及其对生物的影响，以及赤潮、溢油等海洋灾害对海洋环境造成的损害程度等方面都可以提供直观的可视技术资料和图片。

11.1.2 探测设备的特点

自主水下机器人携带的探测设备具有小型化、低功耗、高采样率等特点。

小型化：一般情况下，自主水下机器人均采用流线型外形设计，体积小、质量轻。为了适应这种情况，其搭载的探测设备就需要小型化。

低功耗：自主水下机器人携带能源有限，为了保障长时间工作，其搭载的探测设备要求低功耗。

高采样率：自主水下机器人是一个水下移动平台，为了能够精确采样，其搭载的探测设备需要实时高采样率。

11.2 探测数据分析与处理

通过上述探测设备得到的原始数据，需要通过相应的解释系统转换成为人们可以方便交流和使用的图表等数据形式。下面以自主水下机器人在深海热液区探测得到的数据为例，说明获取的探测数据在经过综合处理之后，可以得到科学家想要的结果。

1. 探测数据的数据库构建

除了地形地貌数据（多波束、侧扫声呐、浅地层剖面数据）和相片、摄像数据，自主水下机器人还可以集成其他探测传感器，采集大量数据，包括底流、温度、电导率、深度、浊度、甲烷和三分量磁场数据。对这些数据要按照一定的分类方式进行分类和分级，建立层次分明、逻辑合理的空间数据库结构，包括各种空间数据（矢量数据、栅格）和属性数据结构。借助商业空间数据库管理软件快速搭建起空间数据库平台，实现空间数据、属性数据以及其他类型数据（文档、图片）的一体化管理。

在每次下潜作业结束后，数据库管理人员对这些传感器采集到的数据文件经过预处理，按照各自的数据格式和类型分别导入数据库进行管理，并对数据库的管理设置不同的管理操作权限，以便实现对数据库的各种管理操作。

2. 探测数据的多参数综合处理分析

在完成基于数据库平台的各种参数数据处理后，将这些数据制作成需要的网格化数据文件、平面分布图、剖面图，实现图像与数值的交互式生成、查询、显示和分析，可为热液喷口的快速精确定位提供充分的可视化参考依据和数值型依据。对于地形地貌数据，能快速生成热液海区的海底三维地形图形、侧扫声呐镶嵌图以及浅地层剖面图；对于其他各种传感器数据产生的各种参数数据，实现基于数据库平台的各种查询和显示，分别生成各种参数的基于区域平面分布图和基于网格化的点位剖面图；对数值型数据，提供基于数据库平台的数据表格查询。同时，还需要对各种参数实现基于图像的剖面生成的分析和处理。

总之，经过上述各种处理过程之后，所得成果图件能够用于直观展示和快速数据分析。

3. 近底相片镶嵌处理

采用深海专用高清相机以离底高度 5m、航行速度 0.4m/s、间隔 7s 进行拍摄，每幅图像拍摄范围约为 4m×3m，相邻图像之间大约有 20%的重叠。系统以日期时间标记“*.jpg”文件格式进行保存。对特别感兴趣的区块，结合导航、航向和离底高度数据、单幅图像覆盖范围及重叠度对该区块内的图像进行拼接，形成区块图像镶嵌图。

在相片的拼接过程中，主要有两个关键性的技术：①对多幅图像进行几何纠正，然后将它们规划到统一的坐标系中，在此基础上对它们进行裁剪，去掉重叠的部分，最后将裁剪后的多幅图像拼接在一起，形成一幅大的图像；②在拼接过程中，需要消除几何拼接以后的图像上因灰度（或颜色）差异而出现的拼接缝。

对相邻图像重叠部分进行配准时，采用基于特征匹配的方法在图像重叠部分选取特征点进行配准，再选择合适的镶嵌线，生成该区域平滑无缝的图像镶嵌图。镶嵌图拼接部分有色差还应进行色彩均衡处理。

在保证拼接图像精度的前提下，借助于集成现有的图像处理软件（如 Erdas、Envi、PCI 等）中的影像拼接功能模块来实现或者自行编制相应的拼接算法模块。

4. 热液喷口快速精确定位

在自主水下机器人对热液区探测获得的多参数进行综合分析处理的基础上，结合镶嵌处理后的带有地理坐标配准后的整个热液活动区高清图像，对多种参数的平面分布图、剖面图以及网格数据进行分析，并结合其他数值类型参数数据，通过人机交互方式，提取出呈现异常区域或位置的参数数据，参考热液喷口区域环境的典型特征，综合判读解译出可能的喷口位置信息。

11.3 自主水下机器人工程与应用

自主水下机器人在民用和军用领域均有非常重要的应用。

在民用领域，自主水下机器人主要用于海洋目标搜索与跟踪、海洋环境监测、海洋资源勘查、海洋科学研究等方面，具体包括：

（1）海洋学研究和调查，包括海水科学取样、海洋水文和气象调查、海洋地形测绘、海洋环境数据监视等。

（2）海洋地理学和地球科学研究，包括海底地形勘查和测绘、深水海底山脉调查和三维海底地形构造观察等。

（3）海上航道、港湾的勘测以及搜索。

（4）海上石油和天然气田调查，海底矿物勘查。

（5）水下结构物和水下设备检查。

（6）失事沉船和飞机等水下目标的探查。

（7）海底通信电缆线路勘查，铺设后检查，辅助海底管线铺设。

（8）海上搜救和打捞。

（9）海洋渔业开发。

（10）在冰层下铺设光缆。

（11）探索地球两极冰架的海洋环境及对全球气候的影响。

在军事领域，自主水下机器人的主要用途可以归纳如下：

（1）战术航海学、军事海洋水文和气象调查等。

（2）海洋环境监视和测量。

（3）军事海底地形探查和测绘。

（4）情报、监视和侦察，大范围水面信息收集，沿岸和港口水面目标监视，水下目标侦察。

（5）反水雷任务，实施公开的探雷和灭雷，快速清除航道，实施秘密的水雷侦察、识别和定位等。

（6）快速环境评估和水下障碍物搜索定位。

（7）水中爆炸物探测，港口安全作业。

（8）反恐和部队保护、海上安全和特种部队支持。

（9）通信和导航网络节点，秘密导航标记、移动通信中继与水下系统信息的读取和交换。

（10）反潜战、巡逻、探测和跟踪敌潜艇，收集敌潜艇信息，攻击敌潜艇等。

（11）载荷输送，如布放微小型自主水下机器人、攻势布雷、反潜战传感器等。

（12）信息战，作为潜艇模拟器，用于反潜训练；作为潜艇诱饵，诱骗敌反潜兵力，保护己方潜艇；作为信息战平台，堵塞敌人信息通道或向敌方通信计算机网络植入虚假数据等。

（13）对敏感目标打击，自主发射武器攻击敌方目标，或将武器舱运送到敌方军事目标附近的发射点，对敌方敏感目标进行快速打击。

（14）水下打捞和救生。

下面重点介绍几种民用领域的自主水下机器人及其应用成果。

11.3.1 搜索型自主水下机器人

当前，国际深海搜救越来越重要，继“马航”事件之后，国际各海洋强国纷纷加强了对深海搜救装备的勘查力度，国内由于长期以来缺乏深海搜索型自主水下机器人，从而在一定程度上影响了我国深海救助工作的开展。

为此，国家支持研制了 6000 米级深海救助水下机器人，这是利用“潜龙一号”和“潜龙二号”AUVs 的经验、国内外成熟技术以及国外通用深海部件，根据深海救助需求设计的一款新型 6000 米级深海救助水下机器人。

6000 米级深海救助水下机器人主要应用于深海搜救，可以获得精细的地形地貌和海底障碍物等信息。6000 米级深海救助水下机器人可提供的探测结果包括局部区域高分辨率、高精度声学微地形地貌图，局部区域 CTD probe 数据和光学数据。

11.3.2 观测型自主水下机器人

根据应用需求，观测型自主水下机器人主要包括：近海底精细观测自主水下机器人、定点剖面观测型自主水下机器人和连续剖面观测型自主水下机器人。

1. 近海底精细观测自主水下机器人

近海底精细观测自主水下机器人的主要目的是在岛礁或大洋进行近海底长续航力精细观测。在近海底复杂环境航行控制、长续航力连续作业、精细观测作业与精确位置控制等技术都对自主水下机器人提出了更高的要求。近海底精细观测自主水下机器人为岛礁及大洋的生态安全与礁体稳态及其可持续发展研究提供了有力的探测手段。

2. 定点剖面观测型自主水下机器人

定点剖面观测型自主水下机器人是针对特定海域长期定点连续观测需求，利用自主水下机器人技术，实现自航式、长期定点、垂直剖面连续观测的新型系统，用来获得特定海域长期定点的海洋环境参数连续观测数据。

定点剖面观测型自主水下机器人为中国科学院沈阳自动化研究所研制，系统采用模块化设计理念，采用高精度双向浮力调节技术和独有的监管休眠功能设计，不仅丰富了系统多种作业模式，也极大地降低了系统长期探测作业的能源消耗。系统主要功能包括自主航行控制、潜浮控制、定点悬停与休眠、定点剖面海洋要素观测、铱星定位与通信等功能。通过系统搭载的探测传感器，可获取温盐深、浊度、溶解氧、叶绿素以及海流等海洋观测要素。自 2015 年 9 月开始至今，该系统先后完成獐子岛定期观测试验、南海大深度长航程验证试验和东海示范性应用，累计工作航程近 1500km，最长水下连续作业时间达到 7 天，最大下潜深度 803m，如图 11.1 所示。

图 11.1　定点剖面观测型自主水下机器人

3. 连续剖面观测型自主水下机器人

《国家中长期科学和技术发展规划纲要（2006—2020 年）》中将海洋技术列为我国今后科技发展的五大战略重点，强调重视发展多功能、多参数和作业长期化的海洋综合开发与海洋环境立体监测技术，实现空中、岸站、水面、水中海洋环境要素同步立体监测。《国家“十二五”科学和技术发展规划》（2011 年）中将海洋技术列为十大前沿技术之一，大力发展深远海海洋环境监测核心技术，推进海洋技术由近浅海向深远海的战略转移。连续剖面观测型自主水下机器人（俗称“水下滑翔机”）是这一战略的有力技术设备支撑。

水下滑翔机具有移动可控、续航力强、实时性好、垂直剖面观测等特点，被公认为是一种理想的、有效的海洋环境观测平台，是现有海洋环境观测平台的有效补充。我国海洋科学研究已经对水下滑翔机提出了非常迫切的需求，但由于美国对我国的技术封锁，目前还不允许向我国出口水下滑翔机产品，这制约了我国海洋科学的进一步发展，甚至影响我国海洋安全。因此，结合专项的实际观测需求，开展实用化水下滑翔观测系统研制工作具有重要的实际意义，符合国家发展战略需求。

水下滑翔机的出现与推广应用，为实现海洋环境高分辨率移动观测提供了有效的平台条件。目前，水下滑翔机正逐渐成为一种通用的海洋环境观测装备，在实际海洋观测计划中得到应用。传统的海洋环境观测平台（包括漂流浮标、Argo 浮标和锚系潜标等）不具备自主可控能力，观测作业过程缺乏自主性，无法形成自主观测能力，更难以实现对动态海洋特征（或现象）的快速响应、跟踪观测，无法满足科学家对海洋动态过程高分辨率、精细观测的实际需求。由多台水下滑翔机构成的移动自主海洋观测网具有机动灵活、实时性好、响应快、成本低等特点，可实现深远海海洋动力环境的高时空密度、三维、持续精细观测。研究适合于多水下滑翔机的网络化观测技术、自主观测技术、协作观测技术以及自主控制技术等，充分发挥水下滑翔机的移动、可控、智能和可组网等技术特点，是实现海洋环境网络化移动观测急需解决的关键问题。基于水下滑翔机的移动自主海洋观测网络系统可实现对海洋环境自动化、智能化和网络化的观测，其推广应用将极大增强深远海海洋动力环境的综合观测能力，对海洋科学研究的发展起到积极、重大的推动作用。

我国水下滑翔机相关研究工作起步较晚，2003 年中国科学院沈阳自动化研究所开展了有关水下滑翔机的基础研究工作，成功开发出了水下滑翔机原理样机，并完成了湖上试验。从 2007 年开始在国家 863 计划的支持下，中国科学院沈阳自动化研究所与中国科学院海洋研究所共同开展了水下滑翔机工程样机的研制工作，2008 年研制成功我国自主知识产权的水下滑翔机工程样机。目前，我国自主研制的水下滑翔机样机主要技术指标接近国际同类产品水平，具备开展海上试验和应用的能力。此外，天津大学、中国海洋大学、华中科技大学、浙江大学、中国船舶重工集团公司第七〇二研究所和第七一〇研究所等单位也开展了水下滑翔机相关研究工作。

早在2003年，中国科学院沈阳自动化研究所就开始研制水下滑翔机，目前已经形成以“海翼300/1000”和“海翼7000”为代表的“海翼”系列水下滑翔机。“海翼”系列水下滑翔机系统采用模块化设计技术，设计了独立的科学测量载荷单元。科学测量载荷单元可以根据科学家的观测任务需求，有针对性地定制搭载各种探测传感器。“海翼”水下滑翔机主要驱动机构包括俯仰调节装置、浮力调节装置和航向控制装置，其中，航向控制装置采用了小型垂直舵控制方式，具有良好的航向控制能力，适合于各种复杂海流环境。“海翼”水下滑翔机岸站监控系统通过卫星通信链路实现对水下滑翔机的远程控制和实时数据获取，并可实现多台水下滑翔机协同观测作业。2017年3月，“海翼7000”水下滑翔机3次突破水下滑翔机世界下潜深度纪录（6003m），最大下潜深度6329m，累计航行时间88h，累计航程134.5km，获得了高分辨率深渊垂直剖面环境观测数据。2017年10月，“海翼1000”水下滑翔机在南海无故障连续工作91天，航行距离1884km，创造了我国水下滑翔机海上连续工作时间最长、航行距离最远的新纪录，使我国成为第二个具有跨季度的自主移动海洋观测能力的国家。“海翼1000”和“海翼7000”水下滑翔机如图11.2和图11.3所示。

图11.2　“海翼1000”水下滑翔机

图 11.3 “海翼 7000”水下滑翔机

11.3.3 勘查型自主水下机器人

在我国，比较有代表性的深远海勘查型自主水下机器人有“潜龙一号”和“潜龙二号”。

深远海是指水深超过 1000m，远离陆地的大洋海域。深远海海域蕴藏着丰富的稀有金属和矿藏。研制深远海自主水下机器人，对提升我国深远海资源开发的国际竞争能力，提高我国深远海资源开发利用规模与水平，具有战略意义。面对陆地、近海资源的日益枯竭和新一轮激烈的科技和产业竞争，我国科研部门先后在中国大洋矿产资源研究开发协会办公室和国家 863 计划的支持下，研制了两型具有深海资源勘查能力的深海自主水下机器人。

1. 多金属结核资源勘探

1）多金属结核资源

多金属结核又称锰结核，是经过数百万年至上千万年生长形成的一种富含锰、铜、钴、镍等战略金属以及钼、碲、钛、锆、锂和稀土元素等的沉积矿产。多金属结核为褐色或黑褐色的团块，表面多较为光滑，大小不等，形状各异，广泛分布于水深 4000～6000m 的深海海底，埋藏或半埋藏于海底沉积物中，主要集中于太平洋，其中位于东北太平洋近赤道克拉里昂-克里帕顿两断裂带之间的海域（简称 CC 区），是多金属结核分布最富集的、经济价值最高的地区。CC 区东起 110°W 的东太平洋海隆，西至 160°W 的莱因海脊，总面积约 400 万 km^2，其多金属结核资源总量约 271 亿 t，其中，含 73 亿 t 锰、3.4 亿 t 镍、2.9 亿 t 铜、5800 万 t 钴。多金属结核由于其总量巨大，是最具规模性商业开发价值的海底战略矿产资源。

2）多金属结核勘探合同承包者

在海底多金属结核资源的勘探进程中，自20世纪60年代起，西方发达国家先后在CC区内抢占了最具商业远景的多金属结核富矿区。作为国际海底活动的后来者，自20世纪80年代中期以来，经过我国各相关部门的努力，中国大洋矿产资源研究开发协会作为海底先驱投资者于1990年向联合国申请获准了位于CC区西部边缘、面积为15万km^2的多金属结核开辟区，另提交了面积为15万km^2的矿区作为国际海底管理局保留区。根据国际海底管理局2000年出台的《"区域"内多金属结核探矿和勘探规章》（以下简称《规章》），中国大洋矿产资源研究开发协会在15万km^2的开辟区内选定了7.5万km^2的勘探区，并于2001年签订了勘探合同。

目前，共有17个勘探合同在国际海底管理局获得批准。根据《规章》，勘探合同承包者对合同区内的多金属结核拥有专属勘探权和未来商业开发的优先权。

3）多金属结核保留矿区

依据《联合国海洋法公约》规定的人类共同继承财产原则，勘探申请者在申请多金属结核勘探矿区时必须提交一块和申请勘探区具有同等估计商业价值的区域作为保留区，仅向发展中国家开放。包括我国在内的9家勘探承包者交给国际海底管理局的多金属结核保留区总面积约110万km^2。保留区因其资源潜力且无须探矿投入已成为当前海底争夺的重点，一些西方矿业公司"借壳"发展中国家加快了瓜分保留区优质资源的步伐。自2011年以来，先后有9项多金属结核矿区申请被提出，其中5项针对保留区矿区。保留区中多金属结核丰度和品位高、地形平坦的区域已所剩无几。我国作为发展中国家，应在法律框架允许范围内尽可能分享国际海底保留区多金属结核资源。

4）竞争的实质

国际海底激烈竞争的直接表现形式是圈占矿区，但实质是深海勘探开发技术与能力的竞争。由于我国起步晚，多金属结核矿区资源质量和勘探能力均不如西方国家，着眼未来商业开发的能力与基础更为薄弱，在深海采矿技术、环评研究、企业参与等方面与主要发达国家仍有很大差距。

2. "潜龙一号"6000米级AUVs

"6000米无人无缆潜水器（AUV）实用化改造"课题是"十二五"期间中国大洋矿产资源研究开发协会办公室制定的关于国际海域资源调查与开发的项目。2011年2月课题立项，2012年底完成研制工作。2013年水下机器人本体命名为"潜龙一号"，如图11.4所示。2013～2015年，"潜龙一号"AUVs先后完成了两次湖上试验和三次海上试验，同时还圆满地执行了两次大洋应用任务，取得了丰硕的科考成果。2016～2017年，"潜龙一号"AUVs又在原来的基础上进行了技术升级，提升了导航定位、声学探测和光学探测能力。截至 2017 年底，“潜龙一号”AUVs 已经在海上累计下潜 40 次，在近海底累计工作 373h，航程达 1159km，最大潜深达到 5213m，单次下潜水下工作时间达到 31h，获取了大量的声学、光学和水体探测数据。通过不断试验和改进，“潜龙一号”AUVs 突破了总体集成、深海导航与定位、布放回收、深海探测等关键技术，成功研制了我国首台 6000m 级 AUVs 深海实用型装备，具有全部自主知识产权。在我国首次开展了深海近底地形地貌、浅地层结构、海底流场和海洋环境参数的综合精细调查应用。

图 11.4 “潜龙一号”6000 米级 AUVs

“潜龙一号”6000 米级 AUVs 是根据我国争取国际海底资源的需要研制的。此前，中国科学院沈阳自动化研究所与国内外单位合作，曾进行过该级别的科研样机研制，并取得一定成绩，但是样机向实用化转化，需要在实用性、可靠性、适应性、经济性等方面进行大量艰苦的努力才能实现。我国大量科研项目均夭折在此环节上，但“潜龙一号”6000 米级 AUVs 突破了这个转化环节，并根据区域探测型深海自主水下机器人的特点，着力解决了总体集成、布放回收、深海导航与定位监控、深海探测等关键技术。“潜龙一号”6000 米级 AUVs 的成功是我国科学技术进军深海的代表性和标志性成果，引起国内舆论界的高度关注。

“潜龙一号”6000 米级 AUVs 建成后，我国具备了对世界上 97%的深度海域进行海底地形地貌、浅地层地质结构、近海底流场、海洋环境参数等信息的探测能力，可为海洋科学研究及深海资源开发提供必要的科学数据。“潜龙一号”6000 米级 AUVs 可广泛应用于各种深海调查和深海工程项目，为完成中国大洋矿产资源研究开发协会与国际海底管理局签订的多金属结核勘探合同提供有效支撑，有利于大型海洋装备的国产化，避免对国外研究机构的依赖。

3. “潜龙一号”6000 米级 AUVs 在多金属结核区的应用

1）中国大洋科考第 29 航次

2013 年 9～10 月，“潜龙一号”6000 米级 AUVs 搭乘“海洋六号”船执行完成了大洋第 29 航次任务。

结合大洋第 29 航次任务，“潜龙一号”6000 米级 AUVs 以实际探测应用为目标，全面检测了“潜龙一号”6000 米级 AUVs 的布放与回收、结构强度、深水耐压、深海配平、自主航行控制、组合导航、声学定位、声学探测以及水文参数测量等各项功能和性能，并在东太平洋我国多金属结核合同区内的详细勘探区，开展了应用性试验。历时 12 天，共进行了 7 个潜次的实际探测作业，海底探测累计 28.9h，最大下潜深度 5162m。完成了近海底声学、水文等综合调查测线 92.1km，获得了约 33km^2 的海底测深侧扫资料、浅地层剖面数据以及相应的温度、盐度等物理海洋数据。

试验结果表明，“潜龙一号”6000 米级 AUVs 的总体集成技术、深海导航及定位监控技术、高智能控制技术、深海探测技术、多声学设备协调控制技术以及布放回收技术等多项关键技术均取得了突破性成果。在应用中，“潜龙一号”6000 米级 AUVs 能准确按照规划使命，执行下潜、抛载、定高悬停、定速潜行、自主导航、自主声学探测等规定动作，各设备工作状态稳定、功能正常，充分展示了“潜龙一号”6000 米级 AUVs 具备了在 6000m 海域近海底实施综合探测的能力。

此次应用证明了我国已经基本掌握了深海 AUVs 的关键技术，具备了在深海海底进行探测作业的能力。

航次尾声，中国大洋矿产资源研究开发协会办公室发来贺电，祝贺“潜龙一号”6000 米级 AUVs 在大洋第 29 航次下潜作业成功。

2）中国大洋科考第 32 航次

2014 年 8～9 月，“潜龙一号”6000 米级 AUVs 搭乘“海洋六号”船执行大洋第 32 航次任务，首次开展试验性应用工作。

本次应用，“潜龙一号”6000 米级 AUVs 在东太平洋共下潜 9 个潜次，在 5000 多米深的多金属结核详细勘探区近海底潜行作业时间总共 104h，航行 317.4km，最大下潜深度 5213m，单次下潜最长连续工作时间达 31h。共完成近海底声学测线 101.5km，获取了 33.6km^2 的海底测深侧扫资料（图 11.5）、浅地层剖面数据；完成光学测线 55.3km，获取图像 11 579 幅，2.65GB；同时采集了大量的温度、盐度等物理海洋数据。此次应用创造了我国深海 AUVs 多项应用新纪录，标志着该装备向实用化迈出了坚实的一步。

4. 多金属硫化物资源勘探

海底热液多金属硫化物（hydrothermal sulfide）是富含铁、铜、铅、锌等金属的热液，源于海底自生沉积物。

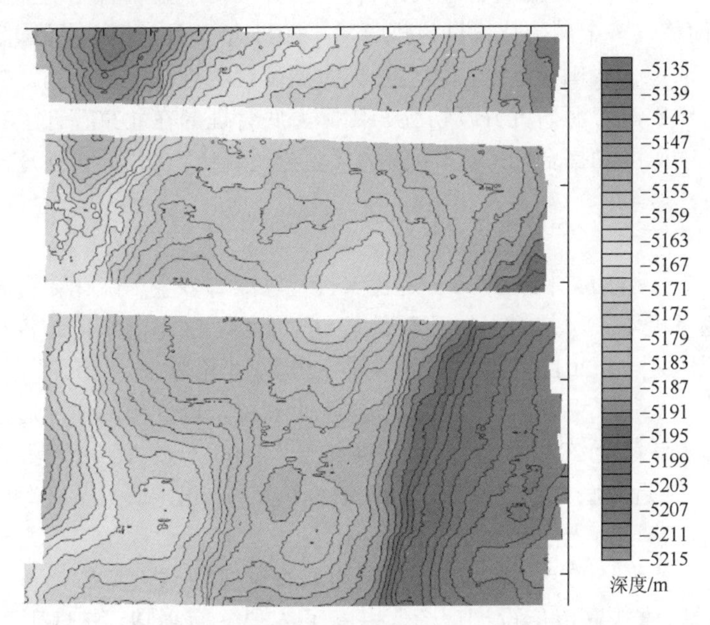

图 11.5 “潜龙一号”6000 米级 AUVs 在大洋第 32 航次获取的海底地形（后附彩图）

多金属硫化物主要分布在大洋中脊、岛弧和扩张海盆的裂谷带，最初发现于红海，继之在东太平洋洋隆、大西洋中脊、印度洋中脊顶部都有发现，呈泥状、浸染状和块状产出。泥状的称为多金属泥，如红海沉积物；块状的则称为块状硫化物，如东太平洋洋隆和加拉帕戈斯扩张中心的硫化物沉积。主要矿物成分是黄铁矿、黄铜矿、闪锌矿等硫化物类和钠水锰矿、钙锰矿、针铁矿及赤铁矿等铁锰氧化物和氢氧化物。成因尚在探讨中，一般认为其重金属来源与裂谷中溢出的岩浆后期热液有关，所含金属如铁、锌、铜，具有浅中深热液型矿液的特征。它是最引人注目的深海矿产资源。

探洋底时发现硫化物丘上有烟囱状黑色岩石构造，烟囱涌喷热液，周围的动物物种前所未见。后来的研究表明，这些黑烟囱体是新大洋地壳形成时所产生的，为地表下面的构造板块会聚或移动和海底扩张所致。此外，这一活动与海底金属矿床的形成密切相关。在水深至 3700m 之处，海水从海洋渗入地层空间，被地壳下的熔岩（岩浆）加热后，从黑烟囱里排出，热液温度高达 400℃。这些热液在与周围的冷海水混合时，水中的金属硫化物沉淀到烟囱和附近的海底上。这些硫化物，包括方铅矿（铅）、闪锌矿（锌）和黄铜矿（铜），积聚在海底或海底表层内，形成几千吨至约一亿吨的块状矿床。一些块状硫化物矿床富含铜、锌、铅等金属，特别是富含贵金属（金、银），近年来引起了国际采矿业的兴趣。在已没有火山活动的地方，也发现了许多多金属硫化物矿床。

2010 年 6 月，国际海底管理局出台《“区域”内多金属硫化物探矿和勘探规章》（以下简称《多金属硫化物勘探规章》）。2011 年 7 月，第 17 届国际海底管理局会议审议通过了我国关于西南印度洋多金属硫化物勘探区的申请。2011 年 11 月，中国大洋矿产资源研究开发协会与国际海底管理局在北京签订了《国际海底多金属硫化物矿区勘探合同》（以下简称《多金属硫化物勘探合同》）。

5. “潜龙二号”4500 米级 AUVs

“潜龙二号”4500 米级 AUVs 是我国首型以深海多金属硫化物资源调查为目标的自主水下机器人，是“十二五”国家 863 计划“深海潜水器装备与技术”重大项目的课题之一。2011 年 2 月课题立项，自 2014 年以来，“潜龙二号”4500 米级 AUVs 先后完成了两次湖上试验和一次海上试验，以优异的成绩通过第一阶段海试现场验收。截至 2018 年 5 月，“潜龙二号”4500 米级 AUVs 已经在海上累计下潜 50 次，在近海底累计工作 763.7h，航程达 2204km，最大下潜深度 4446m，获取了大量的声学、光学和水文探测数据。

“潜龙二号”4500 米级 AUVs 在国内取得了多项重大突破：首次在 AUVs 上采用非回转体立扁鱼形设计理念，提高了 AUVs 稳心高，实现了水面遥控回收 AUVs 方案；首次采用回转式推进器布局，大幅度提高了 AUVs 的操纵能力；首次采用基于前视声呐的避碰控制方法，有效提高了 AUVs 避碰控制性能，多次成功进行了复杂地形近底航行和拍照；首次在 AUVs 上采用了测深侧扫水下实时信号处理技术，实现了深海近海底高精细地形地貌快速成图；率先在 AUVs 上安装了磁力探测传感器，并对磁异常探测进行了有效验证，为探测多金属硫化物矿产资源奠定了坚实的基础。“潜龙二号”4500 米级 AUVs 如图 11.6 所示。

6. “潜龙二号”4500 米级 AUVs 在多金属硫化物区的应用

1）中国大洋科考第 40 航次

2016 年 3 月 4 日，随着“潜龙二号”4500 米级 AUVs 在西南印度洋最后一个潜次的完成，中国大洋第 40 航次“潜龙二号”的试验圆满结束。本次海上试验分为两个阶段，即验收试验阶段和试验性应用阶段。

在第一航段的验收试验中，潜水器共 8 次下潜，完成了验收试验规定的所有考核项目，同时取得了多项突破性成绩：首次使用自主知识产权的 AUVs 进行洋中脊热液区大洋探测任务，获得了断桥、龙旂热液区的近海底精细三维地形地貌

图 11.6 “潜龙二号”4500 米级 AUVs

数据和磁力数据，同时发现断桥、龙旂热液区多处热液异常点，获得洋中脊近海底高分辨率照片，这是我国大洋热液探测的重大突破。

在第二航段的试验性应用阶段，“潜龙二号”4500 米级 AUVs 再接再厉，在共 8 个潜次的任务中，完成了 7 个长航程探测任务，累计航程近 700km，探测面积达 218km^2，测深侧扫数据、磁力探测数据、各种水文环境参数数据均完整有效，同时发现多处热液异常点。其中，单次下潜最大探测时间达 32h 13min，最大航行深度超过 3200m。

西南印度洋脊上热液活动区的分布基本与洋脊、断裂和火山活动带密切相关，多分布在洋脊的翼部、断层崖、深海丘和海底火山高地等地形上。因此，西南印度洋热液区地形极为复杂，其中，断桥热液区海底地形起伏高达 750m，龙旂试验海域海底地形起伏高达 1700m，玉皇试验海域海底地形起伏高达 1250m。在整个试验中，“潜龙二号”4500 米级 AUVs 表现出良好的近海底复杂地形条件下的稳定航行能力以及出色的避碰控制性能。仅在龙旂热液区一次下潜探测中，“潜龙二号”4500 米级 AUVs 就先后有效地完成了 30 多次规避障碍的控制。“潜龙二号”4500 米级 AUVs 出色的航行及避碰性能，为其安全、有效地完成探测任务奠定了基础。

完成近海底精细地形地貌探测是“潜龙二号”4500 米级 AUVs 的重要特征。“潜龙二号”4500 米级 AUVs 采用了测深侧扫声呐水下实时信号处理技术，实现了深海近海底高精细地形地貌快速成图。

热液活动区热液异常探测是“潜龙二号”4500 米级 AUVs 的又一重要功能，它是发现热液活动区，进而找到热液活喷口的重要手段。“潜龙二号”4500 米级 AUVs 装载有 CTD probe、氧化还原电位计、浊度计、甲烷传感器、磁力仪等重要探测设备，能够探测到热液活动区的热液异常。在整个试验中，“潜龙二号”4500米级 AUVs 成功地发现多处热液异常点，为将来硫化物矿区的评估、进一步探测及科学研究提供了重要依据。

热液活动区的近底光学探测也是“潜龙二号”4500 米级 AUVs 的重要功能，它是最终确认热液喷口及矿产资源的重要手段。“潜龙二号”4500 米级 AUVs 装载有高清晰数码相机，具有在复杂海底地形条件下近海底航行的能力，可实现近海底光学成像。试验中“潜龙二号”4500 米级 AUVs 获得洋中脊近海底高分辨率照片 300 多幅，成功拍摄到多幅海底硫化物（图 11.7）、玄武岩（图 11.8）、贝壳（图 11.9）及鱼虾生物（图 11.10）的照片。

图 11.7　热液区海底硫化物照片

图 11.8　热液区海底玄武岩照片

图 11.9 热液区海底贝壳照片

图 11.10 热液区海底鱼虾生物照片

“潜龙二号”4500 米级 AUVs 西南印度洋海试的成功，填补了我国深海硫化物热液区自主探测的空白，为我国大洋深海资源调查做出了贡献。

2）中国大洋科考第 43 航次

2017 年 2 月 7 日，“潜龙二号”4500 米级 AUVs 在中国大洋第 43 航次完成了首次正式应用，在西南印度洋复杂洋中脊环境下取得了丰硕的成果，获取了苏堤、白堤、龙旂和骏惠四个热液区近海底精细三维地形、区域水体异常及近海底地磁等分布特征数据，成功发现多处热液异常点，为我国在西南印度洋多金属硫化物合同区圈定矿化异常区，发挥了重要作用。

“潜龙二号”4500 米级 AUVs 在此次我国圈定的西南印度洋多金属硫化物合

同区执行异常调查任务中，共下潜 8 次，水下作业时间总计 170h，总航程 456km，最大下潜深度达 3320m，获得了合同区近海底 160km^2 精细三维地形地貌图。此次应用表明，“潜龙二号”4500 米级 AUVs 在洋中脊复杂地形环境下，工作稳定可靠，其超短基线定位、自适应定深探测和模块化外挂传感器等工作模式，极大地提高了“潜龙二号”4500 米级 AUVs 的探测效率和数据质量。2017 年 2 月 15 日，国家海洋局党组书记、局长王宏签发贺电，祝贺“潜龙二号”4500 米级 AUVs 在大洋第 43 航次第二航段作业成功。

3）中国大洋科考第 49 航次

2018 年 4 月 6 日，在西南印度洋执行中国大洋第 49 航次科考任务的“潜龙二号”4500 米级 AUVs，成功完成第 49 航次下潜，创下当时我国深海 AUVs 下潜次数的新纪录。

在大洋第 49 航次科考任务中，“潜龙二号”4500 米级 AUVs 表现出了良好的工作稳定性和深海复杂地形适应能力，下潜 11 次，航行 654km，探测面积达 240km^2。截至 2018 年 5 月，“潜龙二号”4500 米级 AUVs 在西南印度洋连续三年累计航程已超过 2000km。

本航次“潜龙二号”4500 米级 AUVs 团队继续深入业务化应用，积累了更丰富的现场工程经验，实现了业务化运行的常态化，为多金属硫化物合同区区域放弃提供关键数据支撑。

我国与国际海底管理局签订的《多金属硫化物勘探合同》中规定在 2019 年需完成 50%的区域放弃，即至少放弃申请到的 1 万 km^2 矿区中的 50%。“潜龙二号”4500 米级 AUVs 是完成该项任务的重要装备，将围绕此目标开展调查，为基本圈定矿化异常区奠定坚实的基础。

位于牙买加的中华人民共和国常驻国际海底管理局代表处，在“潜龙二号”4500 米级 AUVs 成功完成第 50 次下潜时向中国大洋矿产资源研究开发协会致贺信，称“潜龙二号”4500 米级 AUVs 为我切实履行勘探合同奠定了坚实基础，是我深海领域又一重大装备，为中国深海技术的进步做出了贡献。

参考文献

[1] 李晔, 常文田, 孙玉山, 等. 自治水下机器人的研发现状与展望[J]. 机器人技术与应用, 2007, 1(3): 25-30.

[2] 李一平. 水下机器人——过去、现在和未来[J]. 自动化博览, 2002, 3(3): 56-58.

[3] 苏纪兰. 海洋科学和海洋工程技术[M]. 2 版. 济南: 山东教育出版社, 1998: 19-23.

[4] 徐玉如, 苏玉民, 庞永杰. 海洋空间智能无人运载器技术发展展望[J]. 中国舰船研究, 2006, 1(3): 1-4.

[5] 张洪欣, 马龙, 张丽婷, 等. 水下机器人在海洋观测领域的应用进展[J]. 遥测遥控, 2015, 36(5): 23-27.

索　引

彩　　图

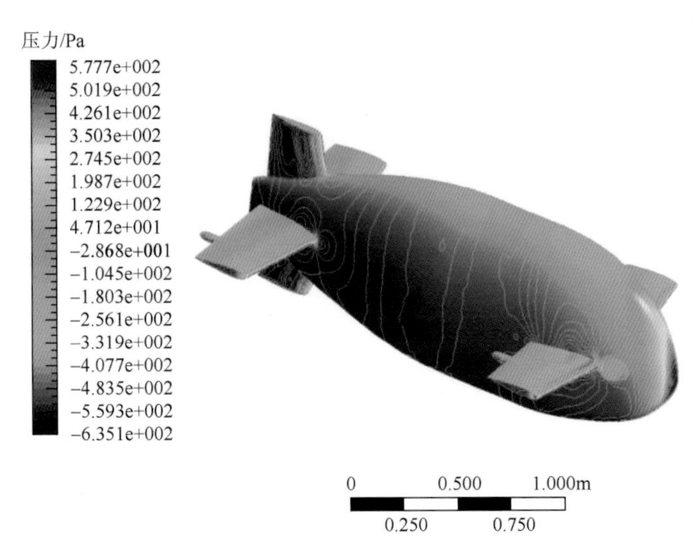

图 3.10　“潜龙二号”自主水下机器人外形

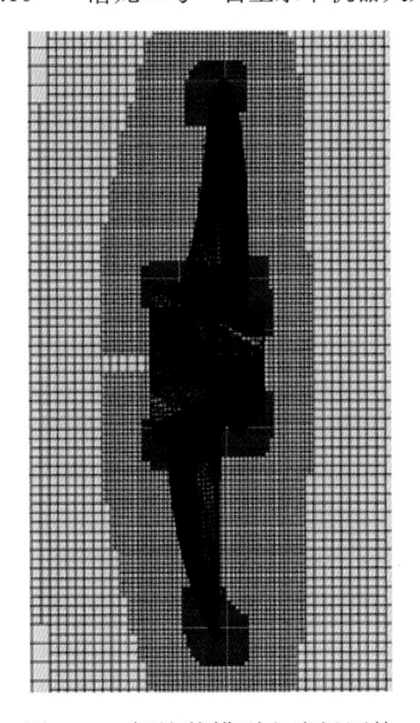

图 4.13　螺旋桨模型和流场网格

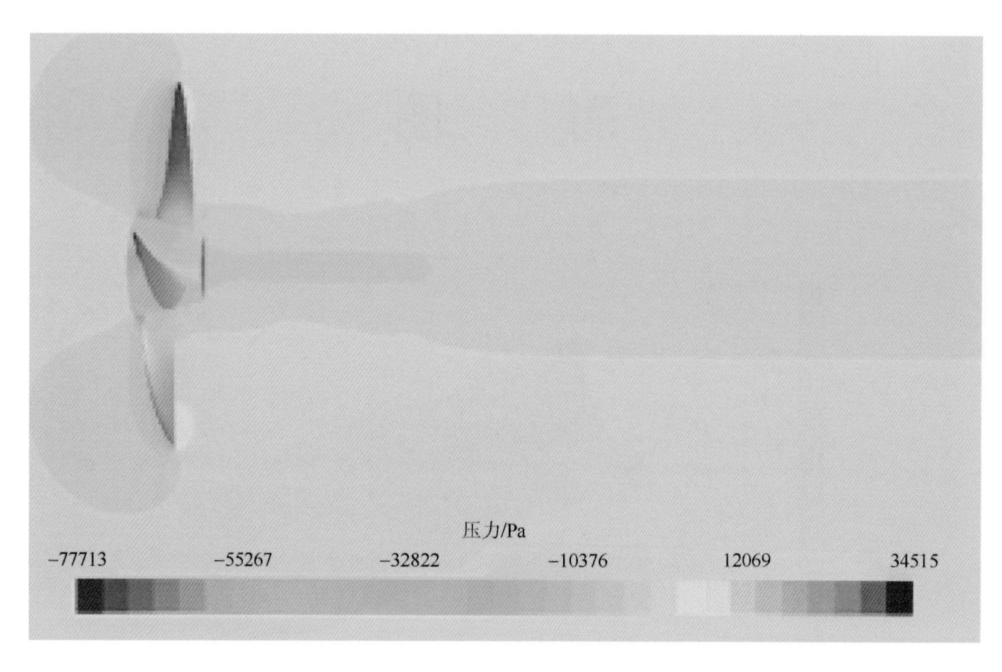

图 4.15　螺旋桨叶盘处压力分布

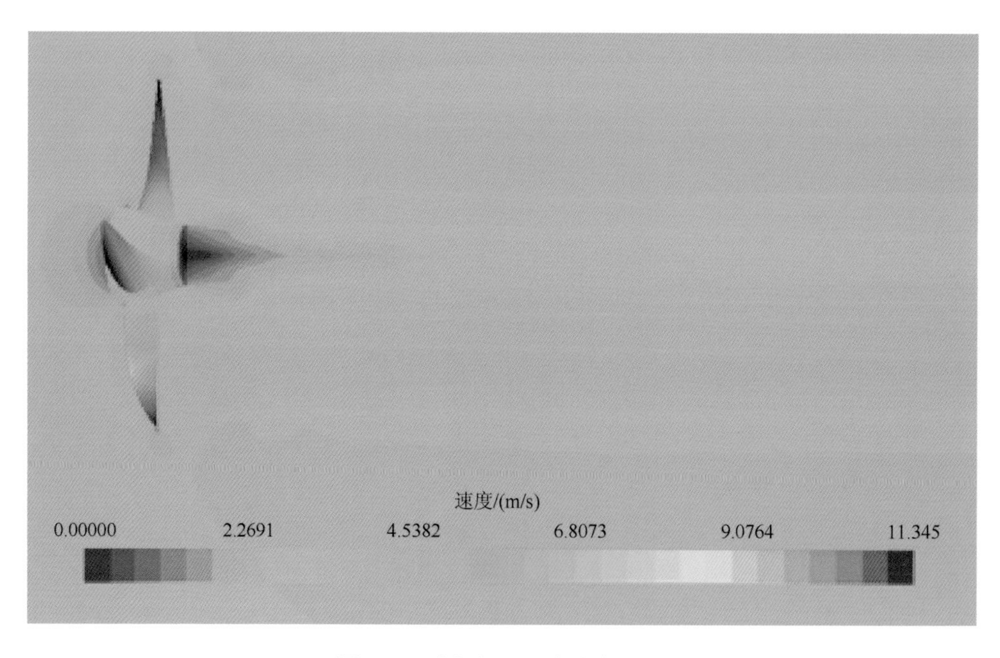

图 4.16　流场纵切面内速度分布

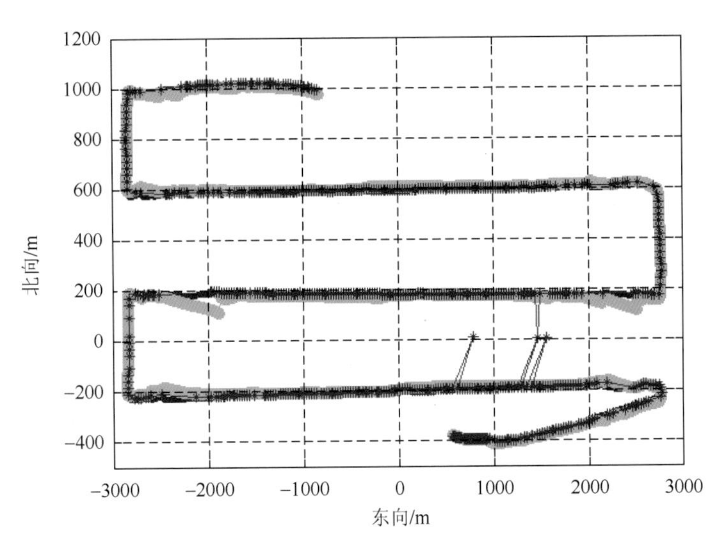

图 6.8　P-SLAM EKF 和长基线轨迹比较

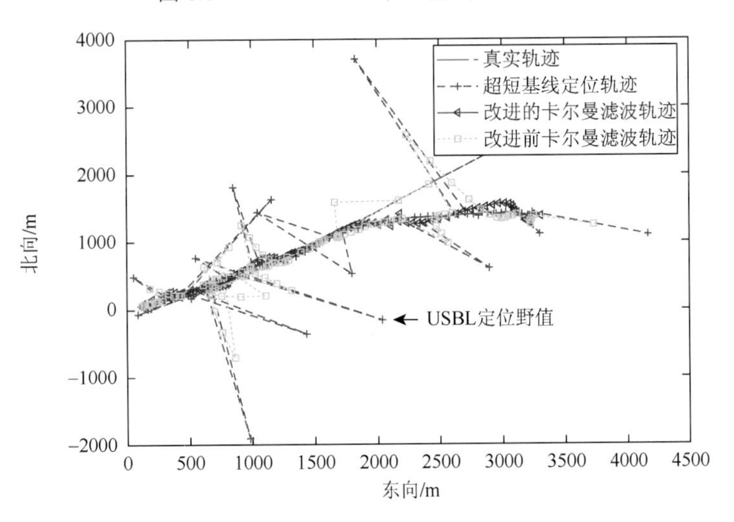

图 6.10　USBL 定位及滤波结果

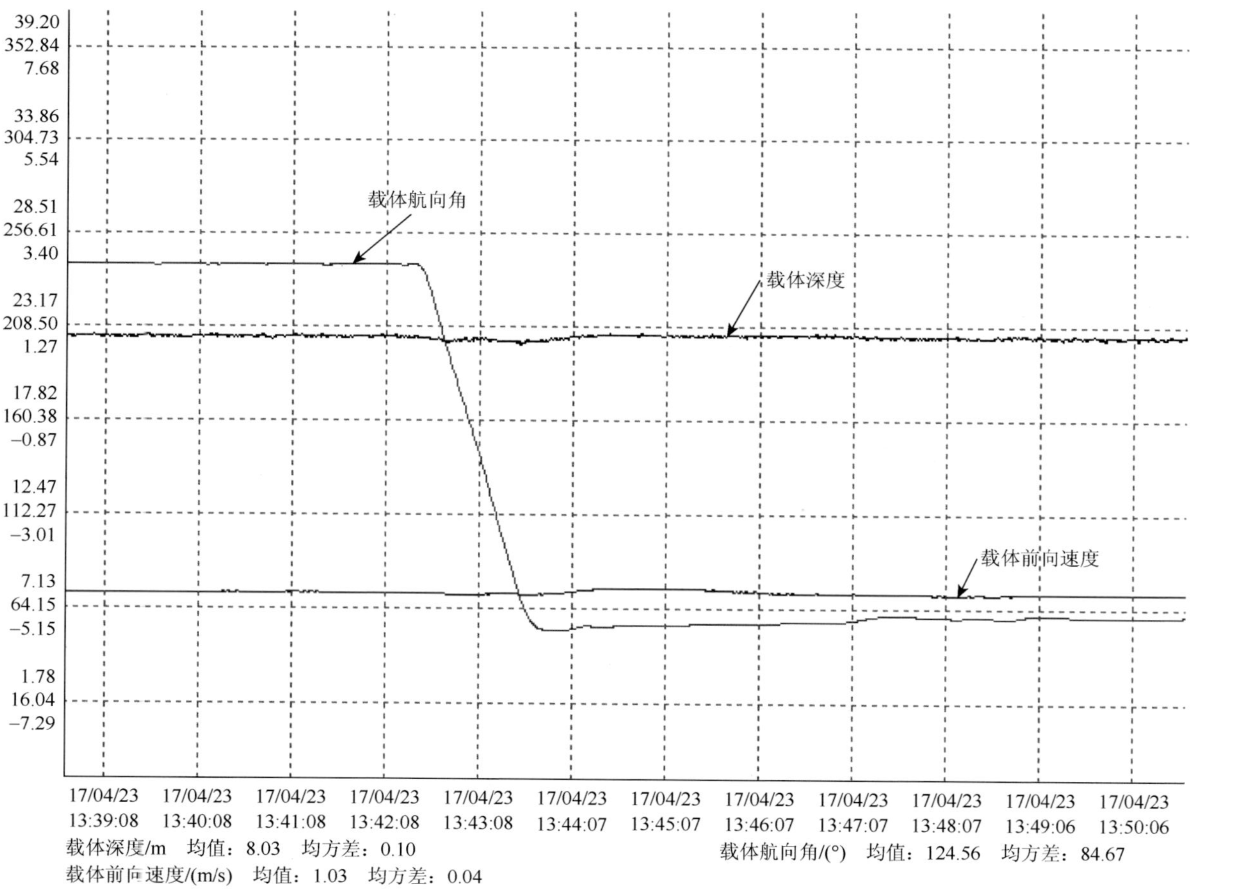

图 8.15 “潜龙一号”自主水下机器人 2kn 水平面控制曲线

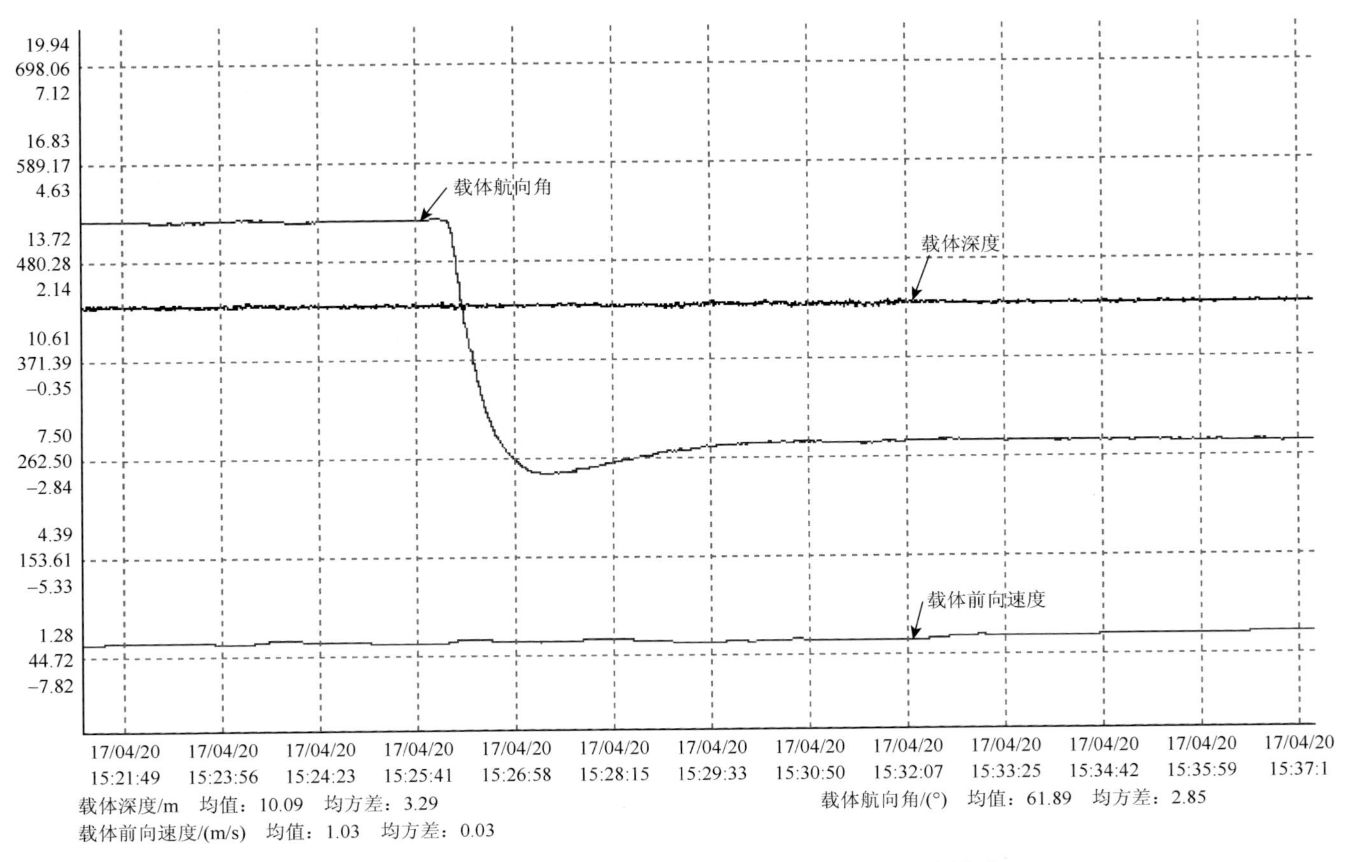

图 8.16 “潜龙一号”自主水下机器人 2kn 定深航行控制曲线

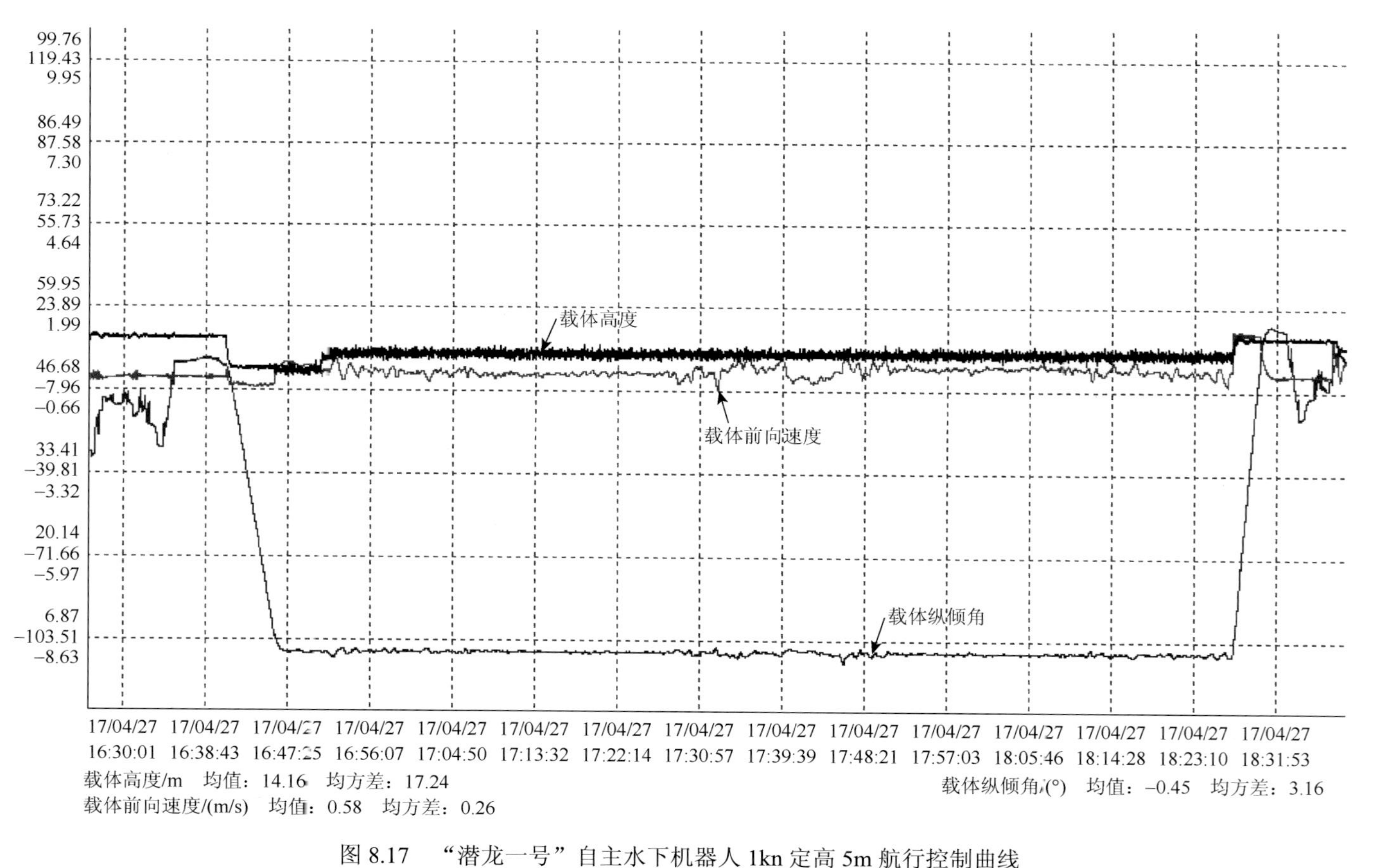

图 8.17 “潜龙一号”自主水下机器人 1kn 定高 5m 航行控制曲线

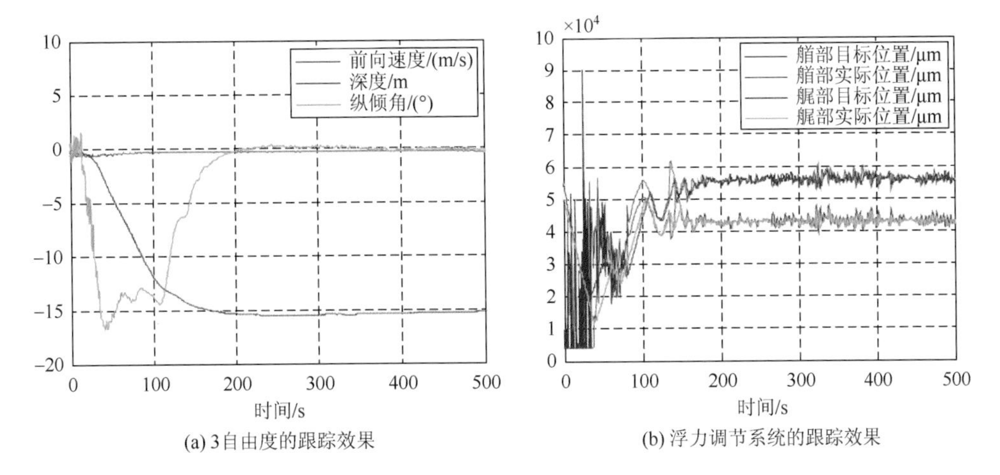

图 8.24　自抗扰控制器跟踪控制性能

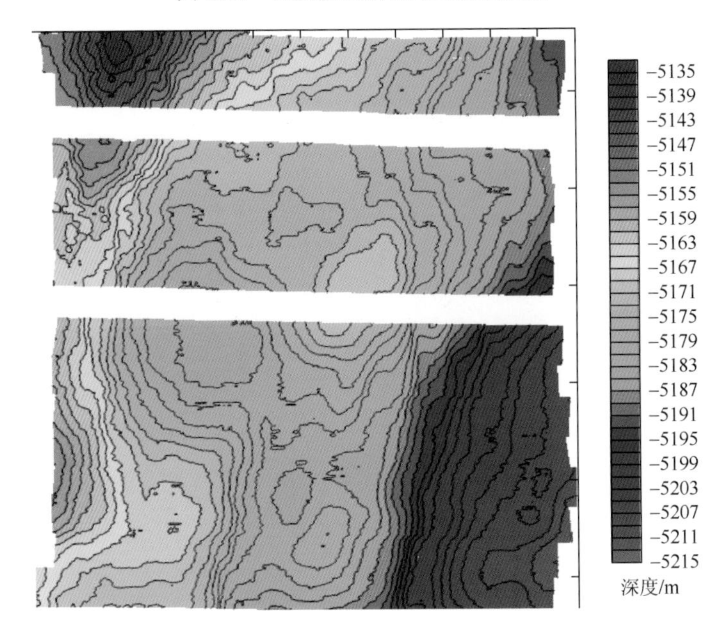

图 11.5　“潜龙一号”6000 米级 AUVs 在大洋第 32 航次获取的海底地形